21世纪供热通风与空调工程系列教材

建 筑 概 论

主编　贾丽明　徐秀香
参编　孙洪庆　宋岩丽
主审　孙玉红

机 械 工 业 出 版 社

本书是在总结多年高等职业教育经验的基础上，根据教育部对高等职业教育的最新要求编写的系列教材之一。

本书在编写过程中，结合高等职业教育办学特点，以“应用为目的、以必需够用为度”，着重介绍了民用建筑和工业建筑的常规构造及建筑材料的一般知识。同时为适应不同专业的需要，加大了各种特殊构造（管道设备与建筑构件）的内容介绍。

本书可作为高等职业技术学院、高等专科学校、职工大学、业余大学、函授大学、成人教育学院的供热通风与空调、给水排水、电气设备安装、建筑管理等专业的教材，也可作为相应专业学习班教材及非工民建专业的土木类大、中专学生、工程技术人员、建筑企业管理人员的学习参考书。

本书配有电子教案，供选用本书作为教材的老师参照，可登录 www.cmpedu.com 下载。

图书在版编目（CIP）数据

建筑概论/贾丽明，徐秀香主编. —北京：机械工业出版社，2004.8（2023.7 重印）

（21 世纪供热通风与空调工程系列教材）

ISBN 978-7-111-14926-2

Ⅰ. 建…　Ⅱ. ①贾…②徐…　Ⅲ. 建筑学-高等学校-教材　Ⅳ. TU

中国版本图书馆 CIP 数据核字（2004）第 069894 号

机械工业出版社（北京市百万庄大街 22 号　邮政编码 100037）

责任编辑：李俊玲　版式设计：霍永明　责任校对：魏俊云

责任印制：单爱军

北京虎彩文化传播有限公司印刷

2023 年 7 月第 1 版 · 第 15 次印刷

169mm×239mm · 13.75 印张 · 261 千字

标准书号：ISBN 978-7-111-14926-2

定价：35.00 元

电话服务

客服电话：010-88361066

010-88379833

010-68326294

网络服务

机　工　官　网：www.cmpbook.com

机　工　官　博：weibo.com/cmp1952

金　　书　　网：www.golden-book.com

机工教育服务网：www.cmpedu.com

前　言

在科技迅猛发展的今天，知识的更新越来越快，随着知识经济和信息时代的到来，社会对人才需求的多样性促进了人才培养模式和人才培养结构的巨大变化。近几年来我国高等职业教育取得了长足的发展，为适应教学改革，满足高等职业教育供热通风与空调等专业的教学要求，我们编写了本书。

本书在编写过程中，从培养应用型人才这一总体目标出发，以培养学生专业技术能力为主线，科学地处理了知识、能力、素质三者之间的关系，着重体现基础理论、基本知识和基本技能的培养。

本书在体系和内容安排上，力求简明扼要。建筑材料知识以基本够用为度，建筑构造知识以常规构造做法为主，内容适当精简，深度适当降低。同时，注重管道、设备与建筑的关系，体现专业针对性。本书内容全部采用现行国家标准和规范，并尽可能照顾到我国南北方地区的不同特点，深入浅出，重点突出，专业全面，文字简明，图样清晰，既便于教师根据不同专业、不同学时选择内容施教，也有利于学生自学。

本书可作为高等职业技术学院、高等专科学校、职工大学、业余大学、函授大学、成人教育学院的供热通风与空调、给水排水、电气设备安装、建筑管理等专业的教材，也可作为相应专业学习班教材及非工民建专业的土木类大、中专学生、工程技术人员、建筑企业管理人员的学习参考书。

本书由贾丽明、徐秀香主编。具体编写分工为：第一～四章由山西建筑职业技术学院贾丽明、宋岩丽编写；绪论、第五、七、八、十、十一章由贾丽明编写；第六、九章由黑龙江工程学院孙洪庆编写；第十二～十八章由沈阳建筑职业技术学院徐秀香编写，全书由贾丽明修改统稿。

本书由沈阳建筑职业技术学院孙玉红主审，主审对书稿提出了宝贵的修改意见，在此表示衷心的感谢。另外，在本教材的编写过程中，山西建筑职业技术学院冯美宇、白扩社、贾永康等同志参与了大纲的编写和审定工作，王宝烨、任慧等同志参与了部分插图的绘制，在此一并致谢。

本书在编写过程中，参考了部分同学科的教材、构造图集等（附参考文献），在此谨向文献的作者致谢。

由于编者水平有限，不妥之处在所难免，恳请使用本书的师生和广大同仁批评指正。

编　者

目　　录

前言
绪论

建筑材料篇

第一章　混凝土及建筑砂浆 …… 7
　第一节　混凝土 …… 7
　第二节　建筑砂浆 …… 14
　复习思考题 …… 16
第二章　墙体材料 …… 17
　第一节　砌墙砖 …… 17
　第二节　建筑砌块 …… 19
　第三节　建筑板材 …… 20
　复习思考题 …… 21
第三章　防水材料 …… 22
　第一节　沥青基防水材料 …… 22
　第二节　合成高分子防水材料 …… 25
　复习思考题 …… 27
第四章　建筑塑料、绝热材料及建筑装饰材料 …… 28
　第一节　建筑塑料 …… 28
　第二节　绝热材料 …… 31
　第三节　建筑装饰材料 …… 33
　复习思考题 …… 38

民用建筑构造篇

第五章　民用建筑构造概述 …… 39
　第一节　建筑的构成要素 …… 39
　第二节　民用建筑的构造组成 …… 40
　第三节　建筑模数协调统一标准 …… 42
　复习思考题 …… 48
第六章　基础与地下室 …… 49
　第一节　地基与基础 …… 49

第二节　地下室 …… 54
第三节　管道与基础的关系 …… 57
复习思考题 …… 60
第七章　墙体 …… 61
第一节　墙体的类型与构造要求 …… 61
第二节　墙体构造 …… 62
第三节　墙体的保温、隔热与节能 …… 73
第四节　隔墙 …… 75
第五节　管道设备与墙的固定及墙面装修 …… 77
复习思考题 …… 80
第八章　楼板、地面及顶棚 …… 81
第一节　楼板 …… 81
第二节　地面 …… 86
第三节　楼地面防水及管道穿越楼板的构造处理 …… 88
第四节　顶棚 …… 90
第五节　阳台与雨篷 …… 92
复习思考题 …… 95
第九章　楼梯 …… 96
第一节　楼梯的组成、类型及设计尺度 …… 96
第二节　钢筋混凝土楼梯 …… 102
第三节　台阶与坡道 …… 112
复习思考题 …… 114
第十章　屋顶 …… 115
第一节　概　述 …… 115
第二节　平屋顶 …… 119
第三节　坡屋顶 …… 127
第四节　屋顶的保温与隔热 …… 131
复习思考题 …… 135
第十一章　门和窗 …… 136
第一节　门 …… 136
第二节　窗 …… 138
复习思考题 …… 142
第十二章　变形缝、建筑抗震及防火 …… 143
第一节　变形缝 …… 143
第二节　建筑抗震及防火 …… 149
复习思考题 …… 152

工业建筑构造篇

第十三章　工业建筑概述 …… 153

第一节　工业建筑的分类 …… 153
第二节　单层厂房的结构类型及组成 …… 154
第三节　厂房内部的起重运输设备 …… 158
第四节　单层厂房的定位轴线 …… 160
复习思考题 …… 163
第十四章　装配式单层厂房的主要结构构件 …… 164
第一节　基础及基础梁 …… 164
第二节　柱 …… 166
第三节　屋盖 …… 170
第四节　吊车梁、连系梁及圈梁 …… 173
第五节　支撑 …… 176
复习思考题 …… 177
第十五章　单层厂房外墙 …… 178
第一节　砌体外墙 …… 178
第二节　板材墙 …… 179
复习思考题 …… 183
第十六章　大门、侧窗与天窗 …… 184
第一节　大门 …… 184
第二节　侧窗 …… 186
第三节　天窗 …… 187
复习思考题 …… 190
第十七章　厂房屋面排水及防水 …… 191
第一节　厂房屋面排水 …… 191
第二节　厂房屋面防水 …… 194
复习思考题 …… 198
第十八章　厂房地面及其他设施 …… 199
第一节　厂房地面 …… 199
第二节　厂房其他设施 …… 203
复习思考题 …… 208
参考文献 …… 209

绪　论

一、本课程的内容与任务

《建筑概论》是为供热通风与空调、给水与排水、电气设备安装及工业设备安装等专业设置的专业基础课程，内容主要包括建筑材料和房屋建筑构造两大部分。

建筑材料部分主要是研究建筑工程中所用材料的种类、性质、技术标准和应用范围等。这里我们结合专业特点和工程实际，就常用建筑材料做一般介绍，目的使大家了解常用建筑材料的基本知识，在工程实际中能正确、合理地选用建筑材料和检验建筑材料。

建筑材料是建筑业发展的重要物质基础。无论房屋建筑、道路桥梁、给水排水工程，都要消耗大量的建筑材料。据资料统计，一般建筑工程造价中材料费用占60%左右，且呈上升趋势。因此，正确选择和合理使用建筑材料，对提高工程质量，加快施工进度，降低工程造价起着十分重要的作用。

建筑构造部分主要是研究房屋的构造组成、构造原理和构造方法。本课程以介绍民用建筑和工业建筑的基本构造为重点，兼顾专业特点适当介绍了管道设备与各构件的构造处理，目的是使大家掌握房屋建筑的一般构造和部分特殊构造，为今后的专业课程学习和实际工作储备必要的基础知识。

一般说来，建筑为我们提供了一个生活活动的空间，水、暖、电设备的安装则使我们的建筑空间功能更趋完善，二者相辅相成，互为促进。随着经济的发展和人民生活水平的提高，对水、暖、电等提出了更高的要求。这就要求我们必须熟悉建筑设计图样和资料（规范、标准构造图集等），并在此基础上考虑如何布置管线和设备，做到功能完善、美观、安全，特别是在管道设备的安装与建筑构件之间发生矛盾时如何处理才能保证提供优质工程等等。掌握房屋建筑构造的有关知识是完成以上工作必不可少的条件。

二、建筑材料的分类

建筑材料的种类繁多，范围极广，可从不同角度进行分类。

1. 按化学组成分

按化学组成分，可分为无机材料、有机材料及复合材料三大类（表0-1）。

2. 按使用功能分

（1）建筑结构材料　用作承重构件的材料，如梁、板、柱所用材料。

（2）建筑功能材料　为满足建筑某些特殊功能要求的材料，如防水、装饰、保温材料等。

表 0-1 建筑材料的分类

<table>
<tr><th colspan="3">分 类</th><th>实 例</th></tr>
<tr><td rowspan="8">无机材料</td><td rowspan="6">非金属材料</td><td>天然石材</td><td>毛石、料石、石板、碎石、卵石、砂</td></tr>
<tr><td>烧土制品</td><td>粘土砖、粘土瓦</td></tr>
<tr><td>玻璃及熔融制品</td><td>玻璃、玻璃棉、矿棉、铸石</td></tr>
<tr><td>胶凝材料</td><td>石膏、石灰、菱苦土、水玻璃、各种水泥</td></tr>
<tr><td>混凝土及砂浆</td><td>普通混凝土、轻骨料混凝土
砌筑砂浆、抹面砂浆</td></tr>
<tr><td>硅酸盐制品</td><td>灰砂砖、硅酸盐砌块</td></tr>
<tr><td rowspan="2">金属材料</td><td>黑色金属</td><td>铁、非合金钢、合金钢</td></tr>
<tr><td>有色金属</td><td>铝、铜及其合金</td></tr>
<tr><td rowspan="3">有机材料</td><td colspan="2">植物质材料</td><td>木材、竹材</td></tr>
<tr><td colspan="2">沥青材料</td><td>石油沥青、煤沥青</td></tr>
<tr><td colspan="2">合成高分子材料</td><td>塑料、合成橡胶、胶粘剂、有机涂料</td></tr>
<tr><td rowspan="3">复合材料</td><td colspan="2">金属-非金属材料</td><td>钢纤混凝土、钢筋混凝土</td></tr>
<tr><td colspan="2">无机非金属-有机材料</td><td>玻纤增强塑料、聚合物混凝土、沥青混凝土</td></tr>
<tr><td colspan="2">金属-有机材料</td><td>PVC 涂层钢板、轻质金属夹芯板</td></tr>
</table>

三、建筑的分类

凡供人们进行生产、生活或其他活动的房屋或场所都称为建筑物。只为满足某一特定功能而建造的、人一般不能直接在其内进行生产、生活的建筑则称为构筑物（如水塔、烟囱、桥梁、纪念碑等）。其中建筑物可按不同的方式进行分类。

（一）按建筑物的使用性质分

1. 民用建筑

供人们居住、生活、工作和学习的房屋和场所。一般分为以下两种：居住建筑和公共建筑。

（1）居住建筑 供人们生活起居的建筑，如住宅、公寓、宿舍等。

（2）公共建筑 供人们进行各项社会活动的建筑，如办公建筑、科教建筑、文体建筑、商业建筑、医疗建筑、邮电建筑、广播建筑、交通建筑等。

2. 工业建筑

指各类工业生产用房和为生产服务的附属用房。

3. 农业建筑

供农业、牧业生产和加工用的建筑物如温室、畜禽饲养场、种子库等。

（二）按主要承重结构的材料分

（1）木结构建筑　用木材作为主要承重构件的建筑，是我国古建筑中广泛采用的结构形式。但由于木材易腐、易燃，强度低，以及我国森林资源缺乏等问题，现一般仅用于低层、规模较小的建筑物，如别墅、旅游性建筑。

（2）砖混结构建筑　用砖墙（或柱）、钢筋混凝土楼板和屋顶承重构件作为主要承重结构的建筑，目前广泛用于六层及六层以下的民用建筑和小型工业厂房。

（3）钢筋混凝土结构建筑　主要承重构件全部采用钢筋混凝土的建筑，广泛用于大型公共建筑、高层建筑和工业建筑。

（4）钢结构建筑　主要承重构件全部采用钢材制作的建筑，主要用于超高层建筑、大型公共建筑和工业建筑。

（三）按结构的承重方式分

（1）砌体结构建筑　竖向承重构件是采用粘土砖、多孔砖或承重钢筋混凝土空心小砌块砌筑的墙体，水平承重构件为钢筋混凝土楼板及屋顶板，一般用于多层民用建筑。

（2）框架结构建筑　由钢筋混凝土或钢材制作的梁、板、柱形成的骨架来承担荷载，墙体只起围护和分隔作用的建筑，可用于多层和高层建筑中。

（3）剪力墙结构建筑　由钢筋混凝土的纵、横向墙和水平承重构件组成的结构来承受荷载的建筑，多用于高层住宅、旅馆等。

（4）空间结构建筑　横向跨越30m以上空间的各类结构形式的建筑。在这类建筑中，屋盖可采用悬索、网架、拱、薄壳等结构形式，多用于体育馆、大型火车站、航空港等公共建筑。

（四）按建筑的层数或总高度分

（1）住宅建筑　1～3层为低层建筑；4～6层为多层建筑；7～9层为中高层建筑；10层以上为高层建筑。

（2）公共建筑　建筑物高度超过24m者为高层建筑（不包括高度超过24m的单层建筑）。建筑物高度不超过24m者为非高层建筑。

联合国1972年国际高层建筑会议将高层建筑按高度分为四类：建筑物层数在9～16层、建筑总高度在50m以下的为低高层建筑；建筑物层数17～25层，建筑总高度在50～75m的为中高层建筑；建筑物层数在26～40层，建筑总高度不超过100m的为高层建筑；建筑物层数超过40层，建筑总高度超过100m时，为超高层建筑。

（五）按规模和数量分

（1）大量性建筑　指建筑规模不大，但建造数量多，与人们生活密切相关的建筑，如住宅、中小学教学楼、医院等。

（2）大型性建筑　指建造于大中城市的体量大而数量少的公共建筑，如大型体育馆、火车站等。

（六）按抗震要求及其重要性分

（1）甲类建筑　特殊要求的建筑、如遇地震破坏会导致严重后果的建筑等，其建造必须经国家规定的批准权限部门批准。

（2）乙类建筑　国家重点抗震城市的生命线工程的建筑。

（3）丙类建筑　甲、乙、丁类以外的建筑。

（4）丁类建筑　次要的建筑，如遇地震破坏不易造成人员伤亡和较大经济损失的建筑等。

四、建筑物的分级

建筑物的等级包括耐久等级和耐火等级两个方面。

（一）耐久等级

建筑物耐久等级的指标是使用年限。使用年限的长短主要根据建筑物的重要性和质量标准确定。它是建筑投资、建筑设计和结构构件选材的重要依据。

一级：使用年限为100年以上，适用于重要的建筑和高层建筑。

二级：使用年限为50～100年，适用于一般性的建筑。

三级：使用年限为25～50年，适用于次要的建筑。

四级：使用年限为15年以下，适用于临时性或简易建筑。

（二）耐火等级

建筑物的耐火等级是衡量建筑物耐火程度的标准，由组成建筑物的构件的燃烧性能和耐火极限确定。

耐火极限是指对任一建筑构件按时间—温度标准曲线进行耐火试验，从受到火的作用时起，到失去支持能力（木结构）或完整性被破坏（砖混结构）或失去隔火作用（钢结构）时为止的这段时间，以h（小时）表示。

燃烧性能是指组成建筑物的主要构件在明火或高温作用下燃烧与否及燃烧的难易程度。按燃烧性能可将构件分为非燃烧体、难燃烧体和燃烧体。

非燃烧体是指用非燃烧材料做成的建筑构件，如砖、石、混凝土、金属材料等。

难燃烧体是指用难燃烧材料做成的建筑构件，或用燃烧材料制作、而用非燃烧材料做保护层的建筑构件，如沥青混凝土、石膏板、水泥刨花板、抹灰木板条等。

燃烧体是指用容易燃烧的材料做成的建筑构件，如木构件、纸板、纤维板、胶合板等。

我国现行《建筑设计防火规范》规定除高层建筑的耐火等级分为一、二两级外，其他建筑物的耐火等级分为一、二、三、四级，其构件的燃烧性能和耐火极限不应低于表0-2的规定。

表 0-2 建筑构件的燃烧性能和耐火极限

构件名称 \ 燃烧性能 耐火极限/h \ 耐火等级		一 级	二 级	三 级	四 级
墙	防火墙	非燃烧体 4.00	非燃烧体 4.00	非燃烧体 4.00	非燃烧体 4.00
	承重墙和楼梯间的墙	非燃烧体 3.00	非燃烧体 2.50	非燃烧体 2.50	非燃烧体 0.50
	非承重墙、外墙、疏散过道两侧的隔墙	非燃烧体 1.00	非燃烧体 1.00	非燃烧体 0.50	难燃烧体 0.25
	房间隔墙	非燃烧体 0.75	非燃烧体 0.50	难燃烧体 0.50	难燃烧体 0.25
柱	支承多层的柱	非燃烧体 3.00	非燃烧体 2.50	非燃烧体 2.50	难燃烧体 0.50
	支承单层的柱	非燃烧体 2.50	非燃烧体 2.00	非燃烧体 2.00	燃烧体
梁		非燃烧体 2.00	非燃烧体 1.50	非燃烧体 1.00	难燃烧体 0.50
楼板		非燃烧体 1.50	非燃烧体 1.00	非燃烧体 0.50	难燃烧体 0.25
屋顶的承重构件		非燃烧体 1.50	非燃烧体 0.50	燃烧体	燃烧体
疏散楼梯		非燃烧体 1.50	非燃烧体 1.00	非燃烧体 1.00	燃烧体
吊顶（包括吊顶搁栅）		非燃烧体 0.25	难燃烧体 0.25	难燃烧体 0.15	燃烧体

复习思考题

0-1 什么是建筑物？什么是构筑物？

0-2 建筑材料是如何进行分类的？

0-3 建筑物是如何进行分类的？

0-4 建筑物的耐久等级分为几级？各适用于什么建筑？

0-5 多层房屋的耐火等级是根据什么划分的？分为几级？什么是耐火极限？

0-6 本课程的内容和任务是什么？

建筑材料篇

第一章　混凝土及建筑砂浆

第一节　混　凝　土

一、混凝土的分类及特点

由胶凝材料、粗细骨料、水及其他外加材料按适当的比例配合，再经搅拌、成型和硬化而成的人造石材，统称为混凝土。混凝土实质上是由多种性能不同的材料组合而成的复合材料，其品种和分类方法很多。按表观密度一般分为重混凝土（干表观密度大于2800kg/m^3）、普通混凝土（干表观密度为2000～2800kg/m^3）和轻混凝土（干表观密度小于1950kg/m^3）；按使用的胶凝材料分为水泥混凝土、沥青混凝土和聚合物（合成树脂）混凝土；按用途分为结构混凝土、道路混凝土、水工混凝土、防水混凝土、耐热混凝土等。

目前在建筑工程中使用最多的是普通水泥混凝土，这是因为水泥混凝土具有成型方便，与钢筋有牢固的粘结力（在钢筋混凝土结构中，钢筋承受拉力，混凝土承受压力，两者膨胀系数大致相同），硬化后抗压强度高、耐久性好的特点，且组成材料中砂、石及水占80%（质量分数）以上，符合就地取材的经济原则。但混凝土也存在抗拉强度低，受拉时抗变形能力小、易开裂、自重大等缺点。

二、普通混凝土的组成材料及技术要求

普通混凝土的组成材料有水泥、水、砂和石子，另外还常掺入适量的掺合料和外加剂。砂、石在混凝土中起骨架作用，称为骨料。水泥和水形成水泥浆，包裹在骨料表面并填充骨料间的空隙，在混凝土硬化前（称为混凝土拌合物），水泥浆起润滑、填充、包裹等作用，赋予混凝土拌合物一定的流动性，水泥浆硬化后，起胶结作用，将骨料胶结成一个结实的整体。

混凝土的技术性质在很大程度上是由原材料性质及相对含量决定的，同时与施工工艺有关。因此我们必须了解原材料性质及其质量要求，合理选择材料，这样才能保证混凝土的质量。

（一）水泥

水泥是一种水硬性无机胶凝材料，加适量水调制后，经一系列物理、化学作用，由最初的可塑性浆体变成坚硬的石状体，具有较高的强度，并且能将散状、块状材料粘成整体。水泥浆体不仅能在空气中凝结硬化，而且能更好地在水中凝结硬化，并保持发展其强度。

水泥的品种繁多，按矿物组成可分为硅酸盐系列、铝酸盐系列、硫铝酸盐系列、铁铝酸盐系列、氟铝酸盐系列等；按用途和特性又可分为通用水泥、专用水泥和特性水泥。通用水泥是指目前建筑工程中常用的六大水泥即硅酸盐水泥、普通硅酸盐水泥、矿渣硅酸盐水泥、火山灰硅酸盐水泥、粉煤灰硅酸盐水泥和复合硅酸盐水泥；专用水泥是指有专门用途的水泥，如大坝水泥、油井水泥等；而特性水泥是指有比较特殊性能的水泥，如快硬硅酸盐水泥、白水泥等。水泥品种虽然很多，但在应用中，硅酸盐系列水泥是最基本的也是用途最广泛的。

凡由硅酸盐水泥熟料、0～5%石灰石或粒化高炉矿渣、适量石膏磨细制成的水硬性胶凝材料，称为硅酸盐水泥。

国家标准对硅酸盐水泥的细度、标准稠度、凝结时间、体积安定性、强度、不溶物、烧失量、碱含量等都作了具体的规定（表1-1）。

表1-1　硅酸盐水泥的技术要求

名　称		内　　容
细　度		硅酸盐水泥比表面积大于300 m^2/kg
凝结时间	初凝时间	不得早于45min
	终凝时间	不得迟于6.5h
安定性		沸煮法检验必须合格
强度等级		分为42.5、42.5R、52.5、52.5R、62.5、62.5R六个强度等级
不溶物		Ⅰ型硅酸盐水泥中不溶物含量不得超过0.75%；Ⅱ型硅酸盐水泥中不溶物含量不得超过1.5%
烧失量		Ⅰ型硅酸盐水泥中烧失量不得大于3.0%；Ⅱ型硅酸盐水泥中烧失量不得大于3.5%
游离氧化镁含量（%）		不得超过5%
SO_3 含量（%）		不得超过3.5%
碱含量		碱含量按 $Na_2O+0.657K_2O$ 计算值来表示，不得大于0.60%，或由供需双方商定

注：表中含量均指质量分数。

在上述要求中，凡氧化镁、三氧化硫、初凝时间、安定性中的任何一项不符合标准规定时均为废品；凡是细度、终凝时间、不溶物和烧失量中的任何一项不符合标准规定或混合材料掺量超过最大限量和强度低于商品规定的指标时称为不合格品。废品水泥严禁在工程中使用。

其他品种水泥的技术要求可参考有关水泥标准。

混凝土中水泥的选择主要考虑品种和强度等级两个方面。一般水泥的品种应根据工程特点、工程所处环境及施工条件选择（表1-2）。水泥的强度等级应与混凝土设计强度等级相适应，一般以水泥的强度等级为混凝土的强度等级的1.5～2.0倍为宜，对于高强混凝土可取0.9～1.5倍。

表1-2　常用水泥选用表

		混凝土工程特点及所处环境条件	优先选用	可以选用	不宜选用
普通混凝土	1	在一般气候环境中的混凝土	普通水泥	矿渣水泥、火山灰水泥、粉煤灰水泥	
	2	在干燥环境中的混凝土	普通水泥	—	火山灰水泥、粉煤灰水泥、矿渣水泥
	3	在高湿度环境中或长期处于水中的混凝土	矿渣水泥	普通水泥、火山灰水泥、粉煤灰水泥	
	4	厚大体积混凝土	矿渣水泥、火山灰水泥、粉煤灰水泥	—	硅酸盐水泥
		混凝土工程特点及所处环境条件	优先选用	可以选用	不宜选用
有特殊要求的混凝土	1	要求快硬、高强的混凝土	硅酸盐水泥	普通水泥	矿渣水泥、火山灰水泥、粉煤灰水泥、复合水泥
	2	严寒地区的露天混凝土，寒冷地区处于水位升降范围内的混凝土	普通水泥	矿渣水泥	火山灰水泥、粉煤灰水泥
	3	严寒地区处于水位升降范围内的混凝土	普通水泥	—	火山灰水泥、矿渣水泥、粉煤灰水泥、复合水泥
	4	有抗渗要求的混凝土	普通水泥、火山灰水泥、粉煤灰水泥	—	矿渣水泥
	5	有耐磨性要求的混凝土	硅酸盐水泥、普通水泥	矿渣水泥	火山灰水泥、粉煤灰水泥
	6	受侵蚀性介质侵害的混凝土	矿渣水泥、火山灰水泥、粉煤灰水泥	—	硅酸盐水泥、普通水泥

（二）骨料

普通混凝土中的骨料，按粒径的大小分为两种。粒径大于4.75mm的称为粗骨料；粒径为0.15～4.75mm的称为细骨料。混凝土所用的细骨料可分为天然砂（河砂、海砂及山砂）、人工砂（经除土处理的机制砂和混合砂的统称）两类，所用的粗骨料有碎石和卵石两种。由于粗、细骨料在混凝土中所占比例较大，对混凝土的影响也较大，为保证混凝土的质量，对混凝土骨料的技术要求主要有：

（1）有害杂质含量少　凡存在于砂或石子中会降低混凝土性质的成分均称为有害杂质。砂或石子中的有害杂质包括泥、泥块、云母、轻物质、硫化物、硫酸盐、有机物质及氯化物等。

（2）具有良好的颗粒形状　石子的形状以接近立方体或球形为好，不应含有较多的针、片状颗粒。

（3）适宜的颗粒级配和粗细程度　骨料中不同粒径颗粒的搭配情况称为颗粒级配。良好的颗粒级配不仅能减少水泥用量，而且能提高混凝土的密实度、强度及其他性能。骨料的粗细程度是指不同粒径的颗粒混合在一起后的平均粗细程度。

（4）足够的强度和坚固性　为保证混凝土的强度要求，粗骨料必须具有足够的强度。骨料的坚固性是指骨料在自然分化和其他外界物理化学因素作用下抵抗破裂的能力。

（三）水

在拌制和养护混凝土的水中，不得含有影响水泥正常凝结与硬化的有害物质，一般宜选用符合国家标准的饮用水。

（四）外加剂与掺合料

1. 外加剂

外加剂是指在混凝土拌合物中掺入量不超过水泥质量的5%，且能按要求改变混凝土性能的物质。常用的外加剂有减水剂、引气剂、早强剂、缓凝剂、速凝剂、膨胀剂、防冻剂、阻锈剂等。

2. 掺合料

掺合料一般是指混凝土拌合物中掺入量超过水泥质量的5%，且在配合比设计中需考虑体积或质量变化的外加材料。工程中常用的掺合料有粉煤灰、硅灰、磨细矿渣粉等工业废渣。掺合料不仅可以取代部分水泥、降低成本，而且可以改善混凝土的性能，如提高强度、改善和易性、降低水化热等。

三、混凝土的技术性质

（一）拌合物的和易性

1. 和易性

混凝土的和易性是指混凝土拌合物易于施工操作（拌合、运输、浇筑、捣实），并能获得质量均匀、成型密实的性能。和易性是一项综合的技术性质，包括流动性、粘聚性和保水性等三方面的含义。目前还难以用一种简单的测定方法和指标来全面地评价和易性，通常是以坍落度、维勃稠度、坍落扩展度为指标来评定混凝土的流动性，凭直观经验目测评定混凝土的粘聚性和保水性。坍落度越大，表示流动性越大。对于干硬性拌合物，需测定其维勃稠度。

混凝土拌合物坍落度，应根据构件的截面大小、钢筋疏密程度和振捣方法等选择（表1-3）。在容易浇灌密实的结构部位，可选择流动性低的拌合物；浇灌密实和浇灌比较困难的部位，选用流动性大的拌合物；如果拌合物需用泵送，则需更大的流动性。

表1-3　混凝土浇筑时的坍落度

结构种类	坍落度/mm
基础或地面等的垫层、无配筋的厚大结构（挡土墙、基础等）或配筋稀疏的结构	10～30
板、梁或大型及中型截面的柱子等	30～50
配筋较密的结构（薄壁、斗仓、筒仓、细柱等）	50～70
配筋特密的结构	70～90

2. 影响混凝土和易性的因素

影响混凝土和易性的因素有水泥浆量、水灰比、砂率、水泥的品种、细度及骨料的性质、外加剂、温度和时间等。为了改善混凝土拌合物的和易性，可采取降低砂率、改善骨料级配、尽量采用较粗的砂与石、适当增加水泥用量、使用外加剂等措施。

（二）硬化混凝土的强度

1. 混凝土的立方体抗压强度与强度等级

根据国家标准试验方法规定，将混凝土拌合物制成边长为150mm的立方体标准试件，在标准条件（温度20℃±2℃，相对湿度95%以上）下，养护28d，用标准试验方法测得的抗压强度值，称为混凝土的立方体抗压强度，用f_{cu}表示。在《混凝土结构设计规范》（GB 50010—2002）中，混凝土强度等级是按立方体抗压强度标准值确定。立方体抗压强度标准值系指按标准方法制作和养护的边长为150mm的立方体试件，在28d龄期用标准试验方法测得的具有95%保证率的抗压强度，以$f_{cu,k}$表示。普通混凝土划分为十四个强度等级：C15、C20、C25、C30、C35、C40、C45、C50、C55、C60、C65、C70、C75和C80。混凝土强度等级是混凝土结构设计、施工质量控制和工程验收的重要依据。不同的建筑工程及建筑部位需采用不同强度等级的混凝土，一般有一定的选用范围。

低强度等级的混凝土多用于垫层、基础、地面及受力不大的结构；中强度等级的混凝土多用于普通钢筋混凝土结构中的梁、板、柱、楼梯、屋架等；高强度等级的混凝土多用于吊车梁、预应力钢筋混凝土构件、大跨结构及特种结构。

2. 提高混凝土强度的措施

混凝土的强度主要取决于水泥石的强度及其与骨料表面的粘结强度。而水泥石强度及其与骨料的粘结强度又与水泥强度等级、水灰比及骨料的性质有密切关系。此外混凝土的强度还受施工质量、养护条件、外加剂和外掺料的加入、龄期等因素的影响。因此，提高混凝土强度的措施有：采用高强度等级水泥或早强型水泥；采用低水灰比；采用湿热处理养护；采用机械搅拌、机械振捣；掺入混凝土外加剂和掺合料。

(三) 混凝土的耐久性

混凝土在使用期间能抵抗各种自然环境的侵蚀而长期不破坏的能力，称为混凝土的耐久性。混凝土的耐久性包括抗渗性、抗冻性、抗化学侵蚀性、耐热性及抗碳化性等。

1. 抗渗性

抗渗性是指混凝土抵抗压力水或压力液体渗透的性质。混凝土的抗渗性用抗渗等级来表示，有 P4、P6、P8、P10、P12 共五个等级，分别表示以 28d 龄期的标准抗渗试件，按规定方法试验，不渗水时所能承受的最大水压为 0.4MPa、0.6 MPa、0.8 MPa、1.0 MPa、1.2 MPa。

混凝土产生渗透的原因是由于混凝土内部的孔隙会形成连通的渗水通道。因此，提高混凝土的密实度或掺用适量的引气剂，在混凝土中产生不连通的微小气泡，截断渗水孔道，可提高混凝土的抗渗性。

2. 抗冻性

抗冻性指混凝土在饱和水状态下，能经受多次冻融循环作用而不破坏，同时也不严重降低强度的性能。混凝土的抗冻性以抗冻等级表示，有 F10、F15、F25、F50、F100、F150、F200、F250 和 F300 共九个等级，分别表示混凝土能经受冻融循环的最多次数不少于 10、15、25、…、和 300 次。

混凝土的密实度、孔隙率和孔隙构造、孔隙的充水程度是影响混凝土抗冻性的主要因素。密实混凝土和具有封闭孔隙的混凝土（如引气混凝土）抗冻性较高。掺入引气剂、减水剂和防冻剂，可有效提高混凝土的抗冻性。

3. 抗碳化性

混凝土的碳化，是指空气中的 CO_2(二氧化碳）在湿度适宜的条件下与混凝土内部的 $Ca(OH)_2$（氢氧化钙）发生反应，生成碳酸钙和水，使混凝土碱度降低的过程。碳化使混凝土内部碱度降低，对钢筋的保护作用降低，使钢筋易锈蚀。通常以提高混凝土密实度或增大混凝土内 $Ca(OH)_2$ 数量等方法提高混凝土的抗碳化性。

混凝土所处的环境和使用条件不同，其耐久性要求也不同，根据其具体的条件可采取下列措施以提高混凝土的耐久性。

1）选择合理的水泥品种。

2）严格控制水灰比，保证足够的水泥用量。

3）选用杂质少、级配良好的粗、细骨料，并尽量采用合理砂率。

4）掺引气剂、减水剂等外加剂，以改善混凝土内部的孔隙构造，提高混凝土的密实度。

5）在混凝土施工中，应搅拌均匀、振捣密实、加强养护等，以提高混凝土密实度。

四、其他品种混凝土

（一）轻混凝土

轻混凝土按组成和结构状态不同分为轻骨料混凝土、多孔混凝土和无砂大孔混凝土。这里仅对常用的轻骨料混凝土和多孔混凝土做简要介绍。

1. 轻骨料混凝土

轻骨料混凝土是由轻质粗细骨料（或普通砂）、水泥和水配制成的干表观密度小于1950kg/m^3 的混凝土。按骨料的来源不同分为工业废渣轻骨料混凝土（粉煤灰、陶粒、煤渣）、天然轻骨料混凝土（浮石、火山渣及轻砂）、人造轻骨料混凝土（粘土陶粒、页岩陶粒、膨胀珍珠岩）；按混凝土的构造和用途不同分为保温轻骨料混凝土、结构保温轻骨料混凝土和结构轻骨料混凝土三种；按其立方体抗压强度标准值划分为CL5.0、CL7.5、CL10、CL15、CL20、CL25、CL30、CL35、CL40、CL45、CL50共11个强度等级。

轻骨料混凝土在工业与民用建筑中可用于保温、结构保温和结构承重三个方面，且由于其结构自重小，特别适用于高层和大跨结构。

2. 多孔混凝土

多孔混凝土是一种内部均匀分布大量细小气孔而无骨料的混凝土。它的表观密度为300～1200kg/m^3，热导率为0.081～0.29W/（m·K），具有重量轻、保温隔热好、易于施工等特点。多制成砌块、墙板、屋面板及保温制品，广泛用于工业与民用建筑的保温工程。

多孔混凝土按气孔形成的方法不同，有加气混凝土和泡沫混凝土两种。

（二）防水混凝土

抗渗等级大于或等于P6的混凝土为防水混凝土（抗渗混凝土）。防水混凝土一般是通过改善混凝土各组成材料的质量、合理选择混凝土配合比和骨料级配以及掺入适量外加剂等方法，提高混凝土的抗渗性。目前常用的抗渗混凝土有普通抗渗混凝土、外加剂抗渗混凝土和膨胀水泥抗渗混凝土。

抗渗混凝土主要用于水工工程、地下基础工程、屋面防水工程等。

第二节 建筑砂浆

建筑砂浆是由胶凝材料、细骨料、掺合料和水按一定比例配制而成，其组成情况与混凝土相似，因而又称为细骨料混凝土。在建筑工程中主要用作砌筑、抹面、灌缝和粘贴饰面材料。

建筑砂浆的分类方式有多种，按用途分为砌筑砂浆、普通抹面砂浆、装饰砂浆、防水砂浆、绝热砂浆等；按所用胶凝材料不同分为水泥砂浆、石灰砂浆、混合砂浆（水泥+石灰+砂+水）等。

一、砌筑砂浆

将砖、石、砌块等粘结成整体的砂浆称为砌筑砂浆。它起着粘结砖、石及砌块，传递荷载，协调变形的作用。砌筑砂浆的性质分新拌砂浆的性质和硬化后砂浆的性质。

（一）新拌砂浆的和易性

砂浆的和易性是指砂浆易于施工并能保证质量均匀的综合性质，包括流动性和保水性两个方面的内容。和易性好的砂浆，容易在砖石表面铺成均匀的薄层，并与砌块紧密粘结。

1. 流动性

流动性也称稠度。是指砂浆在自重或外力作用下流动的性能。流动性主要与胶凝材料的品种、用量、用水量、砂子的粗细及级配，以及搅拌时间有关。一般情况下使用多孔吸水的砌体材料或在天气干热的环境中施工，砂浆的流动性应大些；使用密实不吸水的砌体材料或在湿冷的天气施工，砂浆的流动性应小些。砂浆流动性的大小用“沉入度”表示，通常用砂浆稠度测定仪测定。砂浆流动性可按表1-4选用。

表1-4 砂浆流动性（稠度值）参考表 （单位：mm）

砌体种类	气候干燥	气候寒冷
砖砌体	80～100	60～80
普通毛石砌体	60～70	40～50
振捣毛石砌体	20～30	10～20
炉渣混凝土砌体	70～90	50～70

2. 保水性

保水性是砂浆保存水分的能力。影响保水性的主要因素是胶凝材料的数量和细度，一般混合砂浆的和易性比水泥砂浆好。为改善砂浆的保水性，可掺入石灰膏、粉煤灰或微沫剂、塑化剂等。

（二）硬化后砂浆的性质

砂浆在砌体中主要起粘结和传递压力的作用，所以硬化后的砂浆应有一定的强度和粘结力，并以抗压强度作为砂浆的主要强度指标。

1. 强度

按标准方法将砂浆制成边长为 70.7mm 的立方体，在规定的条件下养护 28d，以用标准试验方法测得的抗压强度的平均值划分强度等级，共划分有 M20、M15、M10、M7.5、M5.0 及 M2.5 六个等级。

2. 粘结力

砂浆与基层之间必须具有足够的粘结力，这样才能保证整个砌体的强度、耐久性、稳定性和抗震性。一般来说，砂浆的抗压强度越高，其与基层之间的粘结力就越大。此外，粘结力也与基层的表面状态、清洁程度、湿润状况及养护条件等有关。

（三）砌筑砂浆的应用

砌筑砂浆应根据工程类别及砌体部位的环境和设计要求选择其强度等级和种类。一般建筑工程中的基础、地下室及处于潮湿环境的砌体宜采用 M5 ~ M10 的水泥砂浆；地面以上部分的多层及中高层建筑的砌体宜采用 M5 ~ M10 的混合砂浆；低层干燥环境的建筑砌体可采用石灰砂浆砌筑；检查井、雨水井和化粪池则应用不小于 M5 的水泥砂浆砌筑。

二、抹面砂浆

用以涂在建筑物和构筑物表面，兼起保护和增加美观作用的砂浆称为抹面砂浆。根据抹面砂浆功能的不同，可分为普通抹面砂浆、防水砂浆、装饰砂浆及具有特殊功能的抹面砂浆。

1. 普通抹面砂浆

普通抹面砂浆的功能主要是保护建筑物，并使表面平整美观。因此，对它的主要技术要求不是抗压强度，而是和易性及与基层材料的粘结力，故胶凝材料用量较多。同时，为保证抹灰层表面平整、不开裂，通常分两层或三层涂抹，各层作用和要求如下：

1）底层抹灰主要起与基层粘结并初步找平的作用，多用石灰砂浆；有防水要求的用水泥砂浆；板条墙及顶棚多用麻刀石灰砂浆；混凝土结构表面多用混合砂浆。

2）中层抹灰主要是为了找平，多用混合砂浆和石灰砂浆。

3）面层抹灰主要起装饰作用，多用细砂混合砂浆、麻刀石灰砂浆或纸筋石灰砂浆等。

2. 防水砂浆

防水砂浆是具有防水、抗渗作用的一种砂浆，可用来制作砂浆防水层（又称为刚性防水层）。防水砂浆防水层适用于不受振动和具有一定刚度的砖、石砌体或混凝土工程，而不适用于变形较大或有可能发生不均匀沉陷的工程中。

防水砂浆可用普通水泥砂浆配制，也可在普通水泥砂浆中掺入水泥质量的3% ~5%的防水剂。在水泥砂浆中掺入防水剂，可促使砂浆结构密实，堵塞毛细孔，提高砂浆的抗渗能力。常用的防水剂有氯化物金属盐类防水剂、金属皂类防水剂、无机铝盐类防水剂及聚合物防水剂。

3. 装饰砂浆

涂抹在建筑物内外墙表面，以增加建筑物美观效果的砂浆称为装饰砂浆。装饰砂浆与抹面砂浆的主要区别在面层：装饰砂浆面层应选用具有一定颜色的胶凝材料和集料并采用特殊的施工操作方法，以使表面呈现出各种不同的色彩、线条和花纹等装饰效果。

装饰砂浆所采用的胶凝材料有普通水泥、白水泥和彩色水泥。集料常用大理石、花岗岩等带颜色的细石渣或玻璃、陶瓷碎粒等。

常用装饰砂浆的工艺做法有：拉毛、水刷石、干粘石、斩假石、弹涂、水磨石等。

复习思考题

1-1 什么是混凝土？混凝土为什么能在工程中得到广泛应用？

1-2 普通混凝土的各组成材料在混凝土凝结硬化前后各起什么作用？

1-3 什么是混凝土拌和物的和易性？

1-4 普通混凝土的强度等级是怎样划分的？

1-5 何谓混凝土的耐久性？

1-6 建筑砂浆按胶凝材料和用途各分为哪几类？

1-7 什么是砌筑砂浆？砌筑砂浆有哪些技术性质？

1-8 防水砂浆中常用的防水剂有哪些？

第二章　墙体材料

墙体材料是房屋建筑主要的围护和结构材料。目前常用的墙体材料有砖、砌块和板材三大类。

第一节　砌　墙　砖

凡由粘土、工业废料或其他地方资源为主要原料，以不同工艺制成，在建筑中用于砌筑承重和非承重墙体的砖，统称为砌墙砖。

砌墙砖可分为普通砖和空心砖两大类。普通砖是没有孔洞或孔洞率（砖面上孔洞总面积占砖面积的百分率）小于15%的砖，按照生产工艺分为烧结砖和非烧结砖。烧结砖是经焙烧而制成的砖，常结合主要原料命名，如烧结页岩砖、烧结煤矸石砖等；非烧结砖是通过非烧结工艺制成的，如碳化砖、蒸养砖、蒸压砖等。

烧结普通砖是以粘土、页岩、煤矸石、粉煤灰为主要原料，经焙烧而成，包括粘土砖、页岩砖、粉煤灰砖、煤矸石砖，依次用符号N、Y、F及M表示。烧结普通砖的外形为直角六面体，公称尺寸是240mm×115mm×53mm（图2-1）。

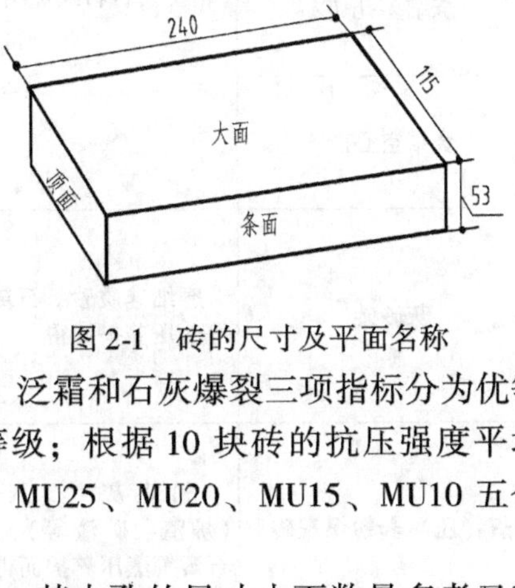

图2-1　砖的尺寸及平面名称

烧结普通砖和烧结多孔砖的技术要求包括尺寸偏差、外观质量、强度等级、抗风化性能、泛霜和石灰爆裂等。强度和抗风化性能合格的砖，根据尺寸偏差外观质量、泛霜和石灰爆裂三项指标分为优等品（A）、一等品（B）、合格品（C）三个等级；根据10块砖的抗压强度平均值、强度标准值及强度最小值，分为MU30、MU25、MU20、MU15、MU10五个强度等级。

空心砖是指孔洞率等于或大于15%的砖，其中孔的尺寸小而数量多者又称为多孔砖。烧结多孔砖为大面有孔，孔多且小的砖（图2-2）。目前这类砖有两种规格型号：M型为190mm×190mm×90mm；P型为240mm×115mm×90mm。烧结空心砖为顶面有

图2-2　烧结多孔砖的外形

孔，且孔洞较大的砖，其尺寸有 290mm × 190mm × 90mm 和 240mm × 180mm × 115mm 两种（图 2-3）。

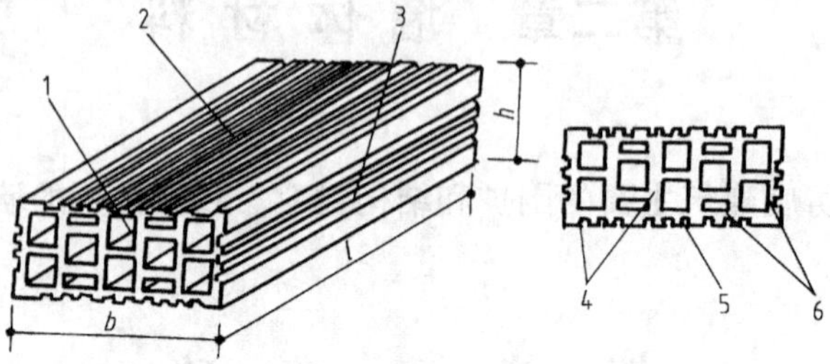

图 2-3　烧结空心砖的外形

1—顶面　2—大面　3—条面　4—肋　5—凹槽线　6—外壁

常见的几种砌墙砖的主要特性及应用范围见表 2-1。

表 2-1　常用砌墙砖的组成、特性和应用

品种	主要组成材料及工艺	主要性质	应　用
烧结普通砖	粘土质材料经烧结而得	抗压强度 10 ~ 30MPa、表观密度 1500 ~ 1800kg/m^3、热导率 0.78 W/（m · K）、抗冻性 15 次	建筑内外墙体、柱、拱、基础、烟囱及沟道等
烧结多孔砖		抗压强度 10 ~ 30MPa、表观密度 1100 ~ 1300kg/m^3、抗冻性 15 次	标高在 ± 0.000 以上的保温承重墙体
烧结空心砖		抗压强度 2.0 ~ 5.0MPa、表观密度 800 ~ 1100kg/m^3、抗冻性 15 次	非承重墙体、保温墙体
灰砂砖	磨细硅质砂、石灰、水等蒸压养护而得	抗压强度 10 ~ 25MPa、表观密度 1800 ~ 1900kg/m^3、热导率 0.6 W/（m · K）、外观规整，呈灰白色，也可制成彩色砖	用途与烧结普通砖基本相同，但不易用于受流水作用的部位及长期受热高于 200℃ 的环境
蒸（压）养粉煤灰砖	粉煤灰、石灰集料（炉渣、矿渣等）、适量石膏等蒸压养护而得	抗压强度 7.5 ~ 20MPa、表观密度约为 1500kg/m^3、合格品的干燥收缩率不大于 0.75mm/m、热导率 0.78 W/（m · K）	同灰砂砖

烧结普通砖既具有一定的强度和耐久性，又有良好的保温隔热性能。但其中的实心粘土砖由于生产时毁田取土量大、能耗高、自重大、工效低，属墙体材料革新中的淘汰产品，将逐步被新型墙体材料所取代。

烧结空心砖与烧结普通砖相比具有许多优点：节省原材料，降低了生产能耗，减轻了墙体的自重，降低了造价，并改善了墙体的隔热和吸声性能，有利于建筑节能，但也存在孔洞易吸水等缺点。

第二节 建筑砌块

砌块是形体较大的人造石材。按形态分为实心砌块和空心砌块两种；按产品规格分为大型（高度大于980mm）砌块、中型（高度为380～980mm）砌块和小型（高度为115～380mm）砌块；按生产工艺分为烧结砌块和蒸养蒸压砌块；按主要原材料分为普通混凝土砌块、轻骨料混凝土砌块、硅酸盐砌块、石膏砌块等。

建筑砌块是一种新型的墙体材料，它不仅具有生产工艺简单、生产周期短、砌筑效率高、适应性强等特点，而且可以充分地利用地方资源和工业废渣，以节省粘土资源和改善环境。同时，通过空心化还可改善墙体的保温隔热性能，以利节能。因而，建筑砌块是当前大力推广的墙体材料之一。

常见的建筑砌块的组成、特性和应用详见表2-2。

表2-2 常用砌块的组成、特性和应用

品种	主要组成材料及工艺	主要性质	应用
加气混凝土砌块	磨细含硅材料、石灰、铝粉、水等经发气、蒸压养护而得的多孔混凝土，加气混凝土板内应配有钢筋	表观密度500kg/m³的抗压强度为2.5～3.5MPa、热导率0.10～0.16 W/（m·K）、抗冻性15次为合格；表观密度700kg/m³的抗压强度为5.0～7.5MPa；表观密度800kg/m³的抗压强度为7.5～10MPa，合格品的干燥收缩率不大于0.5mm/m	500kg/m³的加气混凝土砌块主要用于非承重墙、填充墙或保温结构；700kg/m³的加气混凝土砌块主要用于结构保温
加气混凝土板（外墙板、隔墙板）			分别用于外墙和内隔墙
泡沫混凝土砌块	水泥、泡沫剂、水等经发泡、养护等而得的多孔混凝土	表观密度400～500kg/m³的抗压强度为2.0～3.0MPa、热导率约为0.12 W/（m·K）	非承重墙体、保温墙体
普通混凝土小型空心砌块	水泥、砂、石、水等经搅拌、成型、养护而得，有单排孔、双排孔和三排孔等	抗压强度3.5～20MPa、表观密度1300～1700kg/m³、热导率约为0.26W/（m·K），合格品的干燥收缩率不大于0.5mm/m（承重墙或外墙用）～0.6mm/m（非承重墙或内墙用），空心率为25%～50%	低层和多层建筑的内墙和承重外墙

（续）

品　种	主要组成材料及工艺	主要性质	应　用
轻骨料混凝土小型空心砌块	由水泥、砂（轻砂或普通砂）、轻粗骨料、水等经搅拌、成型、养护而得，有单排孔和多排孔	抗压强度 2.5 ~ 10MPa，表观密度 500 ~ 1400kg/m^3	保温墙体（抗压强度 <3.5 MPa）或非承重墙体；承重保温墙体（抗压强度 >3.5MPa）
蒸养粉煤灰砌块	由粉煤灰、石灰、石膏、和骨料（炉渣、矿渣）水等经搅拌、振动成型、蒸汽养护而得的密实砌块	抗压强度 10 ~ 13MPa，表观密度 1300 ~ 1550kg/m^3，合格品的干燥收缩率不大于 0.90mm/m，热导率 0.465 ~ 0.582 W/(m·K)	适用于一般工业与民用建筑的墙体和基础，但不宜用于长期受高温（如炼钢车间）和经常受潮湿的承重墙，也不宜用于有酸性介质侵蚀的建筑部位

第三节　建筑板材

随着建筑结构体系的改革和大开间多功能框架结构的发展，各种轻质和复合多功能墙用板材及轻型屋面板材也蓬勃兴起。以建筑板材为围护结构的建筑体系，具有质轻、节能、施工方便快捷、使用面积大、开间布置灵活等特点，因此，具有良好的发展前景。

我国目前可用于墙体和屋面的板材品种很多，按墙板的功能不同，可分为外墙板、内墙板和隔墙板。按墙板的规格分为大型墙板、条板拼装的大板和小张的轻型板。按墙板的结构，可分为实心板、空心板和多功能复合墙板。表 2-3 中列出了目前常用建筑板材的组成、特性和应用范围。

表 2-3　常用建筑板材的组成、特性和应用

品　种	主要组成材料及工艺	主要性质	应　用
预应力钢筋混凝土空心板	由水泥、砂、粗骨料、水等经搅拌、成型、养护而得，板内配有钢筋		主要用于承重或非承重墙外墙板、内墙板、楼板、屋面板和阳台板
玻璃增强水泥板（GRC 板）	低碱水泥、耐碱玻璃纤维、轻骨料、水等经搅拌、成型、养护而得	质轻（60mm 厚的板 35kg/m^2）、强度高（抗折荷载，60mm 厚的板大于 1400N；120mm 厚的板大于 2500N）、热导率小于 0.2 W/(m·K)、耐火极限 1.3 ~3h	用于工业与民用建筑的内隔墙及复合墙体的外墙面
混凝土夹芯板	20 ~ 30mm 厚的钢筋混凝土板作内外表面层，中间加岩棉毡、玻纤毡、泡沫混凝土等保温材料复合而成	承重板：板厚为 250mm，表观密度 500 ~ 542kg/m^3、热导率约为 1.01 W/(m·K)；非承重板：板厚为 180mm，表观密度 260kg/m^3、热导率约为 0.593W/(m·K)	主要用于承重外墙、非承重外墙

（续）

品　种	主要组成材料及工艺	主要性质	应　　用
轻骨料混凝土墙板	由水泥、砂（轻砂或普通砂）、轻粗骨料、水等经搅拌、成型、养护而得，并配有钢筋网片	表观密度为1000 ~1500kg/m³、抗压强度10~20MPa、热导率约为0.35~0.5 W/（m·K）	主要用于非承重墙体（抗压强度 < 15 MPa）；自承重或承重墙体（抗压强度 > 15MPa）
纸面石膏板、纤维石膏板、空心石膏板、装饰石膏板	建筑石膏、纸板或玻璃纤维、水等经搅拌、成型、养护而得	表观密度600~1000kg/m³、抗折荷载可达400 ~850N，热导率为0.2 ~0.25 W/（m·K），隔声指数为30 ~50dB，质量轻、隔热、隔声、易加工、施工简便，但耐水性差	内隔墙、复合墙板的内壁板，不宜用于相对湿度大于75%及温度长期高于60℃的环境中
轻型夹芯板	在带有钢丝网的聚苯乙烯板两面涂有水泥砂浆的板材，或复合彩色薄钢板、铝合金板、彩色镀锌钢板等	墙板质量10~110kg/m²，热阻为0.6~1.1（m²·K）/W，隔声指数 > 40dB	适用于一般工业与民用建筑的自承重外墙、隔墙、保温墙、顶棚及屋面板等
EPS板	0.5 ~0.75mm厚的彩色涂层钢板、自熄聚苯乙烯、热固胶在连续成型机内加压加热复合而成	质量轻（为混凝土屋面板的$\frac{1}{20}$ ~$\frac{1}{30}$）、保温隔热好〔热导率为0.034 W/（m·K）〕、施工方便	集承重、保温、防水、装修于一体的新型围护结构板材，适用于各种形式的屋面
硬质聚氨酯夹芯板	镀锌彩色压型钢板、硬质聚氨酯泡沫芯材复合而成	表观密度为40kg/m³，热导率为0.022 W/（m·K），隔声指数为25dB，具有质量轻，强度高，保温、隔声效果好，色彩丰富，施工简便的特点	承重、保温、防水三合一的屋面板材，主要用于大型工业厂房、仓库、公共设施等大跨度建筑和高层建筑的屋面

复习思考题

2-1　砌墙砖有哪几类？它们各有什么特性？

2-2　建筑砌块按材质分有哪几类？砌块与烧结普通砖相比有什么优点？

2-3　简述常见轻质板材的性能及应用。

第三章　防 水 材 料

防水材料是保证建筑工程能够防止雨水、地下水及其他水分渗透的材料。它是建筑工程中不可缺少的重要建筑材料之一，同时也广泛应用在水利、公路、桥梁等工程中。

建筑工程中的防水材料，可分为刚性防水材料和柔性防水材料两大类。刚性防水材料是以水泥混凝土为主，外掺各种防水剂、膨胀剂等形成的防水混凝土或防水水泥砂浆。刚性防水材料不适用于有振动、变形及不均匀沉陷的建筑部位。柔性防水材料是以沥青基、改性沥青基或合成高分子为主要成分制成的各类卷材或涂料等，通过粘贴或喷涂处理，形成防水结构。柔性防水材料受力后可产生一定的变形且不发生破坏，因此，防水可靠，可适用于各种不同外形、不同工程环境的防水，是目前生产量和用量最大的一类防水材料。柔性防水材料是本章学习的主要内容。

第一节　沥青基防水材料

一、沥青

沥青是一种憎水性的有机胶凝材料，在常温下为黑色或黑褐色的固体、半固体或粘稠状液体。沥青具有防潮、防水、防腐的性能，广泛用于交通、水利及工业与民用建筑中。

按产源分类，沥青的品种划分如图 3-1 所示，目前常用的是石油沥青和煤沥青。

- 沥青
  - 地沥青
    - 天然沥青
    - 石油沥青
  - 焦油沥青
    - 煤沥青
    - 木沥青
    - 页岩沥青
    - 泥炭沥青

图 3-1　沥青分类

1. 石油沥青

石油沥青是石油原油经提炼制出汽油、煤油、柴油及润滑油等后所得的副产品，再经加工而得到的产品。根据用途不同石油沥青分为道路石油沥青、建筑石油沥青、防潮防水石油沥青、普通石油沥青等。

石油沥青的技术性质有粘滞性、塑性、温度稳定性、大气稳定性等。

（1）粘滞性　指沥青在外力作用下，抵抗变形的能力，也是沥青软硬、稀稠程度的反映。半固体、固体沥青的粘滞性用针入度表示；液态沥青的粘滞性用粘滞度表示。针入度是划分沥青牌号的主要指标，一般针入度越小，粘滞性越好。针入度范围在10～300度之间。

根据针入度，道路石油沥青的牌号分为200号、180号、140号、100号甲、100号乙、60号甲、60号乙；建筑石油沥青的牌号分为30号和10号；普通石油沥青的牌号分为75号、65号、55号。

（2）塑性　指沥青在外力作用下产生变形而不破坏，除去外力后仍保持变形后的形状的性质。沥青之所以能制成性能良好的柔性防水材料，很大程度上取决于这种性质。沥青的塑性一般用“延度”或“延伸率”表示，延度越大，塑性越好。

（3）温度稳定性　指沥青的粘滞性和塑性随温度升降而变化的性能。一般以软化点表示，软化点越高，沥青的温度稳定性越好。

（4）大气稳定性　指沥青在热、阳光、空气和水的综合作用下，抵抗老化的性能。沥青随时间的延长，流动性和塑性降低，脆性增大，粘结力减小，这一演变过程称为沥青的老化。老化后的沥青硬而脆，甚至开裂，完全丧失防水、防腐能力。

2. 煤沥青

煤沥青是炼制焦碳或生产煤气时的副产品（煤焦油）再经高温加工制成的沥青产品。

煤沥青的性能不如石油沥青，其温度稳定性及大气稳定性均较石油沥青差。当与软化点相同的石油沥青比较时，煤沥青的塑性较差，受力时易开裂，因此不宜用于温度变化较大的环境（如屋面、道路面层）。但煤沥青中含有酚，有毒性，防腐性好，适于地下防水层或作防腐材料用。

3. 改性沥青

对沥青进行氧化、乳化、催化或者掺入橡胶、树脂、矿物料等物质，使得沥青的性质发生不同程度改善后的沥青称为改性沥青。根据掺入料的不同，改性沥青可分为橡胶改性沥青，树脂改性沥青，橡胶、树脂并用改性沥青，再生胶改性沥青和矿物填充剂改性沥青等。

二、沥青防水制品及应用

1. 冷底子油

冷底子油是用30%～40%质量分数的建筑石油沥青与60%～70%的汽油或其他有机溶剂溶合而配成的沥青溶液。它的粘度小，流动性好，能渗入到混凝土、砂浆、木材等材料的毛细孔隙中，并在基层的表面形成一层憎水的薄膜，为粘结同类防水材料创造了有利条件。冷底子油常作为打底材料或与沥青胶配合使用。

2. 沥青胶

沥青胶是用沥青材料加矿物填充材料均匀混合制成。填充料有粉状的（如滑石粉、石灰粉、白云石粉），纤维状的（木纤维、石棉屑等）。

沥青胶的配制和使用方法分为热用和冷用两种。在热用沥青胶中，填充料的质量分数一般为10%～30%；而冷用沥青胶的配比一般为：沥青40%～50%，绿油25%～30%，矿粉10%～30%，有时还加5%以下的石棉。

沥青胶可用来粘贴防水卷材，用作接缝材料等，但厚度不宜超过2mm，一般为1～2mm，以免龟裂。

沥青胶的标号主要按耐热度划分，对柔韧性和粘结力也作了规定。应根据工程性质、屋面坡度和当地历年最高气温来选择合适标号的沥青胶。

3. 沥青防水涂料

沥青防水涂料是以沥青为基料，矿物胶体为乳化剂，在机械强制搅拌下将沥青乳化制成的水性沥青基厚质防水涂料。常用的沥青基防水涂料有石灰乳化沥青、膨润土沥青乳液和水性石棉沥青防水涂料等。它们主要用于Ⅲ级和Ⅳ级防水等级的工业与民用建筑的屋面防水，也可作为膨胀珍珠岩颗粒的胶粘剂制成沥青膨胀珍珠岩保温材料。

三、改性沥青防水制品及应用

1. 高聚物改性沥青防水涂料

高聚物改性沥青防水涂料是以沥青为基料、用合成高分子聚合物进行改性制成的水乳型或溶剂型防水涂料。其品种有再生橡胶改性沥青防水涂料、水乳型氯丁橡胶防水涂料、SBS橡胶改性沥青防水涂料等。这类防水涂料在柔韧性、抗裂性、拉伸强度、耐高低温性能，使用寿命等方面比沥青涂料都有很大的改善。具有成膜快、强度高、耐候性和抗裂性好、难燃、无毒等优点，适用于Ⅱ级及其以下防水等级的屋面、地面、地下室和卫生间等部位的防水工程或设备管道的防水，也适用于旧屋面的维修和补漏等。

2. 高聚物改性沥青防水卷材

高聚物改性沥青防水卷材是以合成高分子聚合物改性沥青为涂盖层，纤维毡、纤维织物或塑料薄膜为胎体，采用粉状、粒状、片状或薄膜状材料（如片岩、合成膜或金属箔）为覆盖材料制成的可卷曲的片状防水材料。

高聚物改性沥青防水卷材一般可分为弹性体（如SBS）、塑性体（如APP）和橡塑共混体（如铝箔橡塑改性沥青防水卷材）三类。其主要品种的特点及应用见表3-1。

表 3-1　常用高聚物改性沥青防水卷材的特点及应用

品　种	特　　点	应用范围
SBS 卷材	具有很高的抗拉能力、延伸率、耐穿刺能力和耐撕裂能力；良好的低温柔韧性和极高的弹性延伸性	一般工业与民用建筑防水，尤其适用于高层建筑的屋面、地下室、卫生间等防潮防水以及桥梁、停车场、屋顶花园、游泳池、蓄水池、隧道等建筑的防水，更适合于寒冷地区和结构易变形的建筑防水
APP 卷材	抗拉强度大，延伸率高，具有良好的弹塑性，耐高、低温性和抗老化性	适用于各种屋面、墙体、楼地面、地下室、水池、桥梁、公路、机场跑道和水坝等防水、防护工程，也适用于各种金属容器、管道的防腐保护
再生橡胶防水卷材	延伸率较大，低温柔韧性较好，耐腐蚀性较好，耐水性及耐热稳定性良好	适用于屋面或地面下作接缝和满堂铺设的防水层，尤其适用于基层沉降较大或沉降不均匀的建筑物变形缝处的防水
铝箔橡塑改性沥青防水卷材	具有良好的热反射功能和装饰功能，能抗老化，延长卷材的使用寿命，并降低房屋顶层的温度	适用于作多层防水工程的防水面层

3. 改性沥青密封防水材料

改性沥青密封防水材料是一种弹塑性冷用膏状材料，以石油沥青为基料，加入改性材料（废橡胶粉或硫化鱼油）、稀释剂（松焦油、松节重油和机油）及填充料（石棉绒和滑石粉）等混合而成，具有较好的耐热性、粘结性、保油性和低温柔韧性。广泛用于各种屋面板和墙板接缝处的防水密封，也可用作混凝土跑道、道路、桥梁及各种构筑物的伸缩缝、施工缝等的嵌缝材料。

第二节　合成高分子防水材料

合成高分子防水材料是以合成树脂、合成橡胶或两者的共混体为基料制成的新型防水材料，这类防水材料具有高弹性和高延伸性，良好的耐老化性，耐高、低温性及冷施工等多方面的优点，因而已成为新型防水材料发展的主导方向。其产品主要有橡胶基、树脂基、橡胶-塑料共混型的各种防水卷材、防水涂料和嵌缝材料。表 3-2 列出了几种常见的合成高分子防水材料的主要性质和应用。

表 3-2　几种合成高分子防水材料的特点及应用

品　　种	特　　点	应用范围	施工工艺
三元乙丙橡胶防水卷材	防水性能优异，耐候性、耐化学腐蚀性好，弹性和抗拉强度大，对基层变形的适应性强，质量轻，适用温度范围宽，寿命长，但造价高，需配套材料粘结	屋面、地下室、水池等各种防水工程，特别适合严寒地区或有较大变形的部位	冷粘法或自粘法

（续）

品　种	特　点	应用范围	施工工艺
氯磺化聚乙烯橡胶防水卷材	延伸率较大，弹性好，对基层变形的适应性强，耐高、低温性能好，耐腐蚀、抗老化、难燃烧	屋面、地下室、水池等各种防水工程，特别适合受腐蚀介质作用或有较大变形的部位	冷粘法
聚氯乙烯防水卷材	具有较高的抗拉伸和抗撕裂强度，延伸率较大，抗老化性能好，原材料丰富，价格便宜，容易粘结	屋面、地下室等各种防水工程，特别适合有较大变形的部位	冷粘法或热风焊接法
氯化聚乙烯橡胶共混防水卷材	具有良好的耐候、耐臭氧、耐热、抗老化、耐油、耐化学腐蚀及抗撕裂性能	屋面、地下室、水池等各种防水工程，宜用于紫外线较强的炎热地区	冷粘法
聚氨酯防水涂料	强度高、耐老化、延伸率大、粘结力强	用于建筑屋面的隔热防水工程，地下室、浴厕间、游泳池等的防水，也可作为金属贮槽、管道、防腐地坪等的防腐涂料及瓷砖、大理石、石棉板等的粘结剂	冷施工
硅橡胶防水涂料	具有良好的防水性、成膜性、弹性、粘结性，无毒、无味，安全可靠，而且可配制成各种颜色	适用于地下工程，输水及贮水构筑物，卫生间、屋面等的防水、防渗及渗漏修补工程，也是冷藏库优良的隔气材料	冷施工
PVC 防水涂料	具有优良的弹塑性，能适应基层的一般开裂或变形，粘结伸长率较大，抗老化性好	用于屋面及地下工程、蓄水池、水沟、天沟的防腐和防水	冷施工
三元乙丙橡胶防水涂料	具有高强度、高弹性、高伸长率，施工方便	可用于宾馆、办公楼、厂房、仓库、宿舍的建筑屋面和地面防水	
聚氨酯密封膏	对混凝土、金属、玻璃木材具有良好的粘结性，并具有良好的弹性、延伸性、耐疲劳性、耐候性等	各类防水接缝，特别是受疲劳荷载作用或接缝变形大的部位，如建筑物、公路、桥梁等的伸缩缝、沉降缝的密封；给排水管道、蓄水池、水塔的接缝密封及渗漏修补等	
聚硫橡胶密封膏	具有优异的耐候性、极佳的气密性和水密性、良好的低温柔性，对金属、非金属材质有良好的粘结力	用于高层建筑接缝及窗框周围防水、防尘密封；建筑门窗玻璃装嵌密封；游泳池、贮水槽、上下管道、冷藏库等接缝的密封	

复习思考题

3-1 石油沥青按用途可分为哪几类?

3-2 什么是改性沥青?常用的改性沥青有哪几种?各有何特点和用途?

3-3 简述常用防水卷材的品种、特性及用途。

3-4 常用的防水涂料有哪几种?试述各自的性能和用途。

3-5 什么是建筑防水密封材料?其主要品种有哪些?

第四章　建筑塑料、绝热材料及建筑装饰材料

第一节　建筑塑料

塑料是以合成树脂为主要原料，加入填充料和各种添加剂，在一定的温度和压力下具有流动性，可塑制成各种形状的制品，且在常温、常压下保持形状不变的有机合成材料。用于建筑工程上的塑料通常称为建筑塑料。建筑塑料作为一种新型的建筑材料，在保护环境、改善人类居住条件、节约能源等方面独具优势，已成为继混凝土、钢材、木材之后的第四种主要建筑材料。随着我国化学建材工业的不断发展，其性能更加优越，发展前景十分广阔。

一、塑料的特点与应用

（1）表观密度小、比强度高　塑料的表观密度与木材相近，一般为0.9～2.2g/cm^3，约为铝的1/2、混凝土的1/3、钢材的1/4。比强度接近甚至高于钢材，是一种优异的轻质高强材料。

（2）良好的加工性　塑料可以采用多种方法模塑成型，成型温度和压力容易控制，工序简单，生产成本低，适合大规模机械化生产，可以根据设计要求加工成任意形状和规格的制品，如各种薄膜、板材、管材、门窗及复杂的异型板材和管材等。

（3）良好的电绝缘性、较低的导热性　一般塑料都是电的不良导体，在建筑行业中广泛用于电器线路、控制开关、电缆等方面。塑料的热导率很小，约为金属的1/500～1/600，是良好的隔热保温材料之一。

（4）装饰性好　塑料可以制成完全透明或半透明的，或掺入不同的着色剂制成各种色泽鲜艳的塑料制品，表面还可以进行压花、印花处理。

（5）较强的化学稳定性　塑料对酸、碱、盐等化学品抗腐蚀能力要比金属和一些无机材料好，在空气中也不发生锈蚀，因此被大量应用于民用建筑上下水管材和管件，以及有酸碱等化学腐蚀的工业建筑中的门窗、地面及墙体等。

此外，塑料还具有减振、吸声、耐磨等性能。当然，塑料也有缺点，主要是易老化性、耐热性、耐火性差，刚性小，部分塑料燃烧后释放出大量的有毒烟雾，容易使人窒息。这将是塑料今后有待进一步改善的方面。

二、塑料的分类及常用品种

塑料的品种很多，分类方法也很多，通常按树脂的合成方法分为聚合物塑料和缩合物塑料；按树脂在受热是所发生的变化不同分为热塑性塑料和热固性塑料。

热塑性塑料具有受热软化、冷却时硬化的性能，这一过程可反复进行，对其性能和外观没有什么影响；热固性塑料在加工时受热软化，产生化学变化，再受热时则不软化或改变形状，只能塑制一次。

建筑中常用塑料的性能及主要用途见表4-1。

表4-1　常用塑料的性能及主要用途

种　类	特　　性	主要用途
酚醛树脂	电绝缘性好，耐水、耐热、耐腐蚀，强度高	电工器材、粘结剂、涂料等
有机硅树脂	耐高温、耐寒、耐腐蚀、耐水，电绝缘性好	耐热高级绝缘材料、电工器材、防水材料、涂料等
硬质聚酯树脂	耐腐蚀，电绝缘性好，绝热、透光	玻璃钢各零配件
聚氯乙烯（硬质）	耐腐蚀，电绝缘性好，常温强度高，低温和高温强度较低	装饰板、管道、建筑零配件等
聚氯乙烯（软质）	耐腐蚀，质地柔软，电绝缘性好、强度不高	薄板、薄膜、管道、壁纸、墙布、地毯
聚乙烯	耐化学腐蚀、耐水、电绝缘性好、强度不高	薄板、薄膜、管道、冷水箱、电绝缘材料、各种零配件等
聚苯乙烯	耐化学腐蚀，透光，电绝缘性好，耐水，性脆不耐热，易燃	水箱、泡沫塑料、各种零配件等
聚丙烯	质轻，塑性、延性好，耐热性好，耐腐蚀，易磨	管道、容器、建筑零件、耐腐蚀衬板等

三、胶粘剂

胶粘剂是一种有粘合性能的物质，它能将木材、玻璃、橡胶、塑料、织物、纸张、金属等材料紧密粘结在一起。粘结技术和粘结材料已越来越受到人们的重视，新的粘合剂不断出现，已成为建筑材料的一个重要组成部分。

1. 胶粘剂的组成

（1）粘料　粘料是胶粘剂产生粘结作用的主要成分，决定了胶粘剂的粘结性能。常用的粘料有天然高分子化合物（如淀粉、动物的皮胶等）、合成高分子化合物（如环氧树脂等）以及无机化合物（如水玻璃等）三类。

（2）固化剂　固化剂是调节或促进固化反应的物质，能使某些线形分子形成不熔的网状结构，固化剂也是胶粘剂的主要成分，其性质和用量对胶粘剂的性能起着重要的作用。常用的固化剂有酸酐类、胺类等。

（3）稀释剂　用于调节胶粘剂的粘度，提高胶粘剂的湿润性和流动性，以便于施工操作。但随着溶剂掺量的增加，粘结强度将下降。常用的稀释剂有二甲苯、丁醇及水等。

（4）填料　填料呈粉状或纤维状，一般与胶粘剂不发生化学反应，但加入填料，可改善胶粘剂的性能（如提高强度、耐热性、耐冲击韧度、减少收缩等），并可降低成本。常用的填料有石棉粉、滑石粉、石英粉、氧化铝粉、银粉等。

2. 胶粘剂的分类

塑料胶粘剂品种繁多，用途不同，组成各异，分类方法很多，通常是按胶粘剂的化学成分进行分类，如图 4-1 所示。

- 胶粘剂
  - 有机胶粘剂
    - 天然胶粘剂
      - 动物胶：鱼胶、骨胶、虫胶等
      - 植物胶：淀粉、松香、阿拉伯树胶
    - 合成胶粘剂
      - 热固性树脂胶粘剂
      - 热塑性树脂胶粘剂
      - 橡胶型胶粘剂
      - 混合型胶粘剂
  - 无机胶粘剂
    - 硫磺类胶粘剂
    - 硅酸盐类胶粘剂
    - 硅溶胶等

图 4-1　胶粘剂的分类

3. 常用胶粘剂

常用胶粘剂的组成、特点及应用见表 4-2。

表 4-2　常用胶粘剂的组成、特点及应用

名　称	组　成	特　点	应　用
环氧树脂胶粘剂	以环氧树脂为主要原料，加入少量盐酸、氢氧化钠和水，在一定条件下缩聚而成	粘结力强，收缩小，稳定性高，耐化学腐蚀、耐热、耐久性好	用于金属、塑料、混凝土、木材、陶瓷等多种材料的粘结
聚醋酸乙烯乳液胶粘剂（白胶水）	由醋酸乙烯经乳液聚合而成的一种白色、粘稠液体	配制方便，固化较快，粘结强度高，耐久性好，不易老化，耐水、耐热性差	广泛用于粘结各种墙纸、木材、纤维等，也可用于陶瓷饰面材料的粘贴

（续）

名　称	组　成	特　点	应　用
酚醛树脂胶粘剂	酚醛树脂为基料配制而成	优良的耐热、耐老化、耐水、耐溶剂性，电绝缘性好，具有很高的粘结强度，胶层脆性大	用于粘结非金属、塑料等
聚氨酯胶粘剂	以多异氰酸酯或聚氨甲酸酯为基料的一类粘合剂	具有优良的耐水、耐溶剂、耐臭氧和防霉菌性，工艺性好，初粘强度高，可加热固化，也可室温固化，耐热性较差	主要用于粘结钢、铝、塑料、橡胶、玻璃、陶瓷、木材等

第二节　绝热材料

在建筑中，习惯上将用于控制室内热量外流的材料叫做保温材料；把防止室外热量进入室内的材料叫做隔热材料。保温、隔热材料统称为绝热材料。绝热材料在建筑工程中主要用于墙体和屋顶的保温、隔热；热工设备、热力管道的保温；冬季施工的保温；冷藏室及冷藏设备的隔热。

建筑上对绝热材料的基本要求是：热导率不宜大于0.175 W/(m·K)，表观密度不大于600kg/m^3，抗压强度大于0.3MPa。另外，还需根据工程的具体特点，考虑材料的吸湿性、温度稳定性、耐腐蚀性等性能。

一、绝热材料的分类

常用的绝热材料按其成份可分为有机、无机和复合三大类。

无机绝热材料是用矿物质原料做成的呈松散状、纤维状或多孔状的材料，可加工成板、卷材或套管等形式的制品，无机绝热材料不腐烂、不燃，有些材料还能抵抗高温。

有机绝热材料是用有机原料（如各种树脂、软木、木丝等）制成。有机绝热材料的密度一般小于无机绝热材料，吸湿性大，易受潮、腐烂，高温下易分解、变质或燃烧，一般温度高于120℃时就不宜使用。

二、常用绝热材料品种

常用绝热材料的组成、特性和应用如表4-3所示。

表4-3　常用绝热材料的组成、特性和应用

品　种	主要组成材料	主要性质	主要应用
矿棉	熔融矿渣用离心法制成的纤维絮状物	表观密度为110～130kg/m^3，热导率小于0.044 W/(m·K)，最高使用温度为温度为600℃	墙体、屋面、热力管道等的保温隔热

（续）

品　　种	主要组成材料	主要性质	主要应用
岩棉	熔融岩石用离心法制成的纤维絮状物	表观密度为 80～150kg/m³，热导率小于 0.044 W/(m·K)	墙体、屋面、热力管道等的保温隔热
沥青岩棉毡（管壳、毡、带等）	以沥青粘结岩棉，经压制而成	表观密度为 130～160kg/m³，热导率小于 0.049～0.052W/(m·K)，最高使用温度为 250℃	墙体、屋面、冷藏库等的保温隔热
玻璃棉	在玻璃窑炉中熔化后，经喷制而成的	表观密度为 80～40kg/m³，热导率小于 0.040～0.050 W/(m·K)，最高使用温度为 400℃	墙体、热力设备、管道等的保温隔热
玻璃棉毡	玻璃棉、树脂胶	表观密度为 80～120kg/m³，热导率小于 0.040～0.058 W/(m·K)，最高使用温度为 250～400℃	墙体、屋面、冷藏库等的保温隔热
膨胀珍珠岩	珍珠岩经焙烧膨胀而得	堆积密度为 40～300kg/m³，热导率小于 0.025～0.048 W/(m·K)，最高使用温度为 800℃	墙体、低温制冷设备、热工设备的保温隔热
膨胀珍珠岩制品（块、板、管壳等）	以水玻璃、水泥、沥青等胶结膨胀珍珠岩而成	表观密度为 200～500kg/m³，热导率小于 0.055～0.116 W/(m·K)，抗压强度为 0.2～1.2 MPa，水玻璃膨胀珍珠岩制品的性能较好	墙体、屋面、管道等的保温隔热，沥青珍珠岩制品仅适合在常温或负温下使用
膨胀蛭石	蛭石经焙烧膨胀而得	堆积密度为 80～200kg/m³，热导率小于 0.025～0.042 W/(m·K)，最高使用温度为 1000～1100℃	围护结构及管道保温
膨胀蛭石制品（块、板、管壳等）	以水泥、水玻璃等胶结膨胀蛭石而成	表观密度为 300～400kg/m³，热导率小于 0.055～0.116 W/(m·K)，抗压强度为 0.2～1.0MPa	屋面、管道的保温隔热
泡沫玻璃	碎玻璃、发泡剂等经熔化、发泡而得	表观密度为 150～600kg/m³，热导率小于 0.054～0.128 W/(m·K)，抗压强度为 0.8～1.5MPa。耐腐蚀性好，最高使用温度为 500℃，为高级绝热材料	墙体、冷藏库等的保温隔热
聚苯乙烯泡沫塑料	聚苯乙烯树脂，发泡剂等经发泡而成	表观密度为 15～50kg/m³，热导率小于 0.030～0.047 W/(m·K)，抗压强度约为 0.15MPa。耐腐蚀性好，最高使用温度为 80℃，为高级绝热材料	墙体、屋面、冷藏库的保温隔热
硬质聚氨酯泡沫塑料	异氰酸酯和聚醚或聚酯等经发泡而成	表观密度为 30～45kg/m³，热导率小于 0.017～0.026 W/(m·K)，抗压强度为 0.25MPa。耐腐蚀性好，最高使用温度为 -60～120℃，可现场浇注发泡，为高效绝热材料	墙体、屋面、冷藏库、热力管道等的保温隔热

第三节　建筑装饰材料

建筑装饰材料是敷设在建筑物表面，借以美化建筑与环境，也起着保护建筑物的作用。建筑装饰材料品种繁多。按建筑物的装饰部位来分类，可以分为外墙装饰材料（如外墙涂料、饰面陶瓷、饰面玻璃等）；内墙装饰材料（如内墙涂料、壁纸、墙布、各种木质装饰板等）；地面装饰材料（如各种地板、铺地砖、地毯、地面涂料等）；吊顶装饰材料（如各类吸声板、铝合金吊顶等）等。按其化学性质可分为无机装饰材料（如彩色水泥、饰面玻璃、天然石材等）；有机装饰材料（如有机高分子涂料、建筑塑料、复合地板等）及复合型装饰材料（如铝塑装饰板、人造大理石、玻璃钢装饰材料等）。本章仅对建筑涂料、饰面板材、建筑玻璃做简要介绍。

一、建筑涂料

建筑涂料是涂敷于物体表面能干结成膜，具有防护、装饰、防锈、防腐、防水或其他特殊功能的物质。早期涂料采用的主要原料是天然树脂和干性、半干性油，如松香、亚麻子油、桐油、豆油等，因此在很长一段时间，涂料被称为油漆。随着石油化工的发展，各种合成树脂和溶剂、助剂的相继出现并大规模地生产，合成树脂在很大范围内已经或正在取代天然树脂，我国正式将其命名为涂料，而油漆仅仅是涂料中油性涂料而已。

（一）涂料的组成与分类

1. 涂料的组成

涂料的基本上由主要成膜物质、次要成膜物质、稀释剂和助剂四部分构成。各部分组成及作用见表4-4。

表4-4　涂料的组成及各部分作用

名　称	组　　成	作　　用
主要成膜物质	基料、胶粘剂和固着剂	将涂料中的其他组份粘结在一起，并能牢固地附着在基层表面，形成连续均匀、坚韧的保护膜
次要成膜物质	颜料和填料	赋于涂膜以色彩、质感，使涂膜具有一定的遮盖力，减少收缩，增加膜层的机械强度，提高涂膜的抗老化性、耐候性。次要成膜物质不能离开主要成膜物质而单独组成涂膜
辅助成膜物质	助剂（如增韧剂、催干剂、固化剂、乳化剂、稳定剂等）	为进一步改善或增加涂料的某些性能
挥发物质	稀释剂又称溶剂（如石油、苯、乙醇等）	调节涂料的粘度，使涂料便于涂刷、喷涂，在基体材料表面形成连续薄层

2. 涂料的分类

涂料种类繁多，具体分类可参见表4-5。

表4-5 涂料的分类

分　类	内　容
按主要成膜物质的化学成分	有机涂料、无机涂料及有机物和无机物构成的复合涂料
按建筑物使用部位	外墙涂料、内墙涂料、地面涂料、顶棚涂料和屋面防水涂料等
按使用功能	防火涂料、防水涂料、保温涂料、防腐涂料、抗静电涂料
按涂料状态	溶剂性涂料、水溶性涂料、乳液性涂料、粉末涂料
按装饰质感	薄质涂料（厚度在50～100μm）、厚质涂料（厚度为1～6mm）和复合涂料（由封底涂料、主层涂料和罩面涂料组成，厚度为2～5mm）

（二）常用涂料品种及特点

外墙涂料的主要功能是装饰和保护建筑物的外墙面。除了要求其有丰富的色彩和质感，使建筑物有良好的装饰效果外，由于其直接暴露在大气中，受到风吹、日晒、雨淋等自然因素的长期作用，还要求其具有很好的耐水性、耐污染性、耐候性等。

内墙涂料主要功能是装饰及保护室内墙面，由于其直接影响室内环境和空气质量。要求内墙涂料应具有良好的装饰性（色彩协调、丰富、细腻）、功能性（耐碱性、耐水性、耐粉化性、透气性）、安全健康性。

地面涂料的主要功能是装饰与保护室内地面，使地面清洁美观，与室内墙面及其他装饰相适宜。地面涂料应具有良好的耐磨性、耐碱性、耐水性、抗冲击性、舒适性等。

常用的建筑涂料见表4-6。

表4-6 常用的建筑涂料

品　种	特　点	用　途
聚醋酸乙烯乳胶漆内墙涂料	无毒、无味、易于施工、干燥快、透气性好、附着力强、颜色鲜艳、装饰效果好	要求较高的内墙装饰
乙丙乳胶内墙涂料	由醋酸乙烯和丙烯酯共聚而成。外观细腻，其耐碱性、耐水性、耐久性都优于聚醋乙烯乳胶漆，并具有光泽	高级的内墙面装饰，也可用于木质门窗
苯丙乳胶内墙涂料	可喷、刷，施工方便，流动性好、干燥快，无着火危险，并能在稍湿的表面施工，保色性好，耐擦洗	高级的内墙涂料，适用于高级住宅及各种公共建筑物的内墙装饰

（续）

品　　种	特　点	用　途
多彩内墙涂料（简称多彩涂料）	是目前流行的高档内墙涂料，由底层、中层和面层复合而成。其色彩丰富、图案变化多样、立体感强、生动活泼，具有良好的耐水性、耐油性、耐碱性，耐洗刷性	可在各种建筑材料上使用，要求基层材料干燥、清洁、平整、坚硬
氯化橡胶外墙涂料	由天然橡胶或合成橡胶配制而成，使用方便、干燥快、施工不受气温限制，有良好的附着力，防腐蚀性优良	高层建筑的外墙、游泳池、地坪等处的装饰，特别适用于湿霉地区
乙丙外墙涂料	由乙丙乳液、颜料、填料及各种助剂制成，以水作稀释剂，安全无毒，施工方便，干燥迅速，耐候性、保光保色性好	住宅、商店、宾馆、工矿企事业单位的建筑外墙饰面
多功能聚氨酯弹性彩色地面涂料	主要成分为聚氨酯，本品耐油、耐水、耐一般酸、碱腐蚀，有弹性	适用于旅游建筑、工业厂房、文化体育建筑场所地面

二、饰面材料

（一）饰面石材

建筑上常用的饰面石材主要有天然大理石和花岗石板材及人造石材。

1. 天然大理石板材

将大理石荒料经锯切、研磨、抛光等加工后形成的板材为天然大理石板材。按形状分为普通型板材（正方形或长方形）和异型板材两类。

大理石板材材质均匀，硬度小，易于加工和磨光，表面花纹自然美观，装饰效果好，是建筑物室内墙面、柱面、墙裙、地面、台面等处较高级的饰面材料。由于大理石耐气候性较差，用于室外时易受腐蚀，只有少数几种如汉白玉、艾叶青等质地较纯净、杂质少的品种可用于室外。大理石板材在正常环境下的耐用年限约为40～100年。

2. 花岗石板材

花岗石板材是用花岗石荒料经锯切、表面加工等工序制成的板材。按其形状分为普通板材和异形板材；按其表面加工程度分为粗面板材、细面板材、镜面板材三类。

（1）粗面板材　表面平整但粗糙不光，具有较规则的加工条纹，主要用于建筑物外墙面、勒脚、柱面、台阶、路面等。

（2）细面板材　表面平整光滑，但无镜面光泽。

（3）镜面板材　表面平整光滑，具有镜面光泽。主要用于外墙面、柱面和人流较多处的地面。

花岗石板材抗压强度高，可达120～250MPa，耐磨及耐久性好，耐用年限可达75～200年。

3. 人造石材

人造石材是以天然大理石、碎料、石英砂、石渣等为骨料，以树脂、聚酯或水泥等为胶结材料，经拌合、成形、聚合、养护、打磨、抛光和切割而成的仿天然石材制品。人造石材具有天然石材质感，重量轻、强度高、耐腐蚀、耐污染、施工方便，且花色、品种、形状等多样化，但色泽、纹理不及天然石材自然、柔和。按生产所用材料，人造石材可分为树脂型人造石材、水泥型人造石材、复合型人造石材及烧结型人造石材四类。常用的人造石材有人造大理石、人造花岗石和水磨石三种。

（二）饰面陶瓷

1. 釉面内墙砖

釉面内墙砖是精陶制品，又称内墙面砖，表面施釉。釉面砖除装饰功能外，还具有防水、耐火、耐腐蚀、热稳定性好、易清洗等特点，主要用作厨房、卫生间、实验室、医院等室内墙面、台面等处的饰面材料。釉面砖不宜用于室外。

2. 墙地砖

墙地砖包括建筑物外墙面装饰贴面用砖和室内外地面用砖。由于这类砖可墙地两用，故称为墙地砖。

墙地砖是以优质陶土原料加入其他材料配制成生料，经半干压成型后经1100℃左右焙烧而成，分有釉和无釉两种。

墙地砖的表面质感有多种多样，通过配料和改变制作工艺，可制成平面、麻面、毛面、刨光面、磨光面、纹点面、仿花岗石表面、压花浮雕表面、防滑面、耐磨面、无光釉面、金属光泽面等。

用于外墙面的墙地砖常用规格为150mm×75mm、200mm×100mm等，用于地面的墙地砖常用规格为300mm×300mm、400mm×400mm，其厚度在8～12mm之间。

3. 陶瓷锦砖

陶瓷锦砖也称马赛克，是用优质瓷土烧制而成，可由多种色彩和不同形状的小块砖（边长一般不大于50mm）镶拼成各种花色图案，出厂时已按设计图案将陶瓷锦砖反粘在牛皮纸上，称作一联。砖联有正方形、长方形或根据特殊要求定制的形式，品种有单色和拼花两种。

陶瓷锦砖图案美观，质地坚实，抗压强度高，耐磨，耐腐蚀，不易污染，不吸水，易清洁。可用于洁净车间、门厅、走廊、餐厅、卫生间等处的地面或墙面，也可用于建筑物的外墙饰面。

4. 建筑琉璃制品

琉璃制品是用难熔粘土经制坯、干燥、素烧、施釉、釉烧而成。建筑琉璃制品质地致密，表面光滑，不易污染，经久耐用，色彩绚丽，造型古朴，是具有我国民族传统特色的建筑材料，常用色彩有金黄、翠绿、宝蓝等色，主要制品有琉璃瓦、琉璃砖、琉璃兽、栏杆等装饰构件，陈设用的工艺品，如琉璃桌、鱼缸、花盆、花瓶等。建筑琉璃制品主要用于仿古建筑、园林建筑或纪念性建筑。

三、建筑玻璃

玻璃是以石英砂、纯碱、长石和石灰石等为主要原料，在1600℃高温下熔融成液态，经拉制或压制而成的非结晶透明状的无机材料。随着现代建筑发展的要求，玻璃正朝着多功能方向发展，除了用作一般采光材料外，经过深加工的玻璃制品还具有控制光线、隔热、隔声、节能、安全和艺术装饰等功能。

建筑物立面大面积采用玻璃制品，尤其是采用中空玻璃、镜面玻璃、热反射玻璃等品种，既调节室内的气候，节约能源，又起到了装饰效果。玻璃幕墙建筑所采用的玻璃有浮法玻璃、钢化玻璃、吸热玻璃、热反射玻璃、中空玻璃，贴膜玻璃等。常用玻璃品种见表4-7。

表4-7 常用玻璃品种

品种		工艺过程	特点	用途
平板玻璃	普通平板玻璃	未经再加工的表面平整光滑透明的板状玻璃	透明度好、板面平整	用于装配建筑物门窗
	磨砂玻璃	用机械喷砂和研磨方法进行处理	表面粗糙，产生漫反射，透光不透视	用于卫生间、厕所、浴室的门窗
	压花玻璃	玻璃硬化前用有刻纹的滚筒面压出花纹	透光不透视，兼具使用功能和装饰功能	用于宾馆、办公楼、会议室的门窗
安全玻璃	钢化玻璃	加热到一定温度后迅速冷却或用化学方法进行钢化处理的玻璃	强度比普通玻璃大3～5倍，抗冲击性及抗弯性好、耐酸碱侵蚀	用于建筑门窗、隔墙、幕墙、暖房等
	夹丝玻璃	平板玻璃中嵌入金属丝或金属网的玻璃	在外力作用或温度剧变时，玻璃裂而不散，粘连在金属丝网上，避免碎片飞出伤人	适用于振动较大的工业厂房门窗、屋面、采光天窗、建筑物的防火门窗或仓库、图书库门窗
绝热玻璃	吸热玻璃	在玻璃中加入有着色和吸热作用的氧化物	能吸收大量红外线辐射而又能保持良好的可见光透过率	用于需要隔热又采光的部位，如商品陈列窗、冷库、计算机房等
	热反射玻璃	在玻璃表面涂以金属或金属氧化膜、有机物质薄膜	具有较强的热反射能力且保持良好透光性	多用于制造中空玻璃或夹层玻璃，用于门窗、幕墙等

（续）

品种		工艺过程	特点	用途
绝热玻璃	中空玻璃	中空玻璃是将两片或多片平板玻璃相互间隔，四周用间隔框分开，并用密封胶或其他方法密封，使玻璃层间形成有干燥气体空间的产品	良好的保温、隔热、吸声性能	用于需要采暖、空调、有隔声及防结露要求及要求无直射阳光和特殊光的建筑物
玻璃制品	空心砖玻璃	空心玻璃砖是由两个半块玻璃砖组合而成，中间具有空腔而周边密封。空腔内有干燥空气并存在微负压	具有较高的强度、隔热隔声、透明度好、耐火	用来砌筑透光的内外墙壁、分隔墙、地下室、舞厅地面等
	玻璃锦砖	由半透明玻璃质材料制成的小尺寸玻璃制品，拼帖于纸上成联	质地坚硬、性能稳定、颜色丰富、雨天能自涤，经久常新，是一种较好的外墙装饰材料	适用于宾馆、医院、办公楼、住宅等外墙饰面

复习思考题

4-1 与传统建筑材料相比较，建筑塑料有哪些优缺点？

4-2 热塑性塑料和热固性塑料主要有哪些品种？在建筑工程中各有什么用途？

4-3 建筑涂料主要包括哪些组分？各组分在涂料中起什么作用？

4-4 常用的内墙涂料有哪些？常用的外墙涂料有哪些？

4-5 胶粘剂主要成分有哪些？各起什么作用？

4-6 建筑陶瓷饰面砖有哪几类？各有何特点和用途？

4-7 安全玻璃有何特点？可用于何处？

民用建筑构造篇

第五章　民用建筑构造概述

第一节　建筑的构成要素

建筑是建筑物和构筑物的总称。尽管各类建筑物和构筑物有着许多的差别，但其共同点都是为满足人类社会活动的需要，利用物质技术条件，按照科学法则和审美要求建造的相对稳定的人造空间。由此，我们可以看出，无论建筑物还是构筑物，都是由三个基本的要素构成，即建筑功能、物质技术条件和建筑形象。

1. 建筑功能

建筑功能是指建筑在物质方面和精神方面的具体使用要求，也是人们建造房屋的目的。不同的功能要求产生了不同的建筑类型，如工厂为了生产，住宅为了居住、生活和休息，学校为了学习，影剧院为了文化娱乐，商店为了买卖交易等等。且随着社会的不断发展和物质文化生活水平的提高，建筑功能将日益复杂化、多样化。

2. 建筑的物质技术条件

建筑的物质技术条件是实现建筑功能的物质基础和技术手段。物质基础包括建筑材料与制品、建筑设备和施工机具等；技术条件包括建筑设计理论、工程计算理论、建筑施工技术和管理理论等。其中建筑材料和结构是构成建筑空间环境的骨架；建筑设备是保证建筑达到某种要求的技术条件；而建筑施工技术则是实现建筑生产的过程和方法。如钢材、水泥和钢筋混凝土的出现，解决了现代建筑中的大跨度和高层建筑的结构问题。由于现代各种新材料、新结构、新设备的不断出现，使得多功能大厅、超高层建筑、薄壳、悬索等大空间结构的建筑功能和建筑形象得以实现。

总之，物资技术条件是建筑发展的重要因素，建筑水平的提高离不开物质技术条件的发展。

3. 建筑形象

建筑形象是建筑体型、立面式样、建筑色彩、材料质感、细部装饰等的综合反映。好的建筑形象具有一定的感染力，给人以精神上的满足和享受，如雄伟庄严、朴素大方、简洁明快、生动活泼、绚丽多姿等。建筑形象并不单纯是一个美观的问题，它还应该反映时代的生产力水平、文化生活水平和社会精神面貌，反映民族特点和地方特征等。

上述三个基本构成要素中，建筑功能是主导因素，它对物质技术条件和建筑形象起决定作用。物质技术条件是实现建筑功能的手段，它对建筑功能起制约或促进发展的作用。建筑形象则是建筑功能、技术和艺术内容的综合表现。在优秀的建筑作品中，这三者是辩证统一的。

第二节　民用建筑的构造组成

一、民用建筑的构造组成

一幢民用建筑，一般由基础、墙（或柱）、楼地层、屋顶、楼梯和门窗等主要部分组成（图 5-1）。

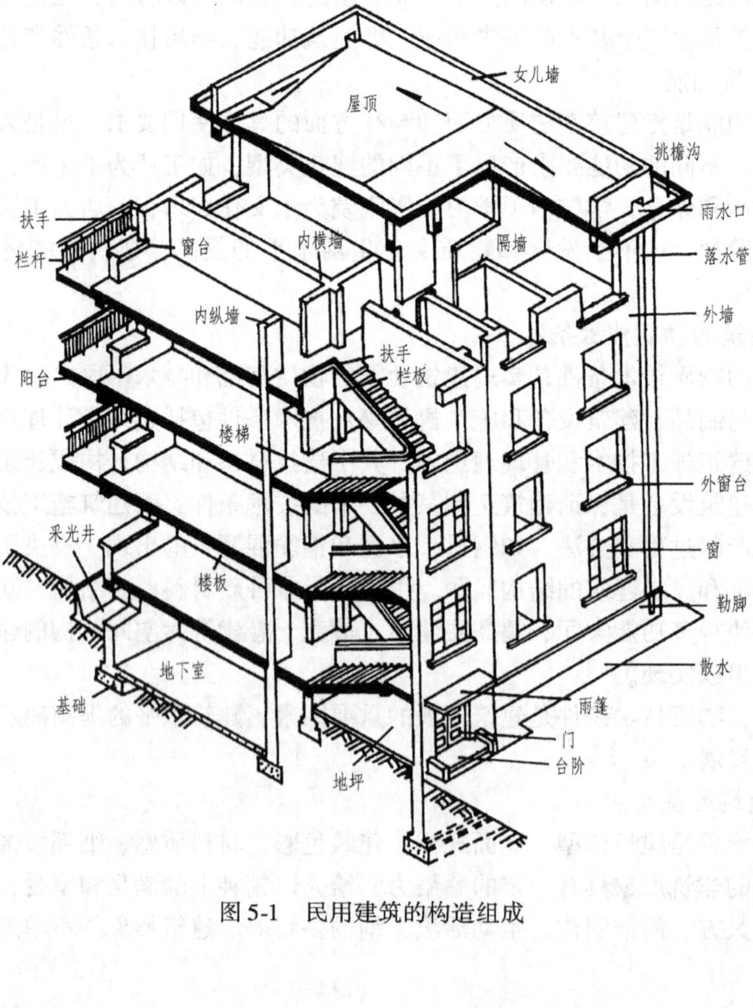

图 5-1　民用建筑的构造组成

（1）基础　基础是位于建筑物最下部的承重构件，它承受着建筑物的全部荷载，并将这些荷载连同自重传给下面的土层（地基）。

（2）墙（或柱）　墙（或柱）是建筑物的竖向承重构件，墙又是围护构件。作为承重构件，墙（或柱）承受着建筑物屋顶、楼板、楼梯等构件传来的荷载，并将这些荷载连同自重传给基础。作为围护构件，外墙抵御自然界风、雨、雪及寒暑对建筑物的侵袭，使建筑物的室内具有良好的生活与工作环境。内墙主要作为分隔构件，将建筑空间分隔成或大或小的室内空间，以免相互干扰。另外，墙面也是建筑物装修的重要部分，墙的装修具有保护房间、装饰建筑物室内外空间环境的功能。

（3）楼地层　楼地层是楼板与地坪层的统称。楼板是多层建筑中的水平承重构件和竖向分隔构件，它将整个建筑物在垂直方向上分成若干层。楼板除承受和传递人体、家具、设备、隔墙等荷载及自重外，还具有一定的隔声、防火、防水等能力，同时楼板层还提供了敷设各类水平管线（如电线、水管、通风管等）的空间，并对墙身起水平支撑作用。

地坪层是建筑物首层与土壤直接相接或接近的水平构件，承受作用其上的全部荷载，并将它们均匀地传给土壤或通过其他构件传给土壤。

（4）楼梯　楼梯是建筑中楼层间的垂直交通设施，供人们上下楼层和紧急疏散之用。高层建筑中，除设置楼梯外，还设置电梯。

（5）屋顶　屋顶是建筑物顶部的覆盖构件，与外墙共同形成建筑物的外壳。屋顶既是承重构件又是围护构件，作为围护构件，抵御着自然界各种因素（风、霜、雨、雪及太阳辐射热等）对顶层房间的影响；作为承重构件，承受风、雪、人和施工期间的各种荷载，并将这些荷载传递给墙（或柱）。

（6）门窗　门窗属于非承重构件，门主要用作室内外交通出入及紧急疏散，有时兼有采光通风作用；窗主要用作采光和通风。门窗在不同情况下还具有保温、隔热、防风和防水等围护功能，并对建筑造型、立面及装饰有重要的作用。

二、影响建筑构造的因素

一幢建筑物建成并投入使用后，要经受各种自然因素和人为因素的影响。在进行建筑构造设计时，必须充分考虑各种因素对建筑物的影响，遵循“功能适用、安全耐久、经济合理、技术先进、切实可行、注意美观”的原则，采取相应的构造方案和措施，提高建筑物的使用质量和耐久性。影响建筑构造的因素很多，大致可归纳为以下几个方面：

1. 外力作用的影响

作用在建筑物上的外力称之为荷载。荷载的大小和作用方式是结构设计的主要依据，也是结构选型的重要基础。它决定着构件的形状、尺度和用料，而构件的选材、尺寸、形状等又是建筑构造设计的重要依据。所以在确定建筑构造方案时，必须考虑外力的影响，采取相应的构造措施以确保建筑物的安全和正常使用。

2. 自然环境的影响

建筑物处于自然界中，经受着日晒、雨淋、风吹、冰冻、地下水等多种因素的影响，影响程度随地区、构件所处的部位不同而有所差异。在建筑构造设计时，必须针对所受影响的性质与程度，对建筑物的相关部位采取相应的措施，如防潮、防水、保温、隔热、防温度变形等。同时在建筑构造设计中，也应充分利用自然环境的有利因素，如利用自然风力通风降温、除湿；利用太阳辐射热改善室内热环境等。

3. 人为因素的影响

人们在生产和生活等活动中，也会对建筑物造成不利的影响，如机械振动、化学腐蚀、爆炸、火灾、噪声等。因此，在建筑构造设计时，必须认真分析，从构造上采取防振，防腐，防火，隔声等相应的防范措施。

4. 物质技术条件的影响

建筑材料、结构、设备和施工技术是构成建筑的基本要素之一，由于建筑物的质量标准和等级的不同，在材料的选择和构造方式上均有所区别。随着建筑业的发展，新材料、新结构、新设备和新的施工方法不断出现，建筑构造的做法也在改变。如承重混凝土空心小砌块墙体的构造与传统的实心粘土砖墙的构造有明显的不同。同样，钢筋混凝土结构体系的建筑构造与砌体结构的建筑构造做法有很大的区别。因此建筑构造做法不能脱离一定的建筑技术条件而存在。另外，建筑工业化的发展也要求构造技术与之相适应。

第三节 建筑模数协调统一标准

为使不同材料、不同形式和不同制造方法的建筑构配件、组合件实现大规模生产，并具有一定的通用性和互换性，在建筑业中必须遵守《建筑模数协调统一标准》（GBJ2—1986）的有关规定。

一、建筑模数

建筑模数是建筑设计中选定的标准尺寸单位。它是建筑物、建筑构配件、建筑制品以及有关设备尺寸相互间协调的基础。

1. 基本模数

基本模数是建筑模数协调统一标准中的基本尺度单位，用符号 M 表示，1M = 100mm。

2. 扩大模数

它是导出模数的一种，其数值为基本模数的整数倍，以 3M（300mm）、6M

（600mm）、12M （1200mm）、15M （1500mm）、30M （3000mm） 和 60M（6000mm）表示。

3. 分模数

它是导出模数的另一种，其数值为整数除基本模数，以$\frac{1}{10}$M（10mm）、$\frac{1}{5}$ M（20mm）和$\frac{1}{2}$M（50mm）表示。

4. 模数数列及其应用

模数数列是以基本模数、扩大模数、分模数为基础扩展的数值系统，其扩展幅度和数值见表5-1。模数数列根据建筑空间的具体情况拥有各自的适用范围，建筑物中的所有尺寸，除特殊情况外，一般都应符合模数数列的规定。

表5-1 模数数列 （单位：mm）

基本模数	扩大模数						分模数		
M	3M	6M	12M	15M	30M	60M	$\frac{1}{10}$M	$\frac{1}{5}$M	$\frac{1}{2}$M
100	300	600	1200	1500	3000	6000	10	20	50
100	300						10		
200	600	600					20	20	
300	900						30		
400	1200	1200	1200	1500			40	40	
500	1500						50		50
600	1800	1800					60	60	
700	2100						70		
800	2400	2400	2400				80	80	
900	2700						90		
1000	3000	3000		3000	3000		100	100	100
1100	3300						110		
1200	3600	3600	3600				120	120	
1300	3900						130		
1400	4200	4200					140	140	
1500	4500			4500			150		150
1600	4800	4800	4800				160	160	
1700	5100						170		
1800	5400	5400					180	180	
1900	5700						190		
2000	6000	6000	6000	6000	6000	6000	200	200	200
2100	6300							220	
2200	6600	6600						240	
2300	6900								250
2400	7200	7200	7200					260	
2500	7500			7500				280	
2600		7800						300	300

（续）

基本模数	扩　大　模　数						分　模　数		
M	3M	6M	12M	15M	30M	60M	$\frac{1}{10}$M	$\frac{1}{5}$M	$\frac{1}{2}$M
2700		8400	8400					320	
2800		9000		9000	9000			340	
2900		9600	9600						350
3000				10500				360	
3100			10800					380	
3200			12000	12000	12000	12000		400	400
3300					15000				450
3400					18000	18000			500
3500					21000				550
3600					24000	24000			600
					27000				650
					30000	30000			700
					33000				750
					36000	36000			800
									850
									900
									950
									1000
主要用于建筑物的层高、门窗洞口和构配件截面	主要用于建筑物的开间、柱距、进深、跨度、层高、构配件截面尺寸和门窗洞口等处						主要用于建筑构配件截面、构造节点及缝隙尺寸等处		

二、几种尺寸及其相互关系

为保证设计、生产、施工各阶段建筑制品、构配件等有关尺寸间的统一与协调，必须明确标志尺寸、构造尺寸、实际尺寸的定义及其相互关系（图5-2）。

（1）标志尺寸　用以标注建筑物定位轴线之间的距离（跨度、柱距、层高等）以及建筑制品、建筑构配件、组合件、有关设备位置界限之间的尺寸。标志

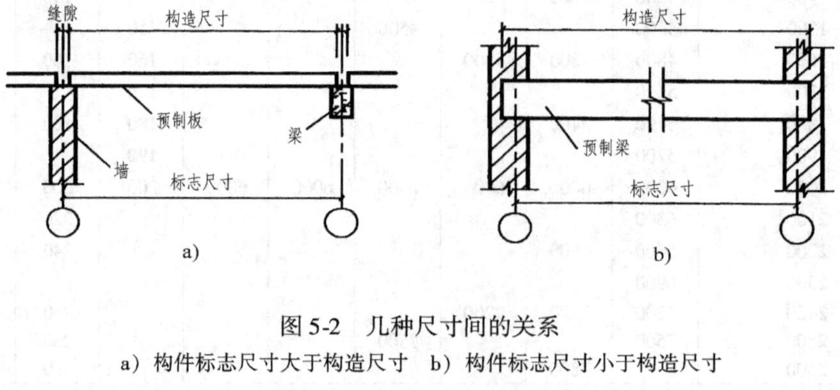

图5-2　几种尺寸间的关系

a）构件标志尺寸大于构造尺寸　b）构件标志尺寸小于构造尺寸

尺寸必须符合模数数列的规定。

(2) 构造尺寸　构造尺寸是生产、制造建筑制品、建筑构配件的设计尺寸，一般情况下，构造尺寸为标志尺寸减去缝隙或加上支承尺寸。

(3) 实际尺寸　实际尺寸是建筑制品、建筑构配件、建筑组合件等生产制作后的实有尺寸，实际尺寸与构造尺寸之间的差值应符合允许偏差的规定。

三、定位轴线

定位轴线是用来确定建筑物主要结构构件位置及其标志尺寸的基准线,同时也是施工放线的基线。用于平面时称平面定位轴线,用于竖向时称竖向定位轴线。

(一) 平面定位轴线

建筑物在平面中对结构构件（墙、柱）的定位，用平面定位轴线标注，轴线间的尺寸单位为毫米。

1. 平面定位轴线及编号

平面定位轴线应设横向定位轴线和纵向定位轴线。横向定位轴线的编号用阿拉伯数字从左至右顺序编写；纵向定位轴线的编号用大写的拉丁字母从下至上顺序编写，其中 O、I、Z 不得用于轴线编号，以免与数字 0、1、2 混淆（图 5-3）。定位轴线也可分区编号，注写形式为“分区号—该区轴线号”（图 5-4）。附加轴线的编号用分数表示，分母表示前一轴线的编号，分子表示附加轴线的编号，附加轴线的编号用阿拉伯数字顺序编写。

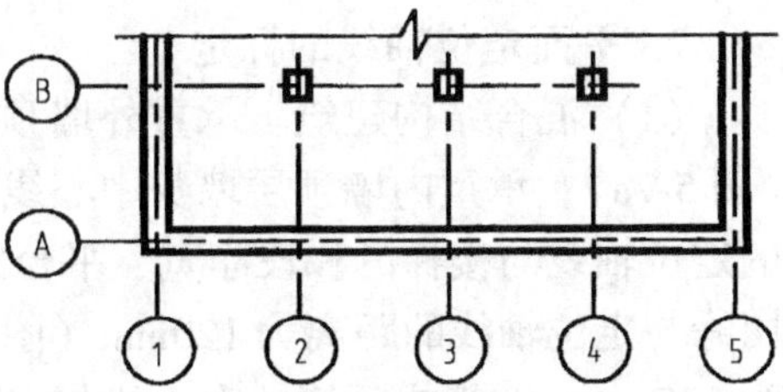

图 5-3　定位轴线的编号顺序

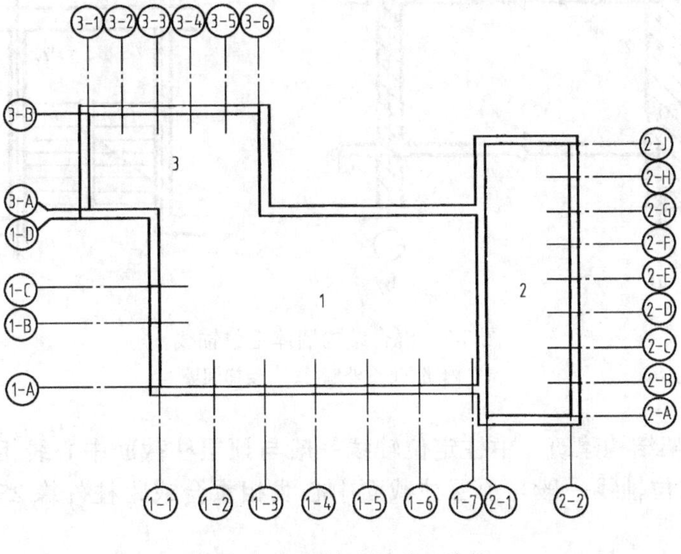

图 5-4　定位轴线的分区编号

当平面为圆形或折线形时，轴线的编写分别按图 5-5、图 5-6 所示方法进行。

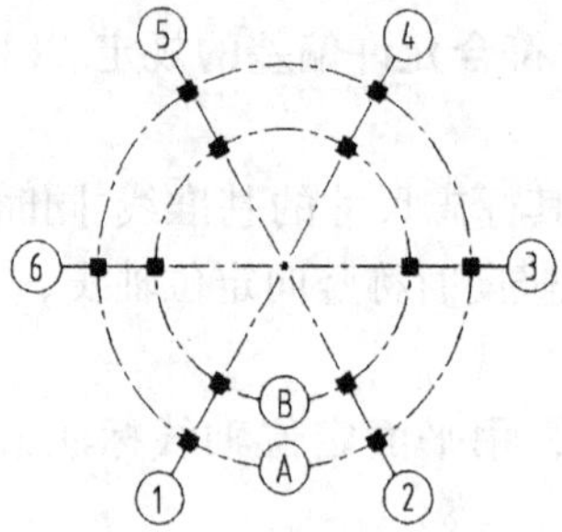

图 5-5　圆形平面定位轴线的编号

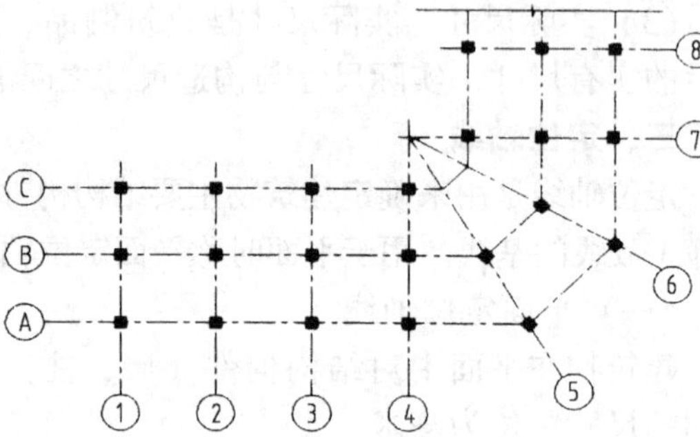

图 5-6　折线形平面定位轴线的编号

2. 平面定位轴线的标定

（1）混合结构建筑　承重外墙顶层墙身内缘与定位轴线的距离应为 120mm（图 5-7a）；承重内墙顶层墙身中心线应与定位轴线相重合（图 5-7b）。楼梯间墙的定位轴线与楼梯的梯段净宽、平台净宽有关，可有三种标定方法：①楼梯间墙内缘与定位轴线的距离为 120mm（图 5-7c）；②楼梯间墙外缘与定位轴线的距离为 120mm；③楼梯间墙的中心线与定位轴线相重合。

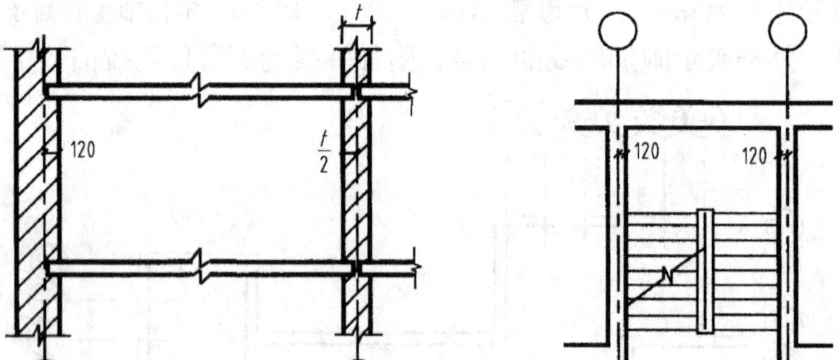

a)　b)　c)

图 5-7　混合结构墙体定位轴线

a）内墙　b）外墙　c）楼梯间墙

（2）框架结构建筑　中柱定位轴线一般与顶层柱截面中心线相重合（图 5-8a）。边柱定位轴线一般与顶层柱截面中心线相重合或距柱外缘 250mm 处（图 5-8b）。

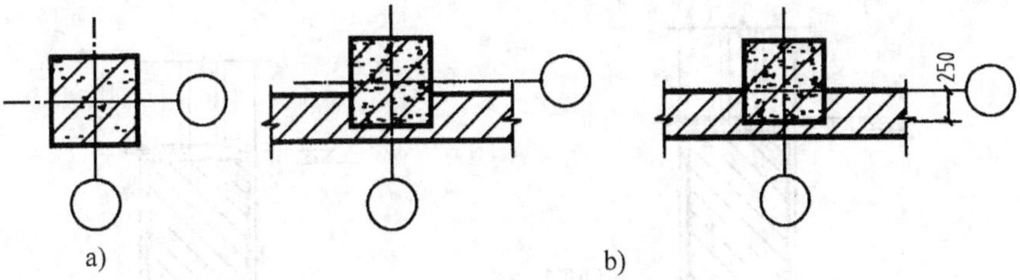

图 5-8　框架结构柱定位轴线

a）中柱　b）边柱

（二）标高及构件的竖向定位

建筑物在竖向对结构构件（楼板、梁等）的定位，用标高标注，标高单位为 m（米）。

1. 标高的种类及关系

标高分为绝对标高和相对标高，建筑标高与结构标高。

（1）绝对标高　绝对标高又称绝对高程或海拔高度，我国的绝对标高是以青岛港验潮站历年记录的黄海平均海水面为基准，并在青岛市内一个山洞里建立了水准原点，其绝对标高为 72.260m，全国各地的绝对标高都以它为基准测算。

（2）相对标高　相对标高是根据工程需要而自行选定的基准面，即为相对标高或假定标高。一般将建筑物底层地面定为相对标高零点，用 ±0.000 表示。相对标高所对应的绝对标高减去室外地面的绝对标高即为建筑物的室内外高差。

（3）建筑标高　楼地层装修面层的标高一般称为建筑标高（在建筑施工图中标注）。上下楼层地面标高之间的距离一般称为层高。

（4）结构标高　楼地层结构表面的标高一般称为结构标高（在结构图施工中标注）。建筑标高减去楼地面面层厚度即为结构标高。

2. 建筑构件的竖向定位

建筑构件的竖向定位包括楼地面、屋面及门窗洞口的定位。

（1）楼地面的竖向定位　楼地面的竖向定位线应与楼地面的上表面重合，即用建筑标高定位（图 5-9）。

（2）屋面的竖向定位　屋面的竖向定位线应为屋面结构层的上表面与距墙内缘 120mm 处或与墙内缘重合处的外墙定位轴线的相交处，即用结构标高定位（图 5-10）。

（3）门窗洞口的竖向定位　门窗洞口的竖向定位线与洞口结构层表面重合，即用结构标高定位（图 5-9）。

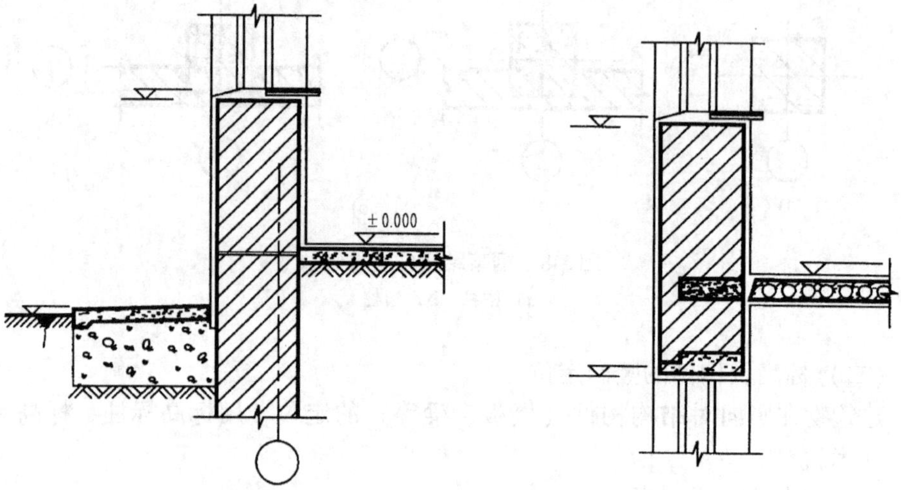

图 5-9　楼地面、门窗洞口的竖向定位

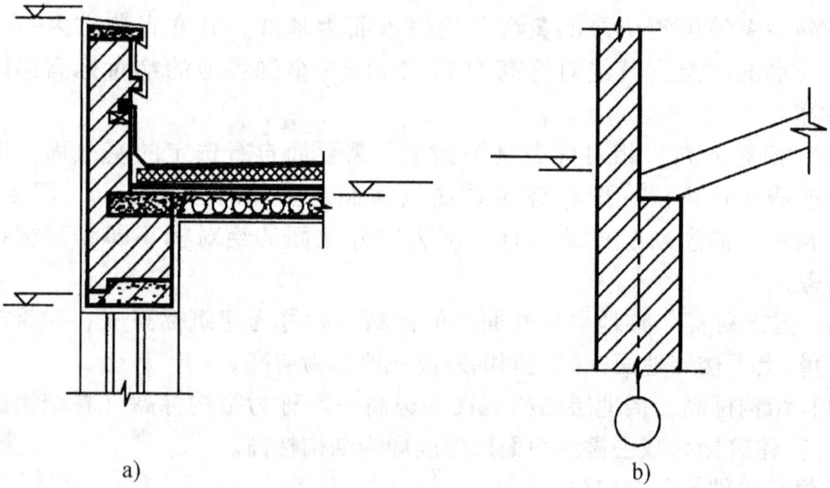

图 5-10　屋面、檐口的竖向定位

a）平屋顶　b）坡屋顶

复习思考题

5-1　建筑的构成要素有哪些？

5-2　民用建筑的构造组成有哪些？其中哪些是起承重作用的？哪些是起围护作用的？

5-3　影响建筑构造的因素有哪些？

5-4　什么是建筑模数？在建筑模数协调标准中规定了哪几种尺寸？它们的关系如何？

5-5　砖混结构建筑的平面定位和竖向定位是如何规定的？框架结构建筑呢？

第六章　基础与地下室

第一节　地基与基础

一、地基与基础的关系

在建筑工程中，建筑物与土层直接接触的部分称为基础，它承受建筑物上部结构传下来的全部荷载，并把这些荷载连同本身的重量一起传到地基上。地基不是建筑物的组成部分，它只是承受由基础传来荷载的土层，其中，具有一定的地耐力，支撑基础并需要进行力学计算的土层称为持力层，持力层以下的土层称为下卧层（图 6-1）。尽管地基不属于房屋的构造组成部分，但它与基础共同保证房屋的坚固、耐久和安全。因此，在工程设计和施工中基础应满足强度、刚度、耐久性方面的要求；地基应满足强度、变形及稳定性方面的要求。

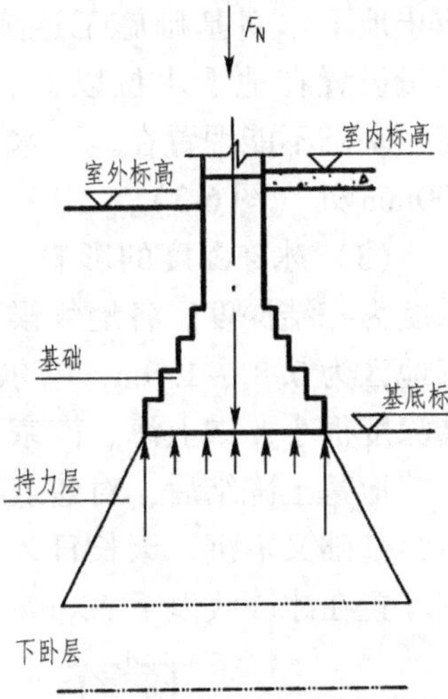

图 6-1　基础与地基

地基按土层性质不同，分为天然地基和人工地基两大类。凡天然土层具有足够的承载力，不须经人工加固或改良便可作为建筑物地基的称为天然地基；当建筑物上部的荷载较大或地基的承载力较弱，须预先对土壤进行人工加固或改良后才能作为建筑物地基的称为人工地基。人工地基加固通常采用压实法、换土法、打桩法和化学加固法等。

二、基础的埋置深度及其影响因素

1. 基础的埋置深度

由室外设计地面到基础底面的距离，称为基础的埋置深度，简称基础的埋深（图 6-2）。埋深大于等于 5m 为深基础，小于 5m 为浅基础。从经济角度考虑，基础的埋置深度愈小，工程造价愈低。但基础埋深过小时，基础底面的土层受到压力后会把基础四周的土挤出，使基础产生滑移而失去稳定；同时接近地表的土层带有大量植物根茎等易腐物质及灰渣、垃圾等杂填物，又因地表面受雨雪、寒暑等外界因素影响较大，故基础的埋深度一般不小于 500mm。

2. 影响基础埋深的因素

（1）土层构造情况　地下土一般是分层的，各层的承载能力不同，基础应埋在坚实的土层上，而不要设置在耕植土、淤泥土、杂填土等弱土层上。在满足强度和变形要求的前提下，基础应尽量埋的浅些。

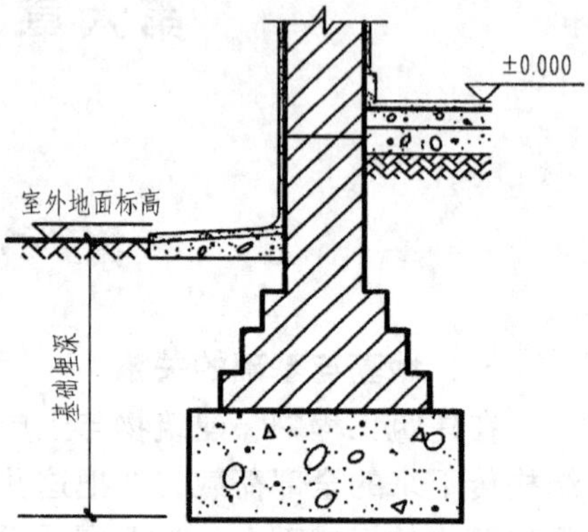

图 6-2　基础的埋深

（2）地下水位的影响　地下水对某些土层的承载力有很大影响。如粘性土含水量增加则强度降低；当地下水位下降，土的含水量减少，则基础将下沉。为了避免地下水位变化对地基承载力的影响，同时防止地下水对基础施工造成困难，基础应尽量设置在地下水位以上。当地下水位较高、基础不能埋置在地下水位以上时，宜将基础埋置在最低地下水位以下不少于200mm处（图 6-3）。

（3）冰冻深度的影响　冻结土与非冻结土的分界线称为冰冻线，冰冻线的深度为冻结深度。各地气候不同，低温持续时间不同，冰冻深度也不相同。如北京地区为0.8 ~1.0m，哈尔滨是2m；有的地区不冻结，如武汉地区；有的则冻结深度很小，如上海、南京一带仅是0.12 ~0.2m。

地基土冻结后，对建筑物会产生不良影响，冻胀力将基础向上拱起，解冻后，基础又下沉，天长日久，会使建筑物产生变形甚至破坏。因此，一般要求基础埋置在冰冻线以下200mm（图 6-4）。

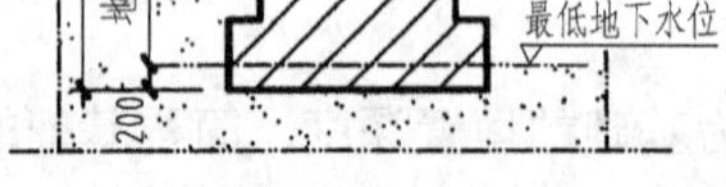

图 6-3　基础埋深和地下水位的关系

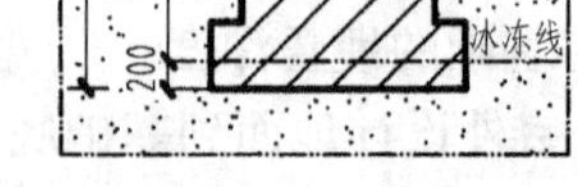

图 6-4　基础埋深和冰冻线的关系

（4）相邻建筑物基础的影响　新建建筑物的基础埋深不宜深于相邻的原有建筑物的基础，如要深于原有基础时，两基础之间应保持一定的水平净距，其数值应根据原有建筑物荷载大小、基础形式和土质情况确定。当不能满足上述要求时，应采取临时加固支撑、打板桩、设地下连续墙或加固原有建筑物地基等措施，以保证原有建筑的安全和正常使用。

（5）其他因素的影响　基础的埋置深度除考虑土层构造、地下水位、冰冻深度、相邻建筑物基础的影响外，还要考虑拟建建筑是否有地下室、设备基础等因素的影响。

三、基础的分类

基础的类型很多，一般可按以下方式分类。

1. 按材料和受力特点分类

（1）刚性基础　为了满足地基承载力的要求，基础底面宽度都远远大于墙或柱的宽度。上部结构荷载在基础中是沿着一定角度向下扩散的，这个角度称为力的扩散角，又称刚性角，以 α 表示（图 6-5a）。基础底面宽度超过力的扩散角部分，相当于一个倒置的悬臂构件，它的底面受拉。当拉应力超过材料的抗拉强度时，基础底面将出现裂缝以至破坏（图 6-5b）。当采用抗压强度高，抗拉、抗剪强度远低于其抗压强度的材料（如砖、石、混凝土等）做基础时，为保证基础不出现弯曲或冲切破坏，基础就必须具有足够的高度，以保证基础底面宽度在力的扩散角范围内。凡受刚性角限制的基础称为刚性基础。不同材料具有不同的刚性角，通常用基础的挑出长度与高度之比（宽高比）表示，如砖基础为 1:1.5，毛石基础为 1:1.25 ~ 1:1.5，灰土基础为 1:1.25 ~ 1:1.5，三合土基础为 1:1.5 ~ 1:2.0，混凝土基础为 1:1。

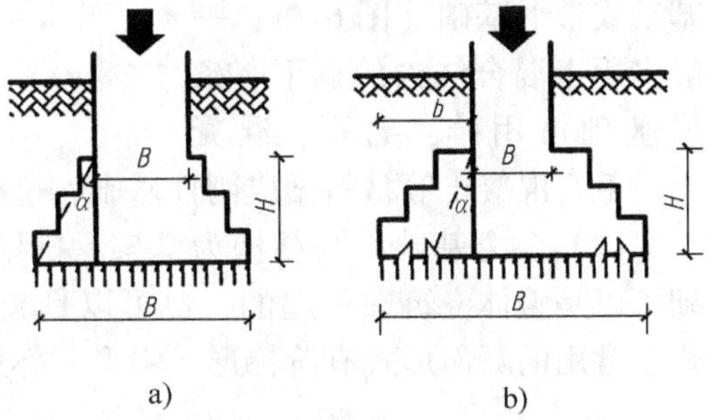

图 6-5　刚性基础的受力、传力特点
a）基础的高宽比在刚性范围内，受力良好
b）当基础宽度加大时，高度不增加，刚性角之外的部分受拉开裂，使基础破坏

（2）非刚性基础　用钢筋混凝土建造的基础，因配有钢筋，通过配筋计算可满足抗拉、抗剪的要求，所以基础宽度不受刚性角的限制，称为非刚性基础或柔性基础。为节约材料，钢筋混凝土基础常做成锥形，最薄处厚度不小于 200mm（图 6-6），如做成阶梯形，每步高为 300 ~ 500mm。

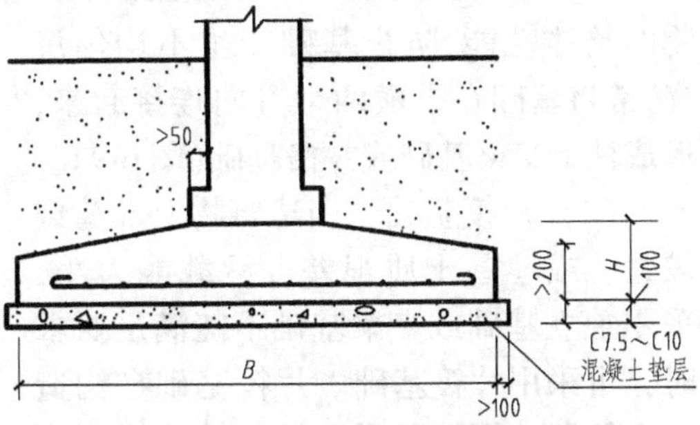

图 6-6　钢筋混凝土基础

2. 按构造形式分

基础构造形式随建筑物上部结构类型、荷载大小及地基土质的变化而不同。一般情况下,上部结构形式直接影响基础的形式,当上部荷载大,地基承载能力有变化时,基础形式也随之变化。基础按构造特点可分为六种基本类型。

(1) 条形基础　基础沿墙体连续设置成长条状称为条形基础或带形基础（图6-7），一般多用于混合结构的墙下。条形基础可用砖、毛石、混凝土、毛石混凝土等材料做成刚性基础，也可用钢筋混凝土做成柔性条形基础。

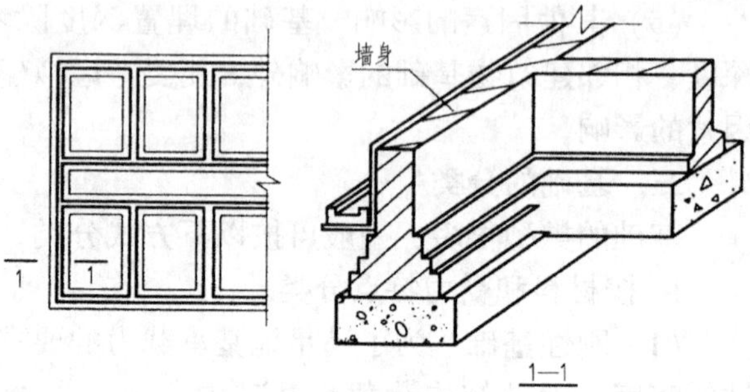

a)　b)

图6-7　条形基础

(2) 独立基础　当结构为框架、排架时，基础常常采用独立基础，柱和基础可以是整体浇筑在一起的，也可以是装配的，独立基础是柱下基础的基本形式，常用的断面形式有阶梯形、锥形、杯形等（图6-8）。

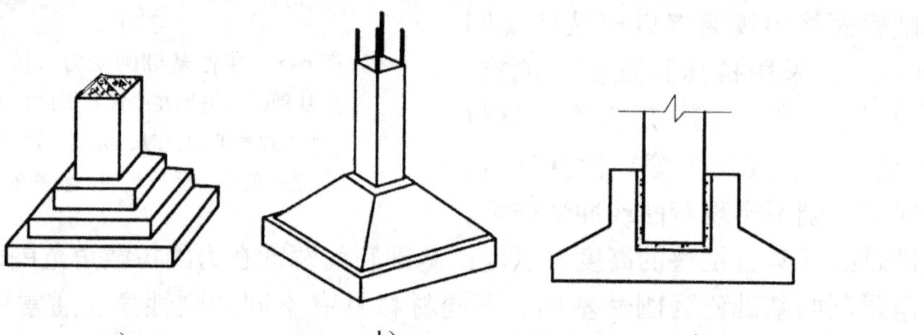

a)　b)　c)

图6-8　独立基础

a）阶梯形　b）锥形　c）杯形

(3) 柱下交梁基础　当地基条件很差,或采用独立基础面积很大,为提高建筑物的整体性能,防止基础产生不均匀沉降,常将基础在纵横两个方向连接起来,形成柱下交梁基础或井格基础(图6-9)。

(4) 片筏基础　当建筑物上部荷载较大，或地基土质很差，承载能力小，采用独立基础或交梁基础不能满足要求时，可采用片筏基础。片筏基础在构造上象倒置的钢筋混凝土楼盖，分为板式和梁板式两种（图6-10）。

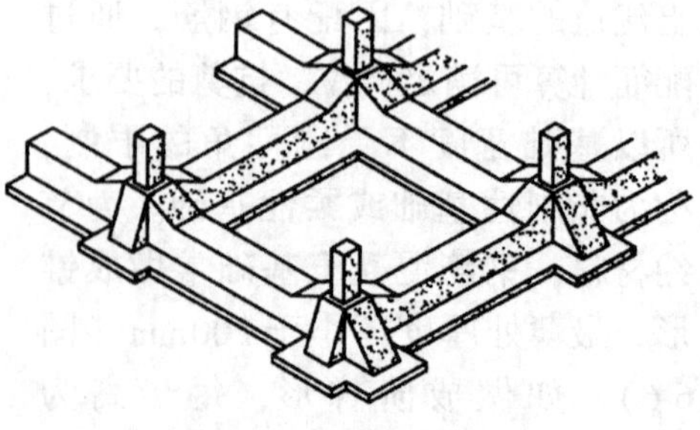

图6-9　柱下交梁基础

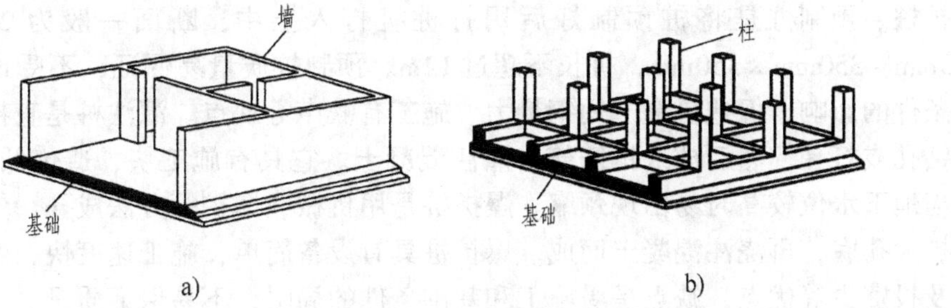

图 6-10　片筏基础

a）板式　b）梁板式

（5）箱形基础　箱形基础是一种刚度很大的整体基础，它是由钢筋混凝土顶板、底板和纵横墙组成的（图 6-11）。若在纵横内墙上开门洞，则可做成地下室。箱形基础的刚度极大，能有效地调整基底压力，且埋深大、稳定性和抗震性好，常用做高层建筑的基础。

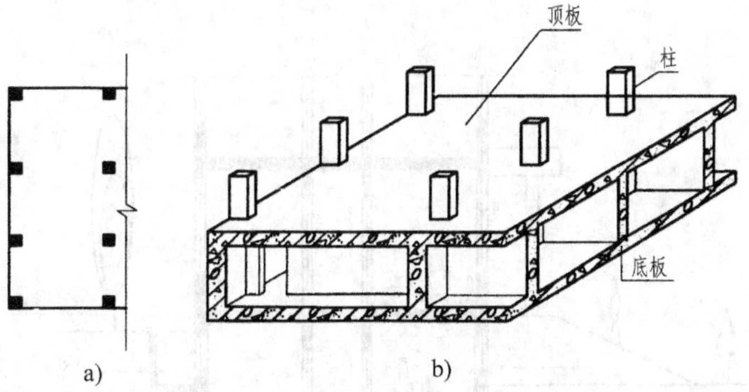

图 6-11　箱形基础

（6）桩基础　当地基的上部荷载较大，而且地基的软弱土层较厚，地基承载力不能满足要求，采取其他措施又不经济时可采用桩基础。桩基础由承台和桩柱组成（图 6-12）。承台是在桩顶现浇的钢筋混凝土梁或板，如上部是砖墙时为承台梁，上部是钢筋混凝土柱时为承台板，承台的厚度一般不小于 300mm，由结构计算确定，桩顶嵌入承台不小于 50mm。桩柱有木桩、钢桩、钢筋混凝土桩等，我国采用最多的为钢筋混凝土桩。钢筋混凝土桩按施工方法可分为预制桩、灌注桩、

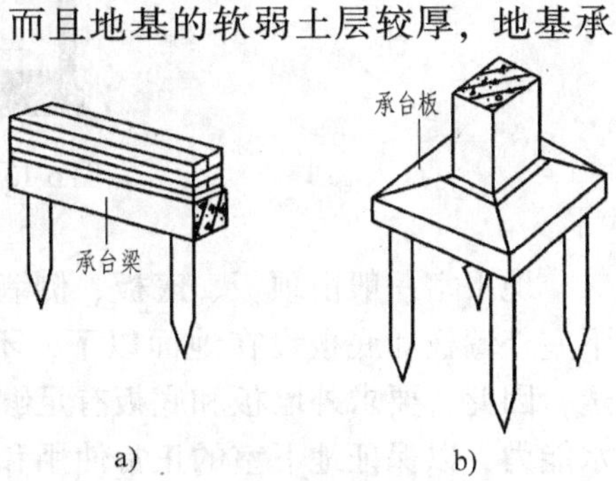

图 6-12　桩基础

a）承台梁桩基础　b）承台板桩基础

爆扩桩。预制桩是将桩预制好后用打桩机打入土中，断面一般为 200mm × 200mm ~ 350mm × 350mm，桩长不超过 12m。预制桩质量易保证，不受地基等其他条件的影响，但造价高、用钢量大、施工有噪声等缺点。灌注桩是直接在地面上钻孔或打孔，然后放入钢筋笼，灌注混凝土。它具有施工快、造价低等优点，但当地下水位较高时易出现颈缩。爆扩桩是用机械或爆扩等方法成孔，然后用炸药扩大孔底，再浇注混凝土而成。爆扩桩具有设备简单，施工速度快，劳动强度低及投资少等优点，缺点是受施工和基础条件的局限，不易保证质量。

第二节 地 下 室

地下室是位于地面以下的建筑使用空间，按地下室埋入地下深度可分为全地下室和半地下室。全地下室是指地下室地面低于室外地坪的高度超过该房间净的高 1/2，半地下室是指地下室地面低于室外地坪的高度超过该房间净高的 1/3，但不超过净高的 1/2（图 6-13）。

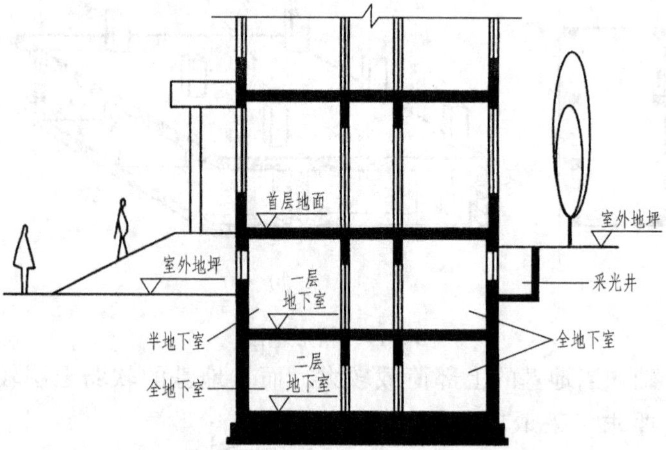

图 6-13 地下室的类型

地下室一般由顶板、底板、侧墙、楼梯、门窗、采光井等部分组成。由于地下室外墙板和底板设在地面以下，不仅受到土的压力，而且还有水的压力和渗透，因此，要求外墙板和底板有足够的强度、刚度，同时还要有一定的防潮、防水能力，以保证地下室的正常使用和建筑物的耐久性。所以地下室的防潮和防水是地下室设计和施工必须解决的重要问题。

一、地下室防潮

当地下室地坪高于地下水的常年水位和最高水位时，由于地下水不会直接侵入地下室，墙和底板仅受土层中毛细水和地表下渗而形成的无压水影响，只需作防潮处理。其做法是先在外墙表面抹一层 20mm 厚的水泥砂浆找平层，再涂一道冷底子油和两道热沥青，然后在外侧回填低渗透性土壤，如粘土、灰土等，土层宽度为 500mm 左右。另外，地下室的所有墙体都应设两道水平防潮层，一道设在地下室地坪附近，另一道设在室外地坪以上 150 ~ 200mm 处，以防地潮沿地下墙身或勒脚处侵入室内（图 6-14）。

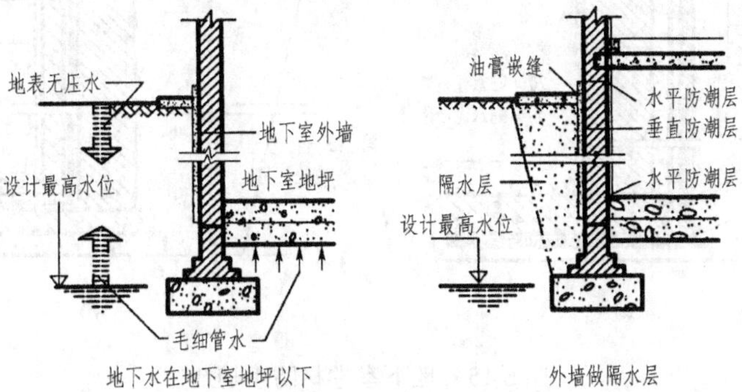

图 6-14　地下室防潮处理

二、地下室防水

当常年最高地下水位高于地下室地坪时，地下室的底板和部分外墙将侵在水中，此时地下室外墙受到地下水的侧压力，地坪受到水的浮力的影响，因此必须对地下室外墙和地坪做防水处理。

目前我国地下工程防水常用的做法有：卷材防水、混凝土构件自防水、涂料防水、塑料防水板防水、金属防水层防水等。选用何种防水做法，应根据地下室的使用功能、结构形式、环境条件等因素合理确定。一般处于侵蚀介质中的工程应采用耐腐蚀的防水混凝土、防水砂浆或卷材、涂料防水；结构刚度较差或受振动影响的工程应采用卷材、涂料防水等柔性防水做法。

1. 卷材防水

卷材防水是以防水卷材和相应的粘结剂分层粘贴，铺设在地下室底板垫层至墙体顶端的基面上，形成封闭防水层的做法。根据防水层铺设位置的不同分为外包防水和内包防水（图 6-15），一般适用于受侵蚀介质作用或振动作用的地下室。卷材防水常用的材料有高聚物改性沥青防水卷材和合成高分子防水卷材，卷材的层数应根据地下水的最大计算水头（最高地下水位至地下室底板下皮的高度）选用。卷材防水的具体做法是：在铺贴卷材前，先将基面找平并涂刷基层处理剂，然后按确定的卷材层数分层粘贴卷材，并做好防水层的保护（垂直防水层外砌120墙；水平防水层上做20～30mm的水泥砂浆抹面)。

2. 混凝土构件自防水

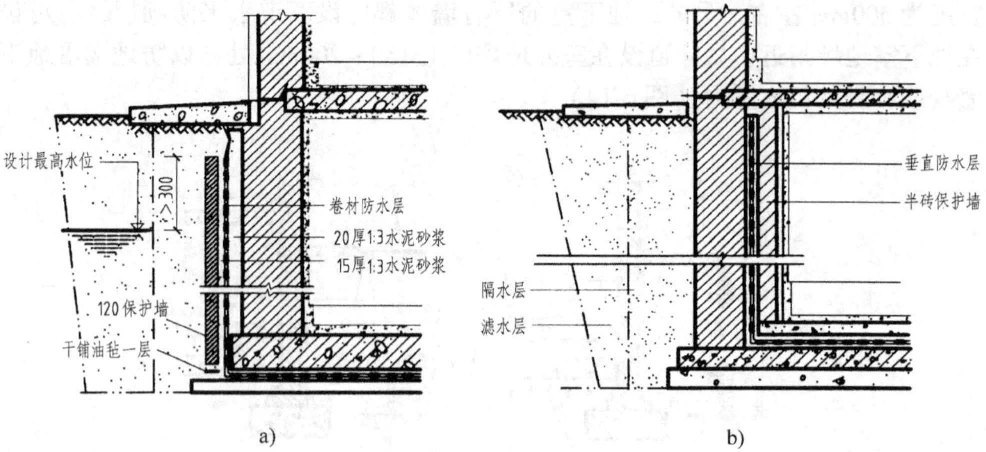

图6-15 地下室卷材防水构造

a）外包防水 b）内包防水

当地下室的墙和底板均采用钢筋混凝土时，通过调整混凝土的配合比或在混凝土中掺入外加剂等手段，改善混凝土的密实性，提高混凝土的抗渗性能，使得地下室结构构件的承重、围护、防水功能三者合一。为防止地下水对钢筋混凝土构件的侵蚀，在墙外侧应抹水泥砂浆，然后涂刷热沥青（图6-16）。同时要求混凝土外墙、底板均不宜太薄，一般外墙厚应为200mm以上，底板厚应在150mm以上，否则影响抗渗效果。

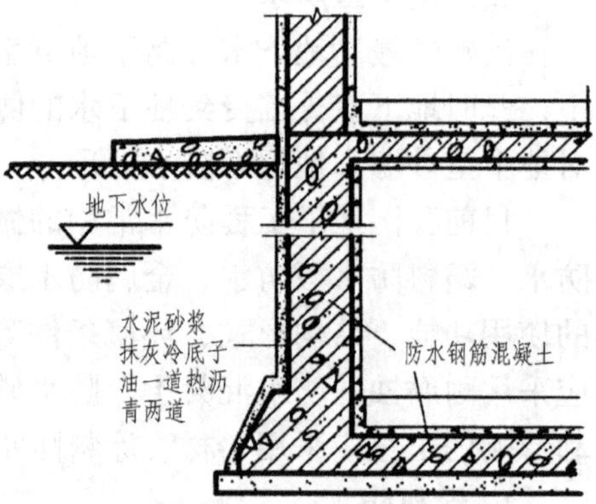

图6-16 混凝土构件自防水

3. 涂料防水

涂料防水是指在施工现场以刷涂、刮涂或滚涂等方法，将无定型液态冷涂料在常温下涂敷在地下室结构表面的一种防水做法，一般为多层敷设。为增强其抗裂性，通常还夹铺1～2层纤维制品(如玻璃纤维布、聚酯无纺布)。涂料防水层的组成有底涂层、多层基本涂膜和保护层，做法有外防外涂（6-17）和外防内涂两种。目前我国常用的防水材料有三大类：即水乳型、溶剂型和反应型。由于材性不同，工艺各异，产品多样，一般在同一工程同一部位不能混用。

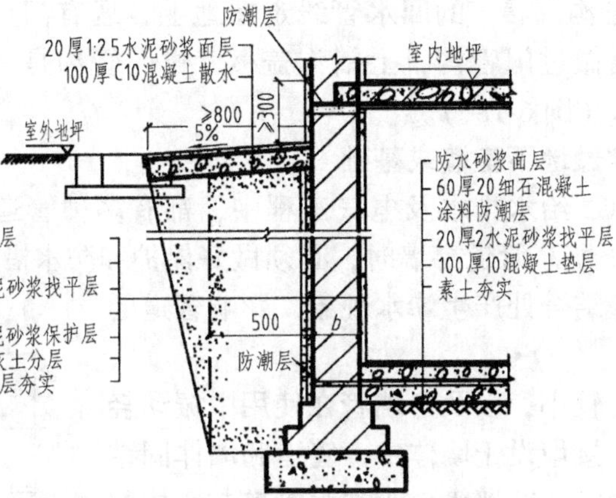

图6-17　涂料防水

第三节　管道与基础的关系

一、地下管沟

由于建筑内有采暖设备和给排水管道等，这些设备的管线，在进入建筑物之前需埋在地下，进入建筑物之后一般需从管沟中通过，所以管沟是经常遇到的。这些管沟一般沿内、外墙布置，也有少量从建筑中间通过。

（1）沿墙管沟　管沟的一边是建筑的基础墙，另一边是管沟墙，沟底用灰土垫层，沟顶用钢筋混凝土板做沟盖板。管沟的宽度一般为1000～1600mm，深度为1000～1700mm（图6-18a）。

（2）中间管沟　管沟在建筑物的中部或室外，一般由两道管沟墙支撑上部的沟盖板（图6-18b）构成。这种管沟在室外时，还应特别注意是否过车，在有汽车通过时，应选择强度较高的沟盖板。

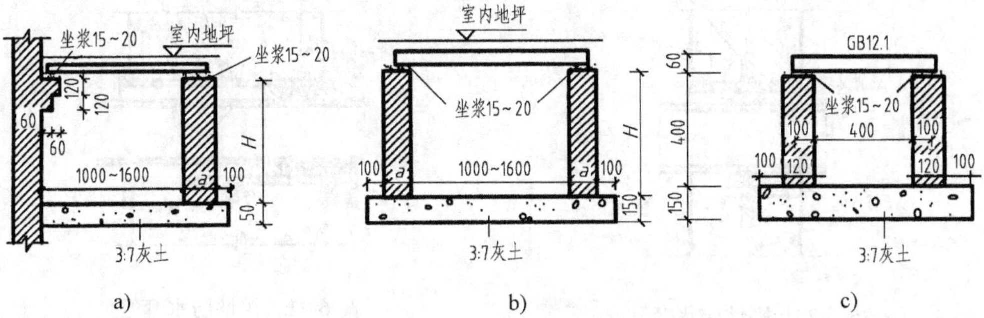

图6-18　地沟构造

a）沿墙管沟　b）中间管沟　c）过门管沟

（3）过门管沟　暖气的回水管线走在地上，遇有门口时，应将管线转入地下通过，此时需做过门管沟，上铺沟盖板，过门管沟是一种小沟，断面尺寸为400mm×400mm（图6-18c）。

二、管道穿过地下室墙或基础

在供热通风、给水排水及电气工程中，都有多种管道穿过建筑物（或构筑物）的墙（池）壁。管道穿墙时，必须做好保护和防水措施，否则将使管道产生变形或在与墙壁结合处产生渗水现象，影响管道的正常使用。

当墙体受力较小，以及穿墙管在使用中振动轻微时，管道可直接埋设于墙体中，管道和墙体固结在一起，称为固定式穿墙管。为加强管道与墙体的连接，管道外壁加焊钢板翼环；如管道穿越处为非混凝土墙体时，应在管道穿越处局部采用混凝土墙体（图6-19）。

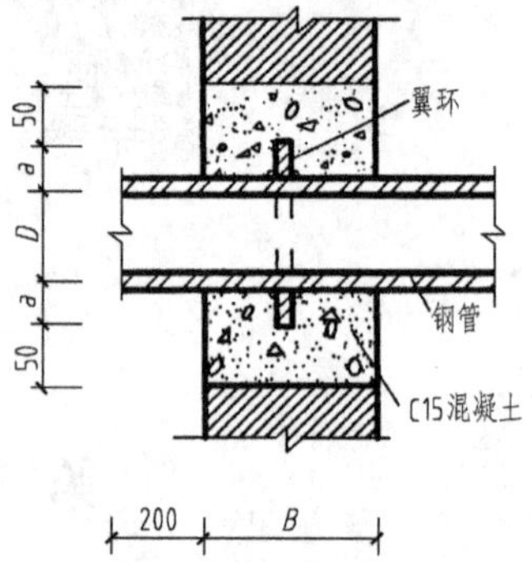

图6-19　固定式穿墙管

当墙壁受力较大，在使用过程中可能产生较大的沉陷以及管道有较大的振动，并有防水要求时，管道外宜先埋设穿墙套管（亦称防水套管），然后在套管内安装穿墙管，这种形式称为活动式穿墙管。穿墙套管按管件填充情况可分为刚性和柔性两种。

1. 刚性穿墙套管

刚性穿墙套管适用于穿过有一般防水要求的建筑物和构筑物，套管外也要加焊翼环。套管与穿墙管之间先填入沥青麻丝，再用石棉水泥封堵（图6-20）。

2. 柔性穿墙套管

柔性穿墙套管适用于管道穿过墙壁之处有较大振动或有严密防水要求的建筑物和构筑物（图6-21）。

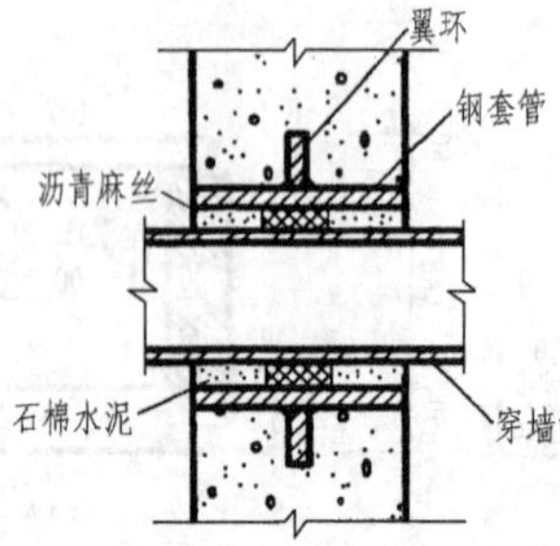

图6-20　刚性防水套管

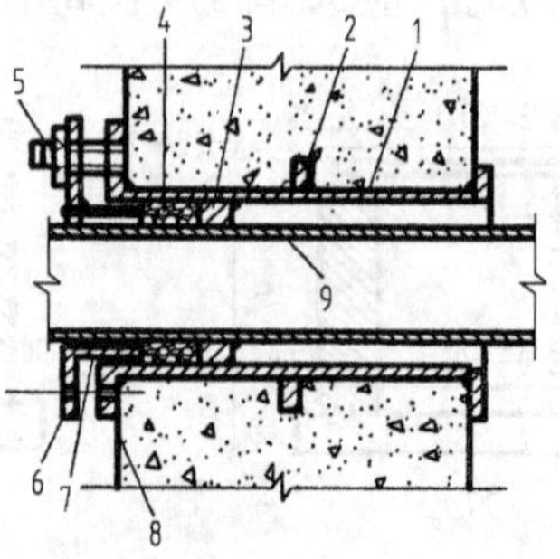

图6-21　柔性防水套管
1—套管　2—翼环　3—挡圈　4—橡胶条
5—双头螺栓　6—法兰盘　7—短管
8—翼盘　9—穿墙管

无论是刚性或柔性套管，都必须将套管一次浇固于墙内，套管穿墙处如遇非混凝土墙体时，应改用混凝土墙体，混凝土浇筑范围应比翼环直径大 200 ~ 300mm。套管处混凝土墙体厚度对于刚性套管不小于 200mm，对于柔性套管不小于 300mm，否则应使墙壁一侧或两侧加厚，加厚部分的直径应比翼环直径大 200mm。

3. 进水管穿地下室

当进水管穿过地下室墙壁时，对于采用防水和防潮措施的地下室，应分别按图 6-22a、图 6-22b 进行施工。

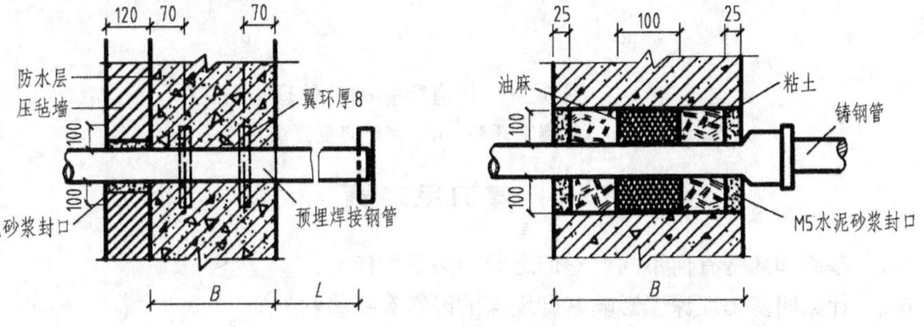

a)　　b)

图 6-22　进水管穿地下室墙壁构造

a）潮湿土层（防水地下室）　b）干燥土层（防潮地下室）

4. 电气管线与基础

导线和电缆埋地敷设时，一般不宜穿过设备和建筑物的基础，以防基础下沉时破坏。若必须穿过基础时，导线须穿管保护，穿线管宜采用无缝钢管，使之具有足够的强度。管内的导线必须是整条完整无损的，不允许导线在钢管内有接头。此外，还可采用刚柔结合的做法（图 6-23）以及设置电缆沟。

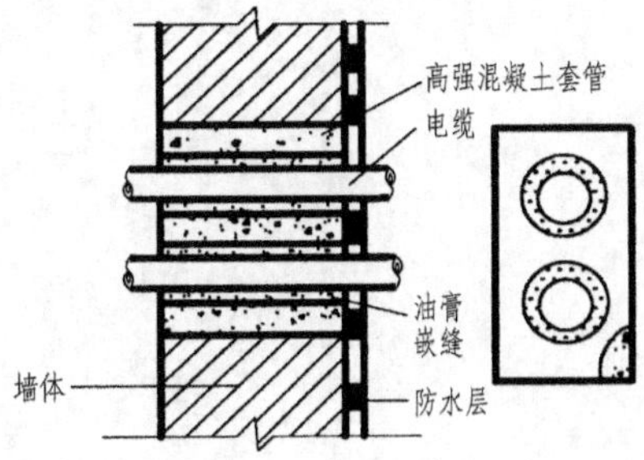

图 6-23　电缆穿墙处理

5. 管道穿基础的处理

当管道穿过基础或墙基时，必须在基础或墙基上预留洞口，预留洞口尺寸可参考表 6-1。使建筑物产生下沉时不致压弯或损坏管道（图 6-24a）。当管道穿过基础时，将局部基础按错台方法适当降低，使管道穿过（图 6-24b）。

表 6-1　管道穿过基础预留洞尺寸

管径 d/mm	50 ~ 75	≥100
预留洞尺寸$\left(\frac{宽}{mm}\times\frac{高}{mm}\right)$	300 × 300	$(d+300)\times(d+200)$

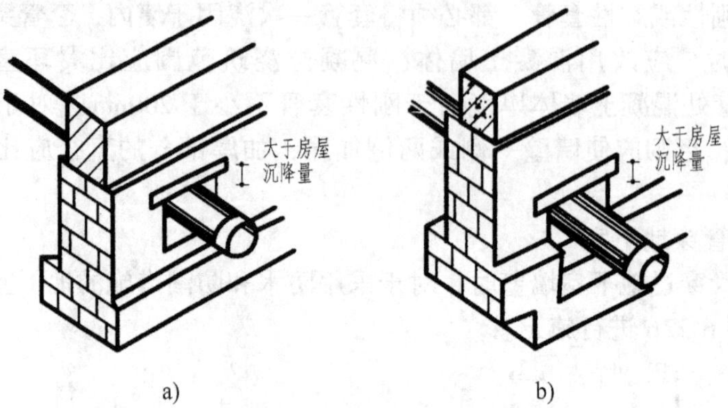

图 6-24　管道穿基础的处理

a）墙基开洞　b）基础降低开洞

复习思考题

6-1　基础和地基有何不同？它们之间的关系如何？

6-2　什么叫基础埋深？影响基础埋深的因素有哪些？

6-3　常见的基础类型有哪些？

6-4　何谓地下室？地下室是如何分类的？

6-5　为什么要对地下室作防潮、防水处理？

6-6　基础管沟的类型有哪些？

6-7　管道穿过地下室墙或基础可采取哪几种构造？

第七章　墙　体

第一节　墙体的类型与构造要求

一、墙体的类型

墙体是建筑物中最常见的构件之一，通常按其位置、方向、承重情况、砌墙材料以及墙体与门窗洞口的关系等进行分类。

(1) 按位置和方向不同分类　按位置和方向的不同，墙体可分为外墙和内墙，横墙和纵墙。位于建筑物四周的墙称为外墙，主要起围护作用；位于建筑物内部的墙称为内墙，主要起分隔作用。沿建筑物短轴方向布置的墙称为横墙，外横墙称为山墙；沿建筑物长轴方向布置的墙称为纵墙，外纵墙也称为檐墙。在一面墙上，窗与窗之间的墙称为窗间墙；窗洞下部的墙称为窗下墙；高出屋顶的墙称为女儿墙。

(2) 按承重情况不同分类　按承重情况，墙体可分为承重墙和非承重墙两种。凡直接承受上部屋顶、楼板传来的荷载的墙称为承重墙；凡不承受上部传来的荷载的墙称为非承重墙，非承重墙包括承自重墙、隔墙、填充墙和幕墙等。只承受自身重量的墙体称为承自重墙；分隔内部空间且其重量由楼板或梁承受的墙体称为隔墙；框架结构中填充在柱子间的墙称为框架填充墙；悬挂于骨架外部的轻质墙称为幕墙。外部的填充墙和幕墙不承受上部楼板层和屋顶的荷载，但要承受风荷载和地震荷载。

(3) 按墙体的材料和制品不同分类　按墙体的材料和制品分有砖墙、石墙、砌块墙、混凝土墙、塑料板墙、玻璃幕墙、复合板墙等。

二、墙体的构造要求

根据墙体所处的位置及功能的不同，墙体构造应满足如下要求：

1. 具有足够的强度和稳定性

墙体的强度是指墙体承受荷载的能力，它与所用材料、墙体的厚度及构造和施工方式有关。墙体的稳定性与墙的长度、高度和厚度有关，一般应通过控制墙体的高厚比保证墙体的稳定性，同时还可通过加设壁柱、圈梁、构造柱及拉结钢筋等措施增加其稳定性。

2. 具有必要的保温、隔热性能

外墙是建筑围护结构的主体，其热工性能的好坏对建筑物的使用环境及能耗有很大的影响。在寒冷地区要求墙体具有良好的保温性能，以减少室内热量的散失，同时防止墙体表面和内部产生凝结水现象。在炎热地区要求墙体有一定的通风隔热能力，防止夏季室内温度过高。

3. 满足防火要求

墙体的燃烧性能和耐火极限应符合防火规范的有关规定。在较大的建筑物中应进行防火区域的划分，设置防火墙，防止火灾蔓延。如耐火等级为一、二级的建筑，防火墙的间距不得超过150m，防火墙的耐火极限应不小于4.0h，高出屋面不得小于400mm。

4. 满足隔声要求

声音的传播途径有两个：一是空气传声，即声音自声源发生后，借空气而传播；二是固体传声，直接打击或撞击建筑构件而产生的声音，即由固体载声而传播的声音。对于墙体主要考虑隔绝空气传声。常用重而密实的材料（面密度大的材料）做墙体隔声材料，此外，可在墙体中间加空气间层或松散材料（如毛毡、矿棉等），形成复合墙体，使之具有较好的隔声能力。一般240mm厚的粘土砖墙可满足隔声要求，其隔声量达53dB。

此外，墙体构造还应考虑防潮、防水以及经济等方面的要求。

第二节　墙体构造

一、砖墙

（一）实心砖墙

实心砖墙是用普通实心砖砌筑的实体墙。普通实心砖墙组砌时，上下皮错缝搭接长度不得小于60mm，常采用顺砖和丁砖交替砌筑。其中顺砖是指砖的条面与墙轴方向平行的砖；丁砖是指砖的条面与墙轴方向垂直的砖。实心砖墙常见的砌筑方式有全顺式、一顺一丁式、每皮丁顺相间式及两平一侧式等（图7-1）。

实心砖墙体的厚度除应满足强度、稳定性、保温隔热、隔声及防火等功能方面的要求外，还应与砖的规格尺寸相配合（图7-2）。墙体厚度一般用砖长来表示，如半砖墙、一砖墙、一砖半墙、两砖墙等，相应的构造尺寸为115mm、240mm、365mm、490mm等，习惯上以它们的标志尺寸来称呼，如12墙、24墙、37墙、49墙等，其中18墙为3/4砖墙，构造尺寸是178mm。

（二）空斗墙

空斗墙是用实心砖侧砌，或平砌与侧砌相结合砌成的空体墙。其中，平砌的砖称为眠砖，侧砌的砖称为斗砖。全由斗砖砌筑成的墙称为无眠空斗墙；每隔一至三皮斗砖砖砌一皮眠砖的墙称为有眠空斗墙（图7-3）。

空斗墙与实心墙相比，具有省材料，自重轻，保温、隔热、隔声能力好，强度低等特点，可用作三层以下民用建筑的承重墙。但构造上要求，在墙体重要部位，如基础，勒脚，门窗洞口两侧，纵横墙交接处，梁、板支座处均应采用眠砖实砌（图 7-3b）。

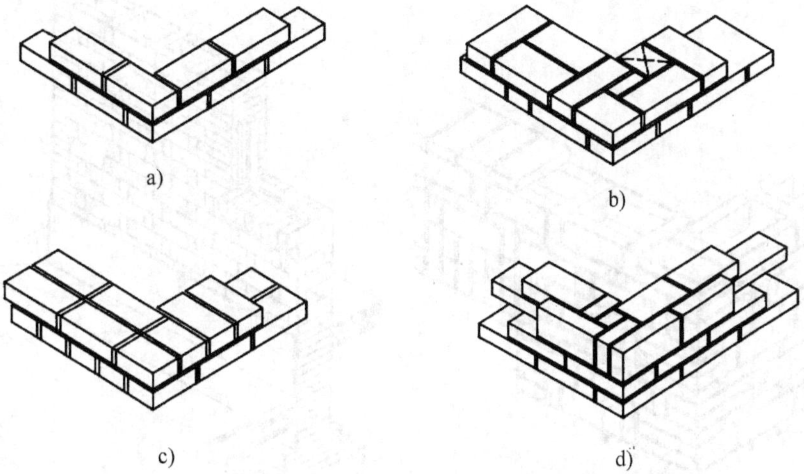

图 7-1　实心砖墙的砌筑方式

a）全顺式　b）每皮丁顺相间式　c）一顺一丁式　d）两平一侧式

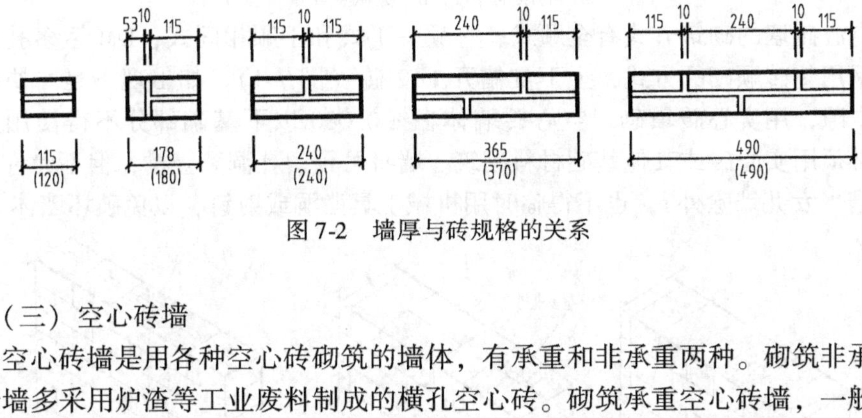

图 7-2　墙厚与砖规格的关系

（三）空心砖墙

空心砖墙是用各种空心砖砌筑的墙体，有承重和非承重两种。砌筑非承重空心砖墙多采用炉渣等工业废料制成的横孔空心砖。砌筑承重空心砖墙，一般采用竖孔的粘土多孔砖，因此也称为多孔砖墙。这种多孔砖的竖向孔洞虽然减少了砖的承压面积，但是砖的厚度增加，承载能力与普通砖相比还略有增加，且保温能力也有所提高，是限制使用实心粘土砖以后所推荐使用的材料之一。

粘土多孔砖分为模数多孔砖（DM 型）和普通多孔砖（KP1 型）两种。DM 型多孔砖共有四种类型：DM1（190mm × 240mm × 90mm）、DM2（190mm × 190mm × 90mm）、DM3（190mm × 140mm × 90mm）、DM4（190mm × 90mm × 90mm），并有配砖 DMP（190mm × 90mm × 40mm），采用 1M 制组砌；KP1 型

砖（240mm×115mm×90mm），可用普通实心砖和178mm×115mm×90mm的多孔砖作配砖，采用2.5M制组砌，与普通粘土砖非常近似，仅厚度改为90mm。

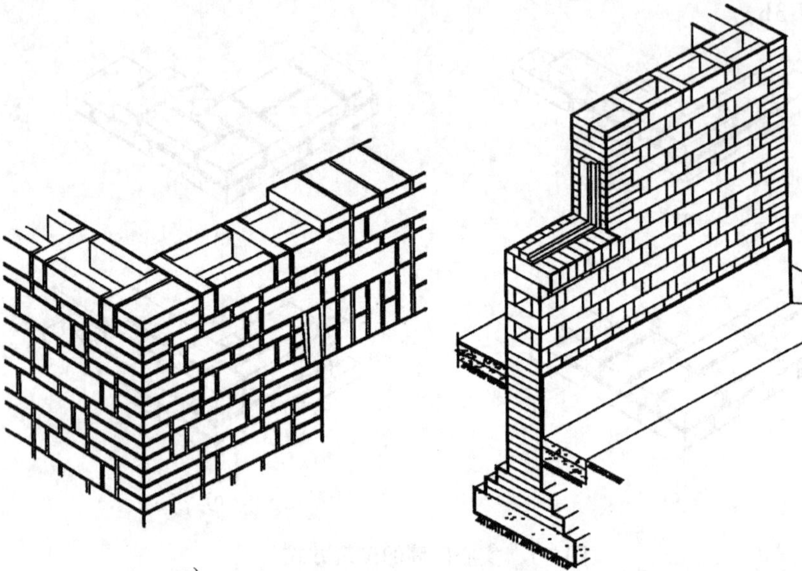

a) b)

图7-3 空斗墙的砌式
a）有眠空斗墙 b）无眠空斗墙

空心砖墙的砌筑方式有全顺式、一顺一丁式和丁顺相间式，DM型多孔砖一般多采用整砖顺砌的方式，上下皮错开1/2砖（图7-4）。如出现不足一块空心砖的空隙，用实心砖填砌。空心砖墙体在±0.000以下基础部分不得使用空心砖，必须用实心砖或其他基础材料砌筑。墙身可预留孔洞和竖槽，但不允许预留水平槽（女儿墙除外），也不得临时用机械工具凿洞或射钉，以免破坏墙体。

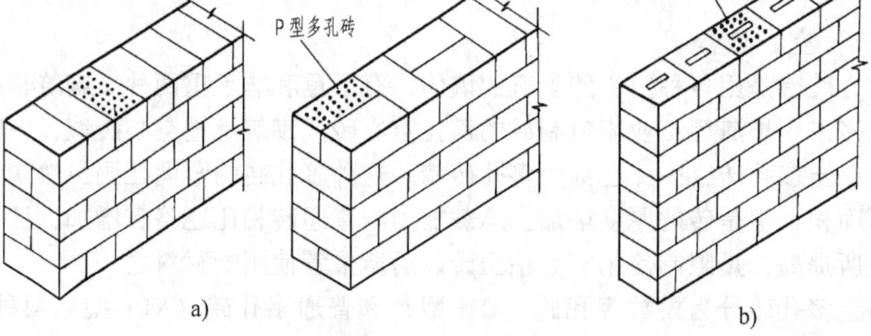

a) b)

图7-4 多孔砖墙砌式
a）P型多孔砖墙 b）M型多孔砖墙

空心砖墙的厚度及轴线定位与砖的类型、圈梁的设置等有关。

1. 模数多孔砖墙

模数多孔砖墙体的高度以 100mm（1M）进级，墙体厚度和长度以 50mm（1/2M）进级（表 7-1）。墙体平面定位方法为：设板平圈梁时，外墙轴线定位按顶层距内边为 100mm；设板底圈梁或无圈梁时，外墙轴线定位按顶层距内边为 150mm；承重内墙按顶层墙厚中分。

表 7-1　模数多孔砖墙体厚度

模数	1M	1.5M	2M	2.5M	3M	3.5M	4M
墙厚/mm	90	140	190	240	290	340	390
用砖类型	DM4	DM3	DM2	DM1	DM2 + DM4	DM1 + DM4	DM1 + DM3
				DM3 + DM4		DM2 + DM3	

2. KP 型多孔砖墙

KP 型多孔砖墙体的高度以 100mm（1M）进级，墙体厚度有 120mm、240mm、360mm、490mm。墙的定位同普通砖墙，即外墙按顶层距内边为 120mm；承重内墙按顶层墙厚中分。

（四）砖墙的砌筑原则

为保证墙体的强度和稳定性，砖墙砌筑时无论采用何种砌筑方式，均应遵循横平竖直、错缝搭接、砂浆饱满、厚薄均匀的原则。

二、砌块墙

砌块墙是采用各种实心或空心的预制块材，按一定的技术要求砌筑而成的墙体。砌块与普通砖相比，不仅具有单块体积大，砌筑效率高，便于工业化生产等特点，而且可充分利用工业废料和地方材料，减少对耕地的破坏，保护环境，节约能源。因此，推广使用砌块墙是我国墙体改革的主要途径之一。

（一）砌块的类型与规格

砌块的种类很多，按材料分有普通混凝土砌块、轻骨料混凝土砌块、加气混凝土砌块以及利用各种工业废料制成的砌块（炉渣混凝土砌块、蒸养粉煤灰砌块等）；按构造形式分有实心砌块和空心砌块；按功能分有承重砌块和保温砌块等；按尺寸和重量分有大、中、小型砌块三种类型，目前多采用中、小型砌块。

小型砌块的外形尺寸（长 × 厚 × 高）多为 390mm × 190mm × 190mm，辅助砌块尺寸为 90mm × 190mm × 190mm 和 190mm × 190mm × 190mm。

中型砌块有空心砌块和实心砌块之分。常见的空心砌块尺寸（长 × 厚 × 高）为 630mm × 180mm × 845mm、1280mm × 180mm × 845mm、2130mm × 180mm × 845mm；实心砌块的尺寸（长 × 厚 × 高）为 280mm × 240mm × 380mm、430mm × 240mm × 380mm、580mm × 240mm × 380mm、880mm × 240mm × 380mm。

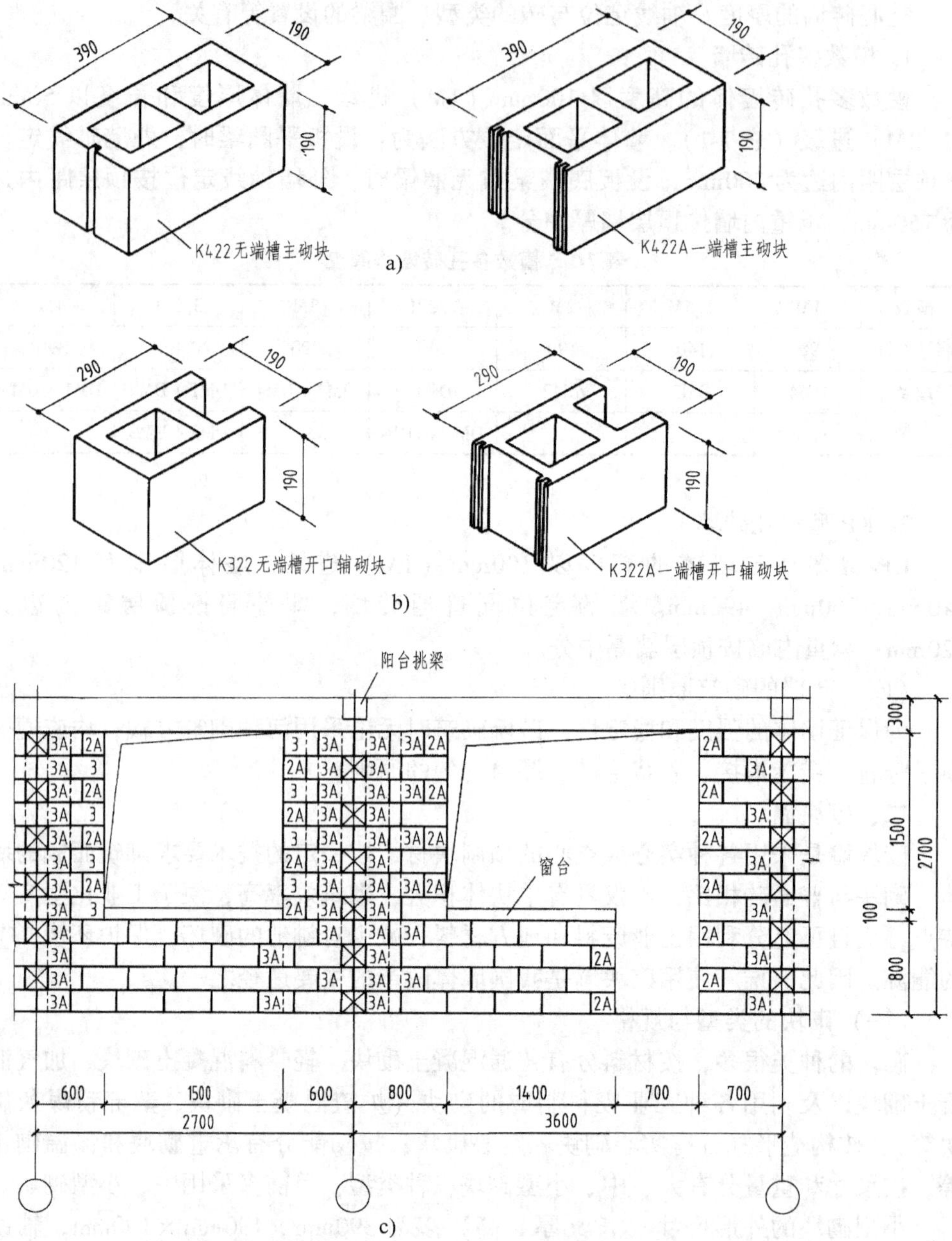

图 7-5　混凝土空心砌块形式及建筑立面排块示例

a）主砌块形式示例　b）辅砌块形式示例　c）建筑立面排块示例

注：c）图中标注的数字、字母代表砌块型号。其中 3 代表 K322；3A 代表 K322A；2A 代表 K222A 或 K222；未标注数字者均代表 K422A 或 K422B。

（二）砌块的组砌

砌块墙多采用整块顺砌、交错搭接的组砌方式，以保证墙体的稳定性。但砌块不能像普通砖一样，只用一种规格并可砍断。因此，必须在多种规格间进行排列设计，即需要在建筑平面图和立面图上进行砌块的排列，注明每一砌块的型号（图 7-5）。

砌块排列设计的原则是：正确选择砌块的规格尺寸，减少砌块的规格类型；优先选用大规格的砌块做主砌块，以加快施工速度；上下皮应错缝搭接，内外墙和转角处砌块应彼此搭接，以加强整体性；空心砌块上下皮应孔对孔，肋对肋，错缝搭接（搭接长度小型砌块不小于 90mm，中型砌块不小于 150mm）。

为保证墙体的坚固耐久，防潮、防水，室内地坪以下的墙体应采用混凝土实心砌块或普通砖砌筑，并应设置墙身防潮层。

三、墙体细部构造

墙体既是承重构件，又是围护构件。它不仅与其他构件密切相关，而且还受到自然界各种因素的影响。因此处理好各有关部位的构造十分重要。

（一）墙身防潮

墙身防潮是在墙脚铺设防潮层，以防止土壤中的水分由于毛细作用上升使建筑物墙身受潮，提高建筑物的耐久性，保持室内干燥卫生。

墙身水平防潮层的做法有油毡防潮层、防水砂浆防潮层和配筋细石混凝土防潮层三种，有地圈梁的可不另做防潮层（图 7-6a）。防潮层位置应在室内地坪与室外地坪之间，以地面混凝土垫层中部最为理想。垂直防潮层的具体做法是在垂直墙面上，先用水泥砂浆找平，再刷冷底子油一道热沥青两道或采用防水砂浆抹灰防潮（图 7-6b）。

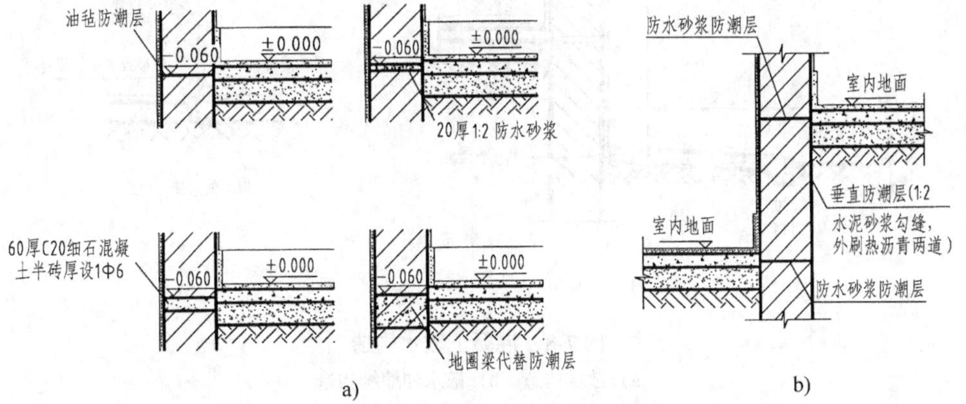

图 7-6 墙身防潮层

a）水平防潮层 b）垂直防潮层

（二）勒脚

勒脚是外墙接近室外地面的部分，其作用有三个方面：一是防止外界机械性碰撞对墙体的损坏；二是防止屋檐滴下的雨、雪水及地表水对墙的侵蚀；三是美化建筑外观。所以，勒脚的构造应坚固、耐久、防潮、防水。勒脚的高度一般不应低于500mm，常用600～800mm，考虑建筑立面造型处理，也有将勒脚高度提高到底层窗台下。勒脚的做法有：抹水泥砂浆、水刷石、斩假石；或外贴面砖、天然石板等（图7-7）。同时，勒脚应伸入散水下，接缝处用弹性防水材料嵌缝。

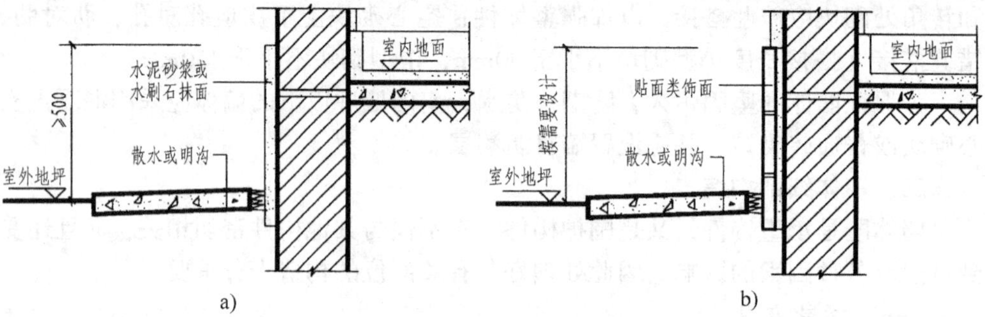

图7-7 勒脚

a）抹灰勒脚 b）贴面勒脚

（三）散水与明沟

散水是指靠近勒脚下部的水平排水坡；明沟是在外墙四周或散水外缘设的排水沟。散水的宽度一般不小于600mm，并比屋顶出檐宽度大150～200mm，坡度为3%～5%，外缘一般高出室外地坪30～50mm。散水的做法通常是在基层土壤上现浇混凝土，或用砖、石铺砌，水泥砂浆抹面（图7-8a）。

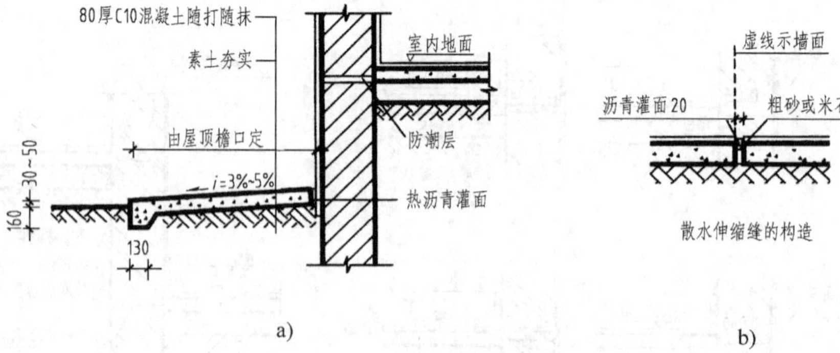

图7-8 混凝土散水构造

a）散水构造 b）散水伸缩缝构造

为防止不规则裂缝，混凝土散水应每隔6m设伸缩缝一道，缝宽20mm，并用热沥青将伸缩缝及散水与外墙的接缝填充（图7-8b）。在北方寒冷地区，为防止基层土壤冻胀破坏散水，散水下应设一层300～500mm厚的干炉渣或中、粗砂防冻层。

明沟与散水的构造做法大致相同。所不同的是，明沟直接将雨水有组织地排入城市地下排水管网，明沟底面也应做不小于1%的排水坡度。

（四）窗台

窗台是窗洞口下部的防水和排水构件，同时也是建筑立面重点处理的部位，有内窗台和外窗台之分。窗台高度一般为900～1000mm，构造形式有悬挑窗台和不悬挑窗台两大类，其构造应满足排水和装饰的双重需要。

外窗台的构造做法有砖砌窗台和预制混凝土板窗台两种。砖砌窗台应用较广，有平砌（图7-9a、d、e）和侧砌（图7-9b）两种做法，坡度由水泥砂浆抹面或砖斜砌形成。砖砌悬挑窗台的挑出长度为60mm，其厚度为60～120mm，并应在外缘下抹出滴水槽或滴水线。预制混凝土板窗台（图7-9c）施工快，但易形成"冷桥"现象，不利于结构的保温和隔热。内窗台构造也有两种（图7-9e、f）。当窗台下设暖气槽时，为室内装饰和使用方便，多采用悬挑的预制水磨石板、大理石板或木板窗台板。无暖气槽时可在窗台上表面抹20mm厚水泥砂浆，并突出墙面5～7mm。

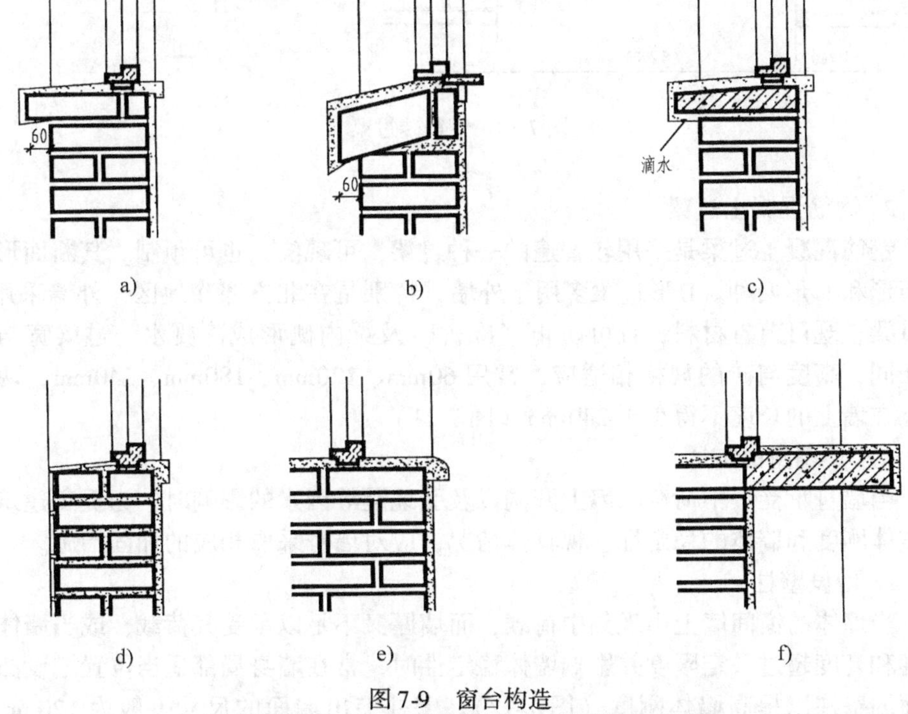

图7-9 窗台构造
a）砖平挑窗台 b）砖侧挑窗台 c）预制混凝土板窗台
d）不悬挑窗台 e）抹灰内窗台 f）采暖地区预制板内窗台

（五）过梁

过梁是指为支承门窗洞口上部墙体荷载，并将其传给洞口两侧的墙体所设置的横梁。根据所用材料和构造做法的不同，目前主要有钢筋砖过梁和钢筋混凝土过梁两种形式。

1. 钢筋砖过梁

钢筋砖过梁是在门窗洞口上部砂浆层内配置钢筋的平砌砖过梁（图 7-10），多用于跨度在 1500mm 以内的清水墙或非承重墙的门窗洞口上。构造做法是在支好的模板上先铺一层厚度不小于 30mm 的水泥砂浆，再按每 120mm 墙厚不少于 1 Φ6的构造要求布置钢筋，钢筋两端伸入墙内 240mm，并在端部向上做 60mm 的垂直弯钩，然后用不低于 MU10 的砖和不低于 M5 的砂浆砌筑。钢筋砖过梁的高度不小于洞口宽度的 1/4，且不得少于 5 皮砖。

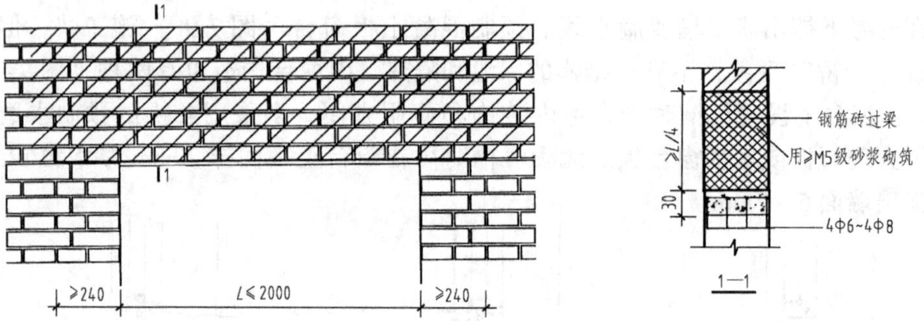

图 7-10　钢筋砖过梁

2. 钢筋混凝土过梁

钢筋混凝土过梁是采用较普遍的一种过梁，可现浇，也可预制。其断面形式有矩形和 L 形两种。L 形过梁多用于外墙，特别是在北方寒冷地区，外墙采用 L 形过梁，既可节省材料，且可防止“冷桥”及梁内侧形成冷凝水。过梁宽与墙厚相同，高度与砖的规格相适应，常用 60mm、120mm、180mm、240mm，两端支承在墙上的长度不得小于 240mm（图 7-11）。

（六）墙身的加固

当墙身承受集中荷载、墙上开洞以及受地震等因素的影响时，为提高建筑物的整体刚度和墙体的稳定性，视具体情况，应对墙身采取相应的加固措施。

1. 增设壁柱

当墙体的窗间墙上出现集中荷载，而墙厚又不足以承受其荷载，或当墙体的长度和高度超过一定限度并影响墙体稳定性时，常在墙身局部适当位置增设凸出墙面的壁柱以提高墙体刚度（图 7-12）。壁柱突出墙面的尺寸一般为 120mm × 370mm、240mm × 370mm、240mm × 490mm 等。

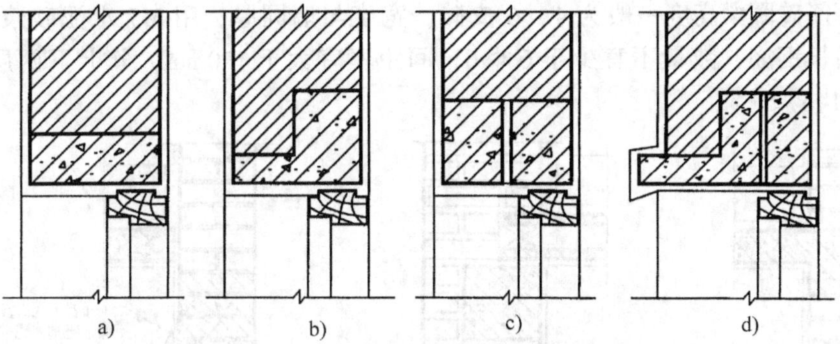

图 7-11　钢筋混凝土过梁

a）矩形截面过梁　b）L形截面过梁　c）、d）组合截面过梁

2. 设置圈梁

圈梁是沿建筑物外墙、内纵墙及部分横墙设置的连续而封闭的梁。其作用是提高建筑物的整体刚度及墙体的稳定性，减少由于地基不均匀沉降而引起的墙体开裂，提高建筑物的抗震能力。按要求圈梁应在同一水平面上连续、封闭，所以当圈梁被门窗洞口（如楼梯间窗洞口）截断时，应在洞口上部设置附加圈梁，进行搭接补强。附加圈梁与圈梁的搭接长度不应小于两梁高差的两倍，亦不小于1000mm（图 7-13）。

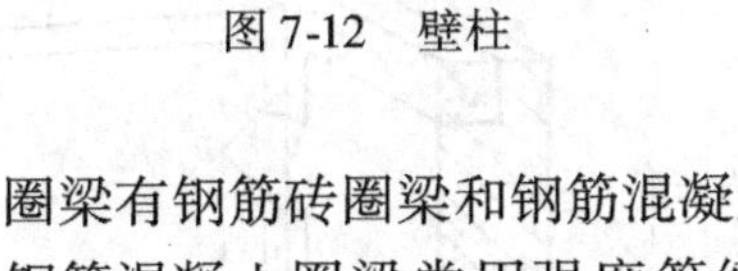

图 7-12　壁柱

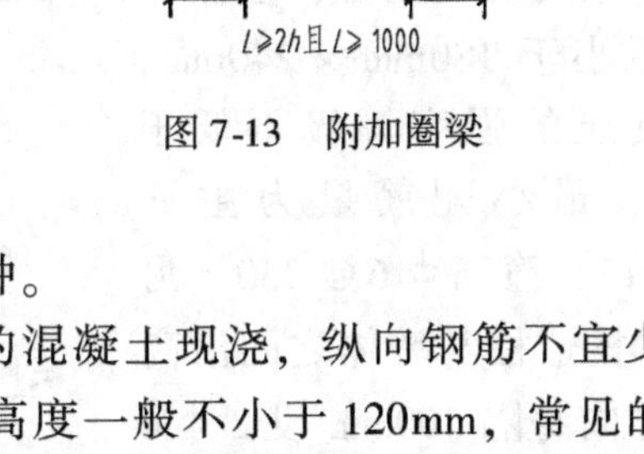

图 7-13　附加圈梁

圈梁有钢筋砖圈梁和钢筋混凝土圈梁两种。

钢筋混凝土圈梁常用强度等级为 C20 的混凝土现浇，纵向钢筋不宜少于 4 ф10，箍筋为ф6@250。钢筋混凝土圈梁高度一般不小于 120mm，常见的为 180mm、240mm，宽度与墙同厚。北方寒冷地区，当墙厚大于 240mm 时，外墙圈梁宽度可比墙厚小些，但不宜小于墙厚的 2/3。钢筋混凝土圈梁宜设置在与楼板或屋面板同一标高处（称为板平圈梁）或紧贴板底（称为板底圈梁）（图 7-14a、b）。

钢筋砖圈梁高度一般为 4 ~ 6 皮砖，宽度与墙同厚，用 M5 水泥砂浆砌筑，内配通长钢筋，数量不宜少于 6 ф 6，间距不宜大于 120mm，分上下两层布置(图 7-14c)。

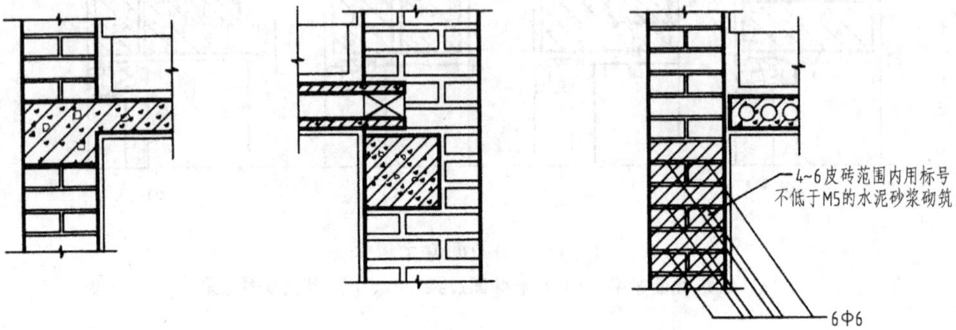

图 7-14　圈梁的构造

a）钢筋混凝土板平圈梁　b）钢筋混凝土板底圈梁　c）钢筋砖圈梁

3. 设置构造柱

构造柱是从构造的角度考虑而设置的，它与承重柱子的作用完全不同。在抗震设防地区，设置钢筋混凝土构造柱是多层建筑重要的抗震措施，因为钢筋混凝土构造柱与圈梁形成了具有较大刚度的空间骨架，从而增强了建筑物的整体刚度，提高了墙体抗变形能力。

构造柱一般设在建筑物转角、楼梯间的四角、内外墙交接处，其间距应满足《建筑抗震设计规范》的相关规定。

构造柱施工时应先砌墙，后浇钢筋混凝土柱，柱截面应不小于 180mm × 240mm，混凝土的强度等级不低于 C15，最小配筋量为主筋 4 ф 12，箍筋 ф 6 @ 250。另外，构造柱与墙体之间沿高度方向每隔 500mm 设 2 ф 6 的水平拉结钢筋拉结，每边伸入墙内不少于 1000mm(图 7-15)。构造柱下端应锚固于基础或基础圈梁内。

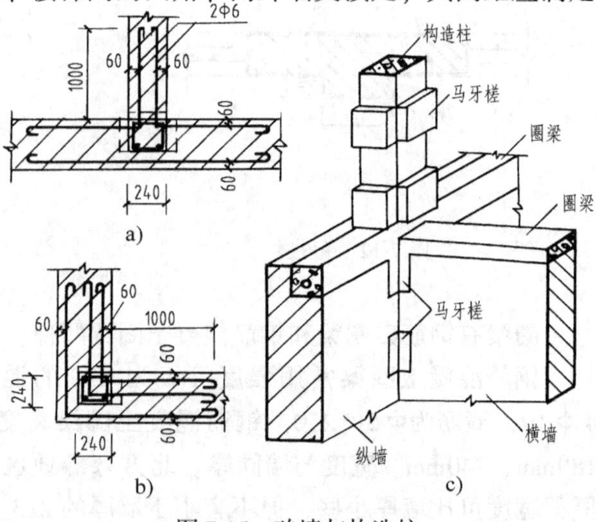

图 7-15　砖墙与构造柱

a）内外墙交接处构造柱　b）外墙转角处构造柱

c）构造柱截面

（七）通风道

在人数较多的房间，以及产生烟气和空气污浊的房间，如学校的教室，住宅的厨房、卫生间和厕所等，应设置通风道。

通风道一般设置在内墙墙角处，排气口在顶棚下300mm左右，并用铁箅子盖住。通风道上端应高出屋面500mm以上，以免被雪掩埋或受风压影响使排气不畅。考虑到同层房间不能共用同一通风道，通风道的组织方式主要有每层独用、隔层共用、子母通风道三种，其中以子母通风道应用最为广泛。子母式通风道的截面尺寸应根据排气量来决定，一般母风道截面尺寸不应小于260mm×135mm，子通风道的截面尺寸不应小于135mm×135mm。

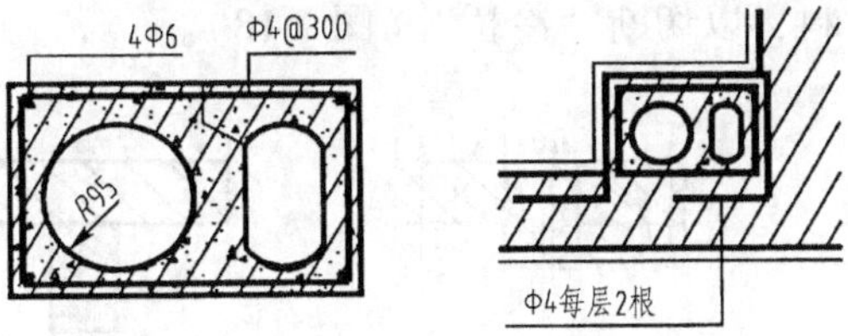

图7-16　预制钢筋混凝土子母式通风道

通风道有现场砌筑和预制构件拼装两种做法。砖砌通风道要求砌筑密实，并随砌随抹，将内壁抹平。预制通风道一般为每层一个预制构件，上下拼接而成，并应与墙体有可靠的连接（图7-16）。

第三节　墙体的保温、隔热与节能

一、墙体的保温措施

寒冷地区的各类建筑和非寒冷地区有空调要求的建筑，如宾馆、实验室、医疗用房等都要求墙体保温，常用的保温措施如下。

1. 选择热导率小的材料

选择密度小、热导率小的材料，如加气混凝土、浮石混凝土、膨胀陶粒（膨胀蛭石、膨胀珍珠岩）等为骨料的轻混凝土以及岩棉、玻璃棉和泡沫塑料等可以提高墙体的热阻。其中轻混凝土具有一定强度，可以做成单一材料的围护构件。而其他保温材料由于强度、耐久性、耐火性等方面的性能差，难以形成单一材料的围护构件，因此，在实际工程中常常采用复合墙，即用轻质高效保温材料与砖、砌块、钢筋混凝土、金属、玻璃等材料组合成复合结构（图7-17）。这种复合结构既利于保温隔热，又满足承重要求，但增加了施工难度和工程造价。

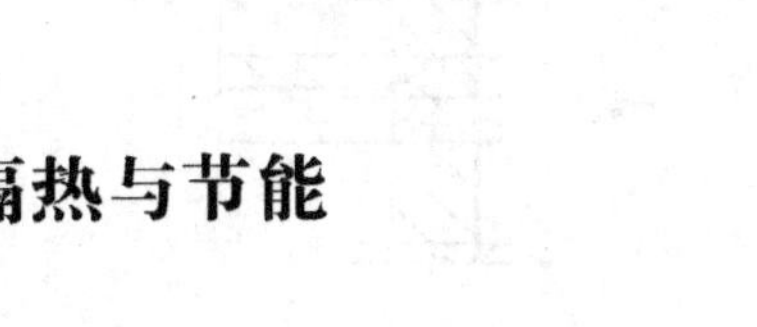

图7-17　保温墙体示意
a）单一材料墙体　b）复合墙体

2. 增加墙体的厚度

单一材料的围护构件，其热阻与其厚度成正比，增加厚度可提高热阻。但增加厚度会增加围护构件的自重及材料的消耗，同时也减小了建筑的有效面积。

3. 避免热桥

在围护构件中，由于结构的需要，经常设有热导率较大的嵌入构件，如外墙中的钢筋混凝土梁、柱、过梁、圈梁、挑檐板等，在寒冷地区，热量很容易从这些部位传递出去，且围护构件的内表面容易产生凝结水。因此，我们将这些部位称为围护构件中的“冷桥”或“热桥”。为避免或减轻“冷桥”的影响，首先应避免嵌入构件内外贯通，其次应对这些部位采取局部保温措施，如增设保温材料，以切断“冷桥”（图 7-18）。

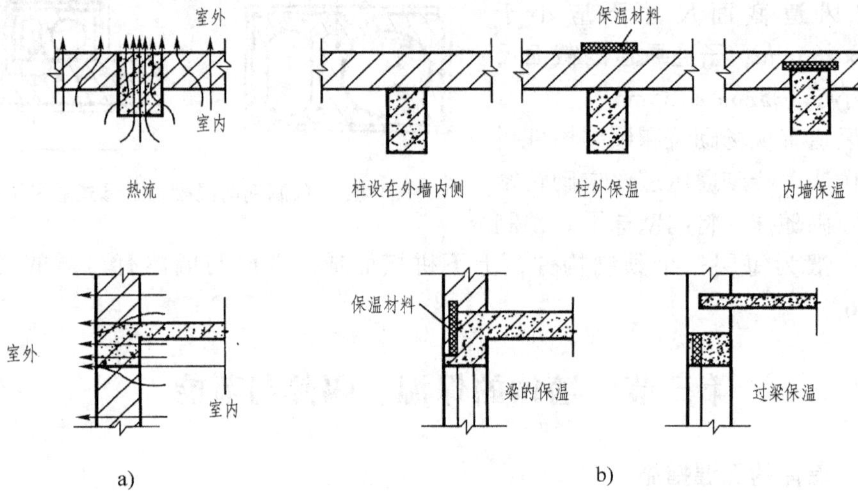

图 7-18　冷桥现象与处理
a）冷桥现象　b）冷桥处理

4. 防潮防水

空气中的水蒸气含量是随温度的变化而变化的，温度愈高，水蒸气含量就愈大。冬季由于门窗紧闭，室内温度高，加上人的呼吸以及烧水、洗衣、拖地等活动，增加了室内空气中的水蒸气含量。这样，在墙体的两侧就产生了温度差及水蒸气压力差，促使水蒸气由室内向室外渗透，若处理不当，就会在墙体的表面或内部产生凝结水，致使室内装修变质损坏，严重时会发生霉变，影响人体健康。构件内部受潮会使保温材料的热导率增大，保温能力大大降低，并因冻融交替作用，严重影响墙体的使用质量和耐久性。

为防止墙体受潮受水，除应采取排水措施外，在靠近水、水蒸气和潮气的一侧应分别设置防水层、隔汽层和防潮层。复合构件一般在受潮的一侧布置密实材料层。

5. 防止冷风渗透

由于风压差（由风造成的室内外压力差）及热压差（由温差造成的室内外压

力差），使空气由高压处通过围护构件流向低压处的现象称为空气的渗透。从通风换气的角度看，空气渗透是好事，但从采暖、保温角度看，冷空气的渗透会增加热损失。因此，应尽量减少围护构件的缝隙，如墙体的灰缝应饱满，或在两侧面做抹灰层（饰面层），改进门窗构造，提高安装质量，对缝隙采取适当的措施。

二、墙体的隔热措施

在南方炎热地区的夏季，为避免或减轻室内过热现象，对墙体应采取如下隔热措施：

1）外墙表面做浅色、光滑的饰面，如浅色粉刷、涂层和面砖，以反射太阳辐射热。

2）设置通风间层，形成通风墙，以空气的流通带走大量的热。

3）采用多排孔混凝土或轻骨料混凝土空心砌块墙，或采用复合墙体。

4）设置带铝箔的封闭空气间层，利用空气间层隔热。当为单面贴铝箔时，铝箔宜贴在温度较高的一侧。

三、墙体的节能措施

为了贯彻国家建筑节能政策，扭转我国严寒地区和寒冷地区居住建筑采暖能耗大，热环境差的状况，目前可根据当地条件推广的节能技术有：

（1）外墙内保温技术　即选用性能价格比好，表面不致产生裂缝的技术构成内保温复合墙，这种墙体已在节能工程中广泛应用。

（2）空心砖墙及其复合墙技术　空心砖墙保温效果优于实心砖墙，且节约制砖能耗。如再与高效保温材料复合，节能效果更佳。

（3）加气混凝土技术　加气混凝土热导率低，宜推广应用于框架填充墙及低层建筑承重墙。在确保砌块耐久性的条件下，也可作为多层建筑外墙。

（4）混凝土轻质砌块墙体技术　利用当地出产的浮石、火山渣及其轻骨料或工业废料生产多排孔轻质砌块，用保温砂浆砌筑，有节能、节地效果。

第四节　隔　墙

隔墙是建筑中不承受任何外来荷载，只起分隔室内空间作用的墙体。构造设计应满足重量轻、厚度薄、隔声、防火、防潮和易拆装等要求。常用的隔墙有块材隔墙、骨架隔墙和板材隔墙三大类。

一、块材隔墙

块材隔墙是指用普通砖、空心砖及各种轻质砌块砌筑的隔墙。常用的有普通砖隔墙和砌块隔墙两种。

1. 半砖隔墙

这种隔墙是用普通砖顺砌而成的，在构造上应保证其稳定性。具体做法是：

隔墙与承重墙之间用不少于2 Φ6 的钢筋拉结，钢筋伸入隔墙长度为1m；当墙高大于3m，长度大于5.1m时，应每隔8～10皮砖砌入一根Φ6的钢筋；隔墙上部与楼板相接处，用立砖斜砌，以防止楼板变形压损墙体。隔墙上有门时，要用预埋铁件或用带有木楔的混凝土预制块将砖墙与门框拉结牢固。

2. 砌块隔墙

砌块隔墙是采用各种空心砌块、加气混凝土块、粉煤灰硅酸盐块等砌筑的隔墙（图7-19）。这种隔墙大都具有重量轻、孔隙率大、保温隔热性能好、节省粘土等优点，但其吸水性强，一般应先在隔墙下部实砌2～3皮实心粘土砖。为保证砌块隔墙的稳定性，也应用钢筋拉结，其构造同半砖隔墙。

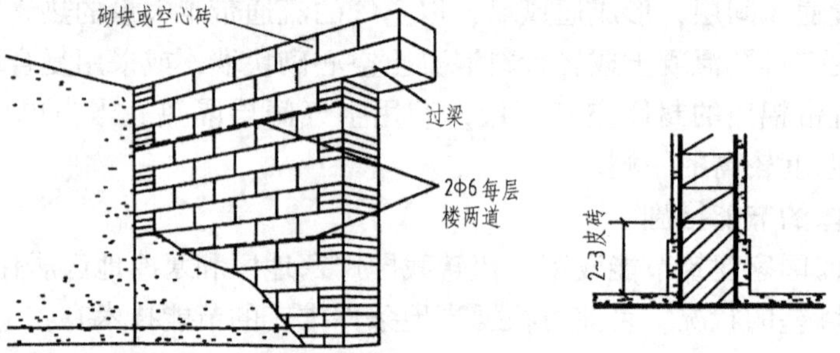

图7-19　砌块隔墙

二、骨架隔墙

骨架隔墙是以木材、钢材或铝合金等构成骨架，把面层粘贴、涂抹、镶嵌、钉在骨架上形成的隔墙，图7-20所示为轻钢龙骨石膏板隔墙。这种隔墙的骨架由上下槛、立筋与横撑组成，面板可用纤维板、胶合板、石膏板等各类轻质人造板材。板材与骨架的连接构造有两种：一是钉（粘）在骨架的一面或两面，用压条盖住板缝；二是将板材镶嵌到骨架中间，四周用压条固定。

三、条板隔墙

条板隔墙是采用工厂生产的制品板材，用粘结材料拼合固定形成的隔墙。常见的条板有加气混凝土条板、石膏条板、碳化石灰板、泰柏板及各种复合板等。条板的厚度大多为60～100mm，宽度为600～1200mm。为便于安装，条板长度略小于房间净高。安装时，板下留20～30mm缝隙，用小木楔顶紧，板下缝隙用细石混凝土堵严。条板安装完毕后，用胶泥刮平板缝后即可做饰面。图7-21所示为碳化石灰条板隔墙构造。

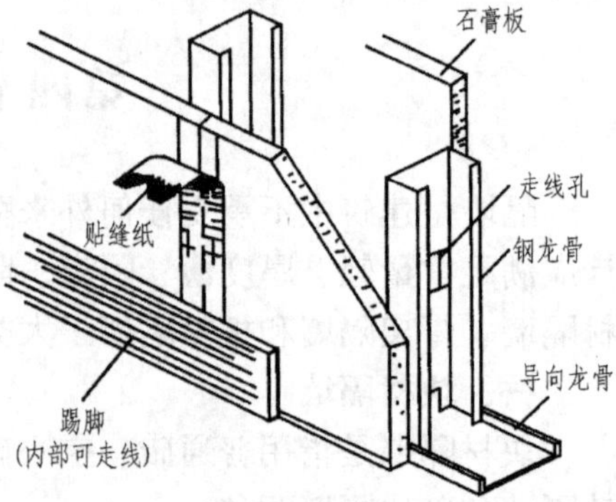

图7-20　轻钢龙骨石膏板隔墙

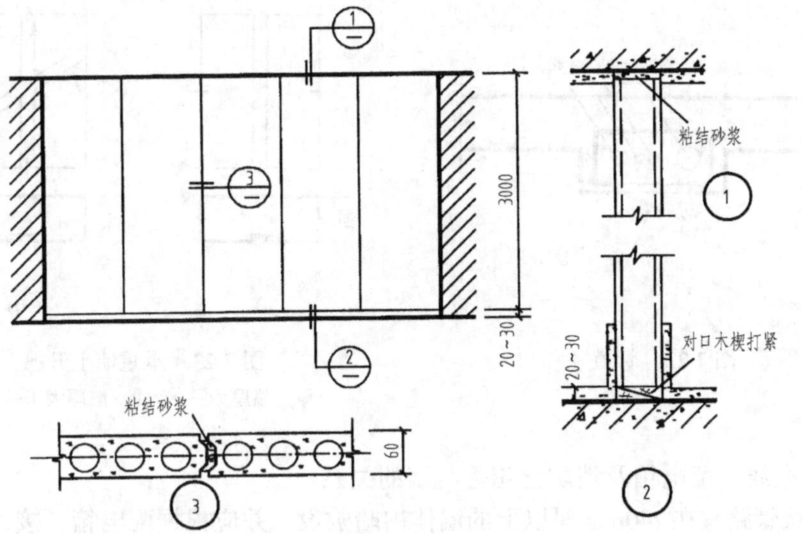

图 7-21　碳化石灰条板隔墙

第五节　管道设备与墙的固定及墙面装修

一、管道与墙的构造处理

1. 管道沿墙设置

当上下垂直管道穿过楼地层、在房间内沿墙设置时，通常有两种安装方式，一种称明装，另一种称暗装。

明装指各种管道暴露在外的安装方式，这种安装方式简单，管道安装与检修较方便，但有碍室内美观，对室内装潢有较高要求的房屋不宜采用。考虑到管道与墙的固定和安装空隙，管壁与墙、柱等表面距离为 25 ~ 35mm。

暗装有两种施工方法，一是专门砌筑管道井，并设置检修门（图 7-22），供日后检修用；二是在墙上开管槽，将管道安装后再抹灰盖住。在墙上开槽会影响墙体的强度，因此在承重墙上开槽的深度和方向有一定要求，如在一砖厚的墙上不宜开凿水平或斜向的管槽（图 7-23a）；在一砖厚以上的墙上，只要结构许可，可开任何方向的管槽（图 7-23b）。在墙上开槽的方式，适用于管线直径较小，或管线不集中、分散的情况。

2. 管道穿过砖墙

不论是给排水管道还是暖通、电气管道，穿墙而过时，必须做好保护和防水措施，否则将使管道产生变形或与墙壁结合处产生渗水现象，影响管道的正常使用。给排水管道及采暖管道穿墙的构造有固定式和套管式，具体做法同管道穿地下室墙壁的构造。

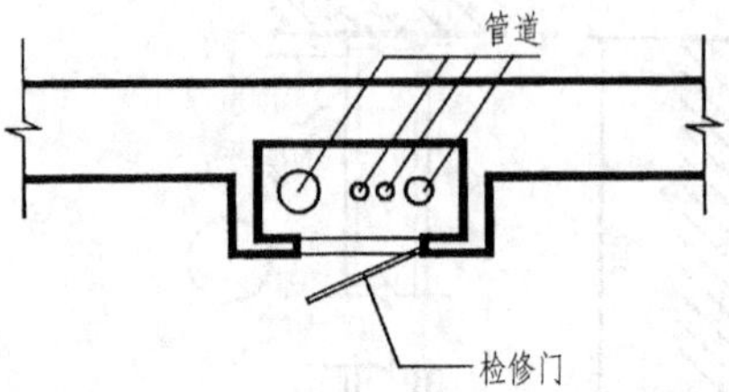

图 7-22　管道井

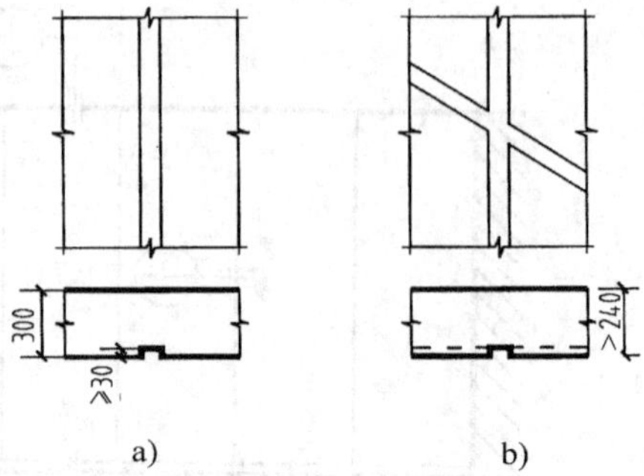

图 7-23　承重墙上开槽
a）墙厚为一砖　b）墙厚大于一砖

3. 电线、配电箱及消防栓箱等与墙的关系

电线管路宜在 240mm 厚以上的墙体内暗敷设，并应根据配电箱、接线盒、插座盒、开关盒或其他用电器具、设备的位置决定布管方位。管路的连接和弯曲半径均应符合要求，不允许暗敷管路有中断、接口错位、管材损伤等现象存在，且电线接头只能位于接线盒内（图 7-24）。配电箱、消防栓箱和各种盒体在墙体上就位时，应将箱口突出墙体 15mm 左右，以使其与抹灰层基本平齐。箱体在墙体内的五个接触面，均应用灰浆填满、填实。当配电箱、消防栓箱箱体宽度超过 500mm 时，应在上方设钢筋混凝土过梁（图 7-25），两端支座长度不小于 180mm。

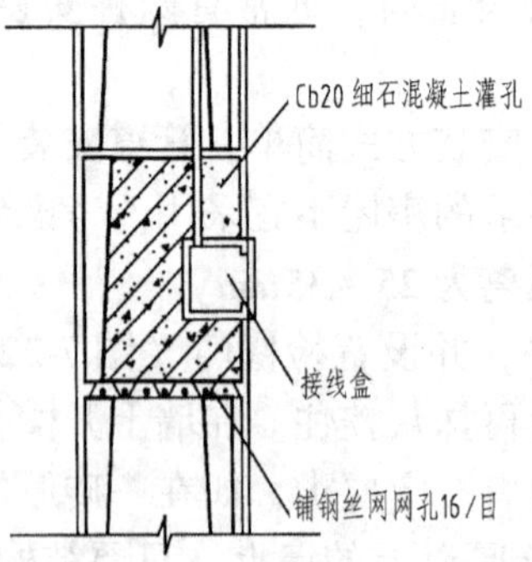

图 7-24　电气管线在墙体中暗设

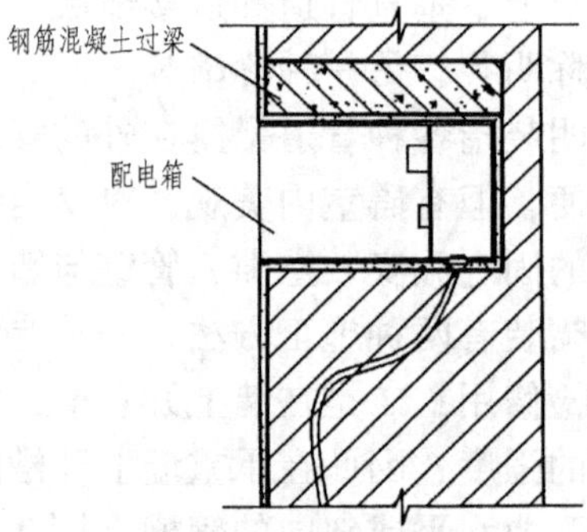

图 7-25　配电箱或消防栓箱在墙体中暗设

二、设备与墙的固定

建筑中较大、较重的建筑配件，如卫生间水箱、脸盆、厨房设备、暖气片等与墙体的连接固定方式，实心砖墙可采用钢制膨胀螺栓、塑料膨胀螺栓等直接固定；混凝土空心砌块墙一般可采用预先在砌体中的固定点灌注混凝土，再钻孔，

装膨胀螺栓，将配件拧紧的方法安装固定。对于一般配件，如镜箱、踢脚板、挂镜线、木墙裙等还可采用射钉钉或胶粘等方法安装固定。

三、墙面装修

在墙体内外表面，为满足功能和环境营造的需要所进行的构造处理称为墙面装修。根据装修部位的不同有外墙面装修和内墙面装修两大类；按材料和施工工艺的不同又分为抹灰类、贴面类、涂料类、裱糊类、镶钉类装修等。

1. 抹灰类装修

抹灰类装修是一种传统的墙面装修，是由水泥、石膏等胶凝材料加入砂或石渣，再与水拌和成砂浆或石渣浆抹到墙面上的操作工艺。墙面抹灰有一定的厚度要求：外墙面一般为20～25mm；内墙面一般为15～20mm。同时为保证抹灰牢固、平整，颜色均匀和面层不开裂、脱落，施工时应分层（一般分为底层、中层和面层）操作，且每层不宜抹得太厚。底层主要起初步找平的作用；中层起进一步找平，并弥补底层裂缝的作用；面层主要起美观装饰作用。

抹灰类墙面按质量和工序要求有三种标准：

普通抹灰（一层底灰，一层面灰）；中级抹灰（一层底灰，一层中灰，一层面灰）；高级抹灰（一层底灰，数层中灰，一层面灰）。

2. 贴面类装修

贴面类装修是将各种天然石材或人造板、块，通过绑、挂或直接粘贴于基层表面的装修做法，具有耐久性好、装饰性强、容易清洗等优点。常用的贴面材料有花岗岩板和大理石板等天然石板；水磨石板、水刷石板、剁斧石板等人造石板；面砖、瓷砖、锦砖等陶瓷和玻璃制品。质地细腻、耐候性差的各种大理石、瓷砖等多用作室内装修，而质感粗犷、耐候性好的材料，如面砖、锦砖、花岗岩板等多用作室外装修。

3. 涂料类装修

涂料类墙面是指利用各种涂料敷于基层表面而形成整体牢固的涂膜层的一种装修做法。具有造价低、装饰性好、工期短、工效高、自重轻以及操作简单、维修方便、更新快等特点，因而在建筑上得到广泛的应用和发展。

涂料的施涂方法一般有刷涂、滚涂、喷涂和弹涂。当施涂面积过大时，可在墙身的分格缝、墙的阴角或落水管等处设分界线。

4. 裱糊类

裱糊类墙面是将各种装饰性的墙纸、墙布等装饰材料裱糊在墙面上的一种装修做法。常用的装饰材料有PVC塑料壁纸、纺织物面墙纸、金属面墙纸、玻璃纤维墙布等。裱糊类墙体饰面装饰性强、造价低、施工方法简捷高效、材料更换方便，并可在曲面和墙面转折处粘贴，能获得连续的饰面效果。

墙纸与墙布的粘贴主要在找平的基层上进行，它要求基层平整、致密，对不平的基层需先用腻子刮平，干后用砂纸磨平。

5. 镶钉类

镶钉类墙面是将各种天然木板或人造薄板镶钉在墙面上的一种装修做法。其构造与骨架隔墙相似，由骨架和面板两部分组成。施工时先在墙面上立骨架（墙筋），然后在骨架上铺钉装饰面板。

以上装修做法中，裱糊类和镶钉类只适用于内墙面装修，而且一般在墙上的管道敷设后进行。

复习思考题

7-1　墙体是如何分类的？各有哪些类别？

7-2　什么是过梁？常见的过梁有哪几种？各适用于什么情况？

7-3　什么是勒脚和散水？试述其构造做法？

7-4　为什么要在墙体中设置圈梁？其构造要求有哪些？

7-5　什么是构造柱？构造柱主要设置在墙体的哪些位置？

7-6　管道穿墙应采用哪些构造措施？

7-7　简述墙面装修的作用和基本类型。

第八章　楼板、地面及顶棚

第一节　楼　　板

楼板是多层及高层建筑中的水平承重构件，它主要承受人、家具等活荷载，并把这些荷载连同自重一起传给下部的墙或柱。楼板的类型有许多种，按材料分为钢筋混凝土楼板、钢衬板楼板、木楼板及砖拱楼板等，其中以钢筋混凝土楼板应用较为普遍，下面主要介绍钢筋混凝土楼板。

钢筋混凝土楼板具有坚固、耐久、刚度大、强度高、防火性和可塑性好等特点，是目前采用最广泛的一种楼板。按施工方法分为现浇钢筋混凝土楼板和预制装配式钢筋混凝土楼板两种。

一、现浇钢筋混凝土楼板

现浇钢筋混凝土楼板是指在现场支模、绑扎钢筋、浇捣混凝土，经养护而成的楼板。这种楼板具有成型自由、整体性和防水性好等优点，缺点是模板用量大、工期长、工人劳动强度大，且受施工季节的影响较大。

现浇钢筋混凝土楼板根据受力和传力情况不同，分为板式楼板、梁板式楼板、无梁楼板和压型钢板组合楼板等。

1. 板式楼板

板内不设梁，板直接搁置在四周墙上的板称为板式楼板。这种楼板具有占建筑空间小，顶棚平整，施工支模简单等优点，适用于平面尺寸较小的房间，如厨房、卫生间、走廊等。板的厚度通常为跨度的 1/40 ~ 1/30，且不小于 60mm。

2. 梁板式楼板

由板、次梁、主梁组成的楼板称为梁板式楼板（又称为肋形楼板）。板支承在次梁上，次梁支承在主梁上，主梁支承在墙或柱上。所有的板、梁都是在支模后，整体浇筑而成（图 8-1）。

梁板式楼板的主梁应沿房间的短跨布置，其经济跨度为 5 ~8m，梁高为跨度的 1/14 ~1/8；次梁应与主梁垂直，其经济跨度为 4 ~6m，梁高（包括板厚）为跨度的 1/18 ~1/12；主、次梁的宽度均为各自梁高的 1/3 ~1/2。板的跨度一般在 3m 以内，以 1.7 ~2.5m 较为经济，板厚一般为 60 ~80mm。主、次梁在墙上或柱上的支承长度应不小于 240mm。

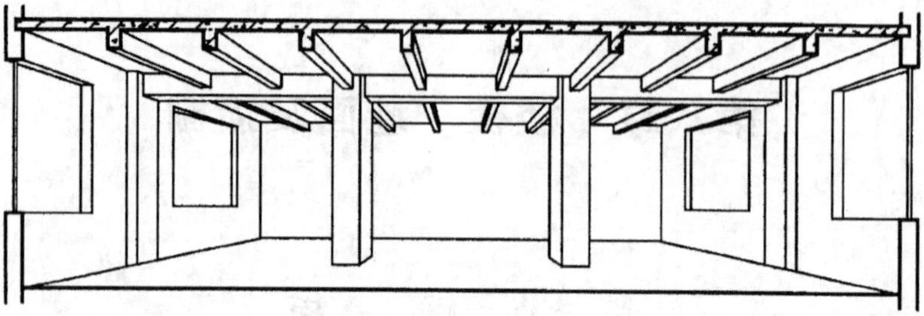

图 8-1　钢筋混凝土梁板式楼板

当房间的形状近似方形，跨度在 10m 左右时，常沿两个方向交叉布置等距离、等截面的梁，形成井式楼板。

3. 无梁楼板

框架结构中直接支承在柱上的不设梁的楼板称为无梁楼板，无梁楼板分为有柱帽和无柱帽两种。当楼面荷载较小时，可采用无柱帽的无梁楼板；当荷载较大时，为提高楼板的承载能力及其刚度，增加柱对板的支托面积并减小板跨，一般在柱顶加设柱帽或托板（图 8-2），即采用有柱帽的无梁楼板。无梁楼板的柱网一般布置成方形或矩形，柱距以 6m 左右较为经济。由于板跨较大，无梁楼板的板厚不宜小于 150mm。

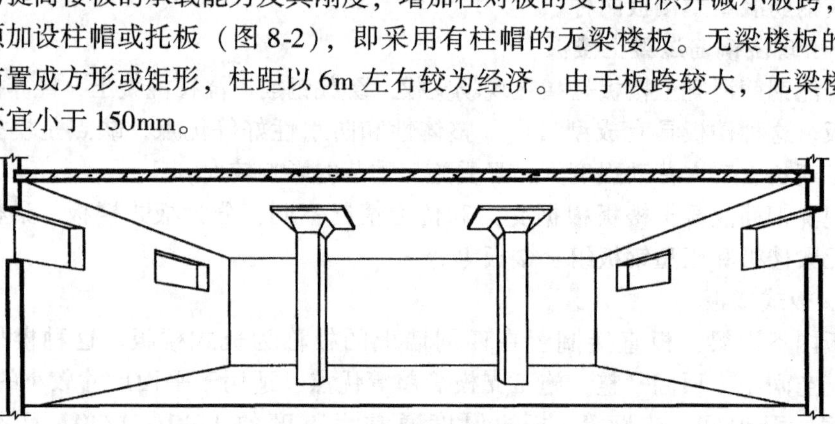

图 8-2　无梁楼板

无梁楼板顶棚平整，室内净空大，采光、通风和卫生条件好，便于工业化（升板法）施工。适用于楼层荷载较大的商场、仓库、展览馆等建筑，在给水工程中的清水池的底板和顶板也常采用无梁楼板的形式。

4. 压形钢板组合楼板

以压形钢板为衬板，与混凝土浇筑在一起，搁置在钢梁上构成的整体式楼板称为压形钢板组合楼板。这种楼板主要由楼面层、组合板（包括现浇混凝土与钢衬板）及钢梁等几部分组成（图 8-3）。压形钢板起到了现浇混凝土的永久性模板和受拉钢筋的双重作用，同时又是施工的台板，简化了施工程序，加快了施工进度。另外，还可利用压形钢板肋间的空间敷设电力管线或通风管道。目前压形钢板组合楼板在大空间建筑和高层建筑中采用较多。

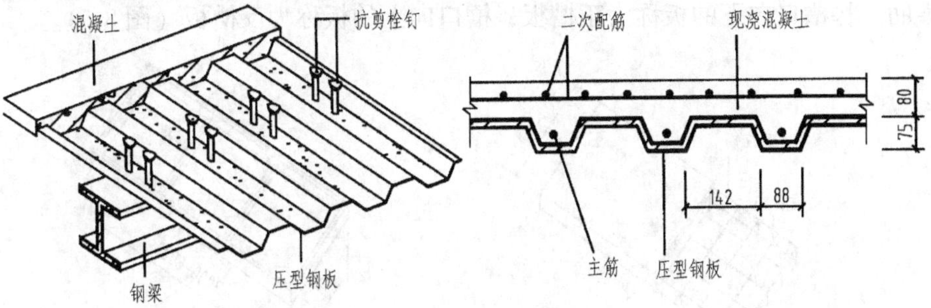

图 8-3　压形钢板组合楼板

二、预制装配式钢筋混凝土楼板

预制装配式钢筋混凝土楼板是指用预制厂生产或现场预制的梁、板构件，经现场安装拼合而成的楼板。这种楼板具有节约模板，减轻工人劳动强度，施工速度快，便于组织工厂化、机械化的生产和施工等优点。但这种楼板的整体性差，并需要一定的起重安装设备。

1. 预制装配式钢筋混凝土楼板的类型

预制装配式钢筋混凝土楼板常用的类型有：实心平板、槽形板、空心板三种。

（1）实心平板　预制实心平板的跨度一般在 2. 5m 以内，板厚为跨度的 1/10 ~1/25，一般为 50 ~100mm，板宽为 600 ~800mm。由于板的跨度小，多用于过道和小房间的楼板，也可用作搁板、沟盖板、阳台栏板等。板的两端支承在墙或梁上（图 8-4)，施工时对起吊机械要求不高。

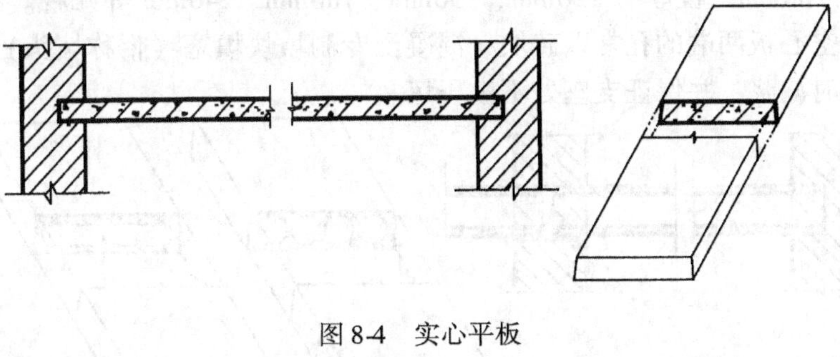

图 8-4　实心平板

（2）槽形板　槽形板是一种梁、板合一的构件，板肋即相当于小梁，作用在板上的荷载由板肋来承担，因而板可以做得很薄，仅有 25 ~30mm，板的经济跨度一般为 3～6m，肋高为 150～300mm，板宽为 500～1200mm。为提高板的刚度和便于搁置，常将板的两端以肋封闭。当板长超过 6m 时，每隔 1000～1500mm 增设一道横肋。将槽口向下的板称为正槽板，槽口向上的板称为反槽板（图 8-5）。

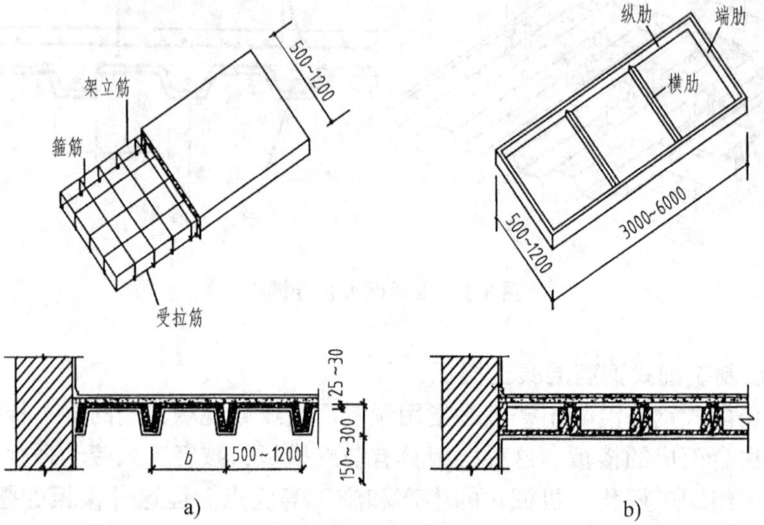

图 8-5　槽形板

a）正槽板　b）反槽板

（3）空心板　空心板是一种板腹抽孔的钢筋混凝土楼板，孔的形状有椭圆孔、圆孔（图 8-6）、倒棱孔等几种，以圆孔空心板制作最为方便，应用最广。空心板也是一种梁、板合一的预制构件，其结构计算理论与槽形板相似，材料消耗也相近，但空心板上下板面平整，且隔声效果好，因此是目前广泛采用的一种预制楼板。空心板的跨度一般在 2.4～7.2m 之间，板宽通常为 500mm、600mm、900mm、1200mm，板厚有 120mm、150mm、180mm、240mm 等几种。在安装和堆放时，空心板两端的孔常以砖块、混凝土专制填块填塞（俗称堵头），以免在板端灌缝时漏浆，并保证支座处不被压坏。

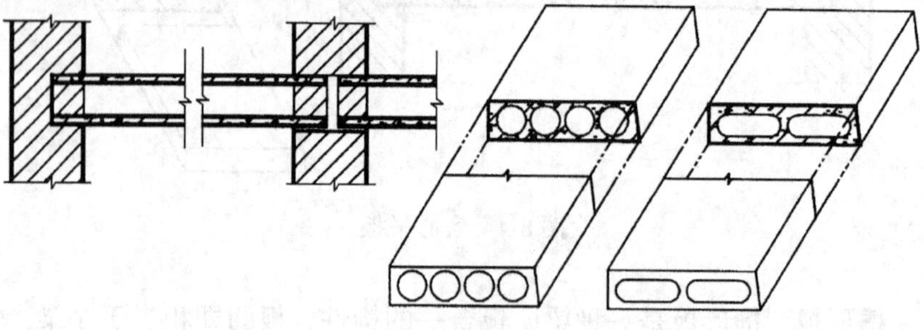

图 8-6　空心板

2. 预制装配式钢筋混凝土楼板的结构布置与搁置要求

（1）板的布置　在进行板的结构布置时，首先应根据房间的开间和进深尺寸确定板的支承方式，再根据现有板的规格进行合理安排，选择一种或几种板进行布置。板的结构布置方式有板式和梁板式两种（图 8-7）。预制板直接搁置在墙上的称为板式结构布置；若先搁梁，再将板搁置在梁上的称为梁板式结构布置。板式结构布置多用于房间的开间和进深尺寸都不大的建筑，如住宅、宿舍等。梁板式结构布置多用于房间的开间和进深尺寸都比较大的建筑，如教学楼等。

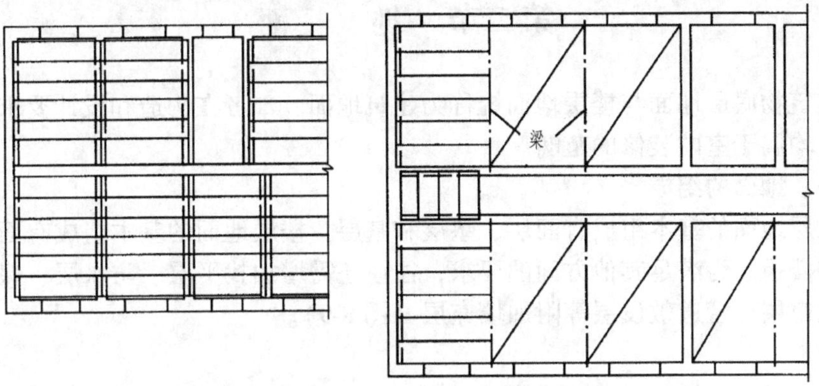

图 8-7　预制楼板的结构布置

a）板式结构布置　b）梁板式结构布置

当采用梁板式结构布置方式时，板在梁上的搁置方式有两种：一种是板直接搁置在矩形或 T 形梁顶上；另一种是将板搁置在花篮梁或十字梁上，使板面与梁顶面相平齐。采用花篮梁和十字梁可在梁高不变的情况下有效地提高室内净空高度，但此时板的长度应缩短一个梁顶的宽度，与轴线尺寸不一致（图 8-8）。

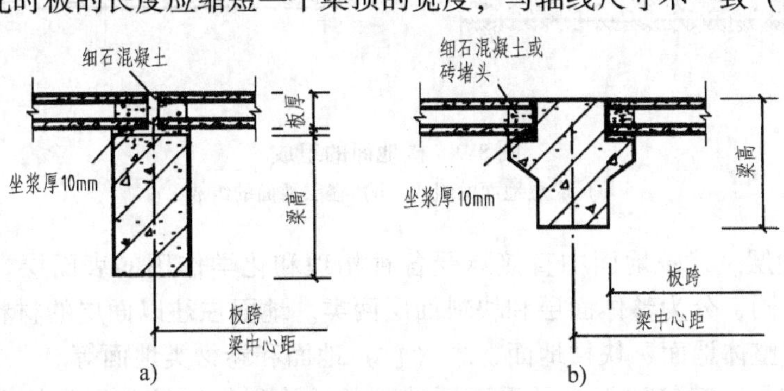

图 8-8　板在梁上的搁置

a）楼板搁在矩形梁顶面　b）楼板搁在花篮梁上

（2）板的搁置要求　为保证楼板本身的整体性，使楼板与墙、梁等构件能共同工作，提高建筑物的刚度，板与板之间，板与墙、梁之间必须有可靠的连接，对地震区这种可靠连接尤为重要。预制板直接搁置在砖墙上或梁上时，均应有足够的支承长度。当圈梁未设在板的同一标高时，板端伸进外墙的长度不应小于120mm，伸进内墙的长度不应小于100mm，支承于钢筋混凝土梁上时不应小于80mm。其支承面上应采用10～20mm厚且不低于M5的水泥砂浆找平（俗称坐浆）。

第二节　地　　面

建筑物底层地面与楼层地面统称为建筑地面。二者在构造和设计要求上基本相同，均属于室内装修的范畴。

一、地面的组成

底层地面的基本组成有面层、垫层和基层；楼层地面的基本组成有面层、结合层和楼板。为满足其他方面的要求，往往还需增加找平层、防水层、保温隔热层、隔声层、管道敷设层等附加填充层（图8-9）。

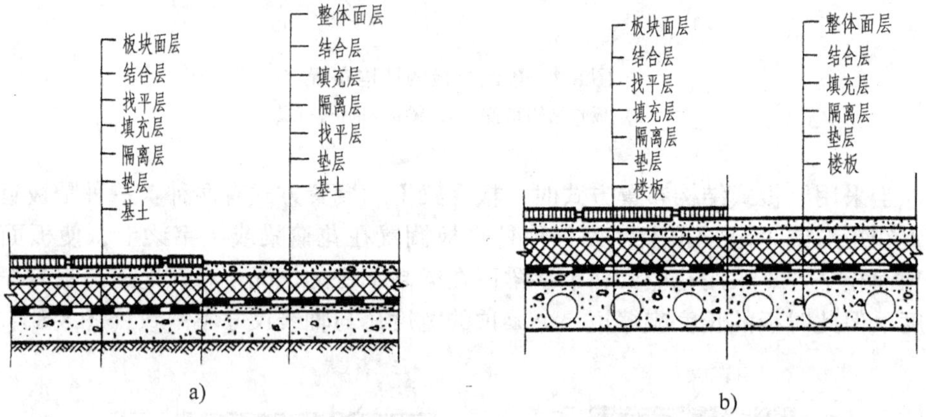

图8-9　楼地面的组成

a）底层地面的组成　b）楼层地面的组成

（1）面层　建筑地面中直接承受各种物理和化学作用的表面层。按材料和施工工艺不同，分为整体面层和块料面层两类。地面往往以面层的材料和施工工艺命名，有整体地面、块材地面、木（竹）地面和卷材类地面等。

（2）垫层　建筑地面中承受面层的荷载并均匀传递给基层的构造层，分为刚性垫层和柔性垫层两类。刚性垫层有足够的整体刚度，受力后变形很小。常用的有低强度等级的素混凝土、碎砖三合土。柔性垫层整体刚度很小，受力后易产生塑性变形，常用的有砂、碎石、炉渣等。

(3) 基层　建筑地面中最终承受楼、地面荷载的结构层。楼层地面的基层为楼板；底层地面的基层为夯实的土层，若土层较差时，可掺碎砖、石子并夯实。

(4) 结合层　面层与下一构造层相连接中间层。

(5) 附加填充层　在建筑地面上起隔声、保温、找坡和暗敷管线等作用的构造层。

二、常用地面的构造

地面的名称是以面层的材料来命名的，根据面层的材料和施工工艺不同将地面分为现浇整体类地面、块材镶铺类地面、卷材类地面及木地面等，常见地面的构造可见表8-1。

表8-1　常用地面构造举例

类别	名称	简　图	构造做法 地　面	 楼　面
现浇整体类地面	水泥砂浆地面	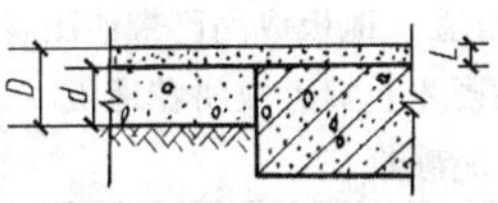	20mm厚1∶2.5水泥砂浆 水泥砂浆一道（内掺建筑胶）	
	细石混凝土地面	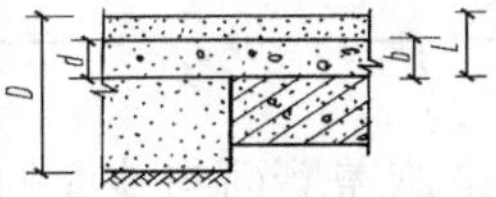	40mm厚C20细石混凝土地面 刷水泥砂浆一道（内掺建筑胶）	
			60mm厚C15混凝土垫层 150mm厚粒径5～32mm卵石灌M2.5混合，砂浆振捣密实或3∶7灰土 素土夯实	60mm厚1∶6水泥焦渣填充层 现浇钢筋混凝土楼板或预制楼板上现浇叠合层
块材镶铺类地面	地面砖地面	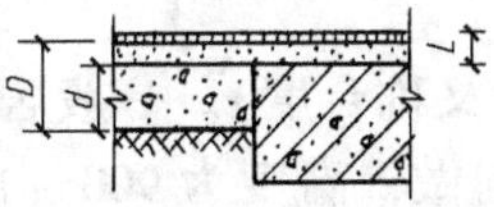	8～10mm厚地面砖，干水泥擦缝 20mm厚1∶3干硬性水泥砂浆结合层，表面撒水泥粉 水泥砂浆一道（内掺建筑胶）	
			60mm厚C15混凝土垫层 素土夯实	现浇钢筋混凝土楼板或预制楼板上现浇叠合层
	石材板地面	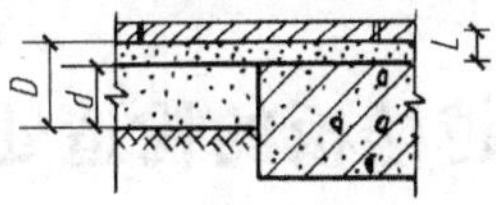	20mm厚板材干水泥擦缝 20mm厚1∶3干硬性水泥砂浆结合层，表面撒水泥粉 刷水泥砂浆一道（内掺建筑胶）	
			60mm厚C15混凝土垫层 素土夯实	现浇钢筋混凝土楼板或预制楼板上之现浇叠合层
卷材类地面	彩色石英塑料板地面	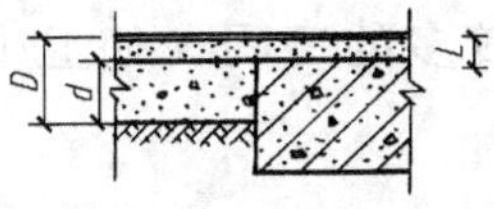	1.6～3.2mm厚彩色石英塑料板，用专用胶粘剂粘贴 20mm厚1∶2.5水泥砂浆压实抹光 水泥砂浆一道（内掺建筑胶）	
			60mm厚C15混凝土垫层 0.2mm厚浮铺塑料薄膜一层 素土夯实	现浇钢筋混凝土楼板或预制楼板上现浇叠合层

（续）

类别	名称	简　图	构造做法	
			地　面	楼　面
卷材类地面	地毯地面	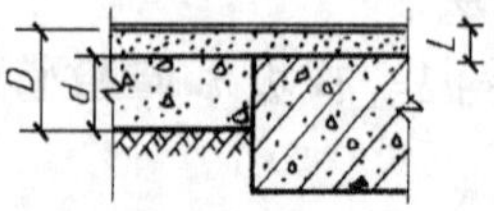	5~10mm 厚地毯 20 厚 mm1:2.5 水泥砂浆压实抹光 水泥砂浆一道（内掺建筑胶）	
			60mm 厚 C15 混凝土垫层 0.2mm 厚浮铺塑料薄膜一层 素土夯实	现浇钢筋混凝土楼板或预制楼板上现浇叠合层
木地面	实铺木地面	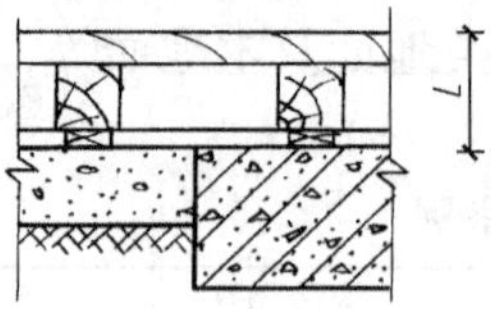	地板漆两道 100mm×25mm 长条松木地板（背面满刷氟化钠防腐剂） 50mm×50mm 木龙骨@400mm 架空 20mm，表面刷防腐剂	
			60mm 厚 C15 混凝土垫层 素土夯实	现浇钢筋混凝土楼板或预制楼板上现浇叠合层
	铺贴木地板	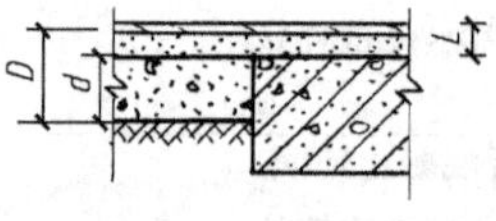	打腻子，涂清漆两道（地板成品已带油漆者无此工序） 10~14mm 厚粘贴硬木企口席纹拼花地板 20mm 厚 1:2.5 水泥砂浆	
			60mm 厚 C15 混凝土垫层 0.2mm 厚浮铺塑料薄膜一层	现浇钢筋混凝土楼板或预制楼板上现浇叠合层

三、踢脚和墙裙

地面与墙面交接处通常设踢脚。其主要作用是遮盖墙面与地面的接缝，并保护墙面，防止外界的碰撞损坏墙面和清洗地面时对墙面的污染。在构造上通常按地面的延伸部分来处理，高度一般为 100~150mm。常用的踢脚有水泥砂浆踢脚、水磨石踢脚、釉面砖踢脚、木板踢脚等。

在墙体的内墙面所做的保护处理称为墙裙（又称台度）。一般居室内的墙裙主要起装饰作用，常用木板、大理石板等板材制做，高度为 900~1200mm。卫生间、厨房的墙裙，主要是为了防水和便于清洗，多采用水泥砂浆抹面或釉面瓷砖贴面，高度为 900~2000mm。

第三节　楼地面防水及管道穿越楼板的构造处理

一、楼地面防水

对于用水频繁、水管较多、室内积水机会较多的房间（如卫生间、厨房、实验室等）应做好楼地面的排水和防水。

1. 楼地面排水

为便于排水，地面应设地漏，并用细石混凝土从四周向地漏找 1%~1.5%

的坡度。为防止积水外溢，有水房间的地面应比其他房间或走道低 20 ~ 30mm，或在门口设 20 ~ 30mm 高的门槛。

2. 楼地面的防水

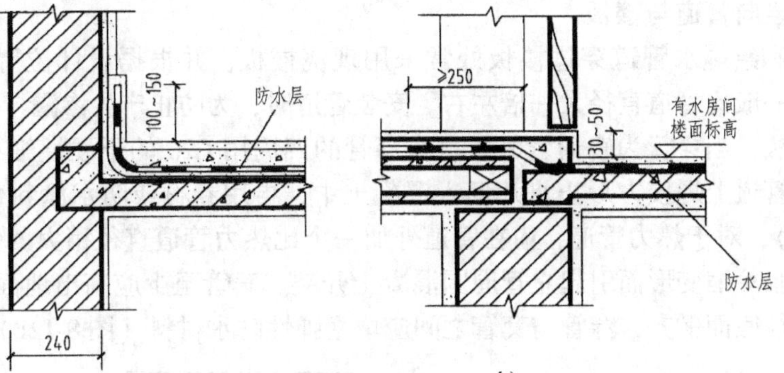

a)　　b)

图 8-10　楼地面防水构造

a）防水层四周向上卷起　b）防水层向门外延伸

对积水机会较多的房间，楼板应采用现浇钢筋混凝土楼板。为确保防水质量，还可在楼板结构层与面层之间设置一道防水层，常见的防水材料有防水卷材、防水砂浆和防水涂料等。有水房间的地面面层应采用密实性好、不透水的整体或块料面层，如水泥砂浆地面、水磨石地面、马赛克地面和缸砖地面等。为防止水沿房间四周侵入墙身，应将防水层沿房间四周墙边向上延伸至踢脚内 100 ~ 150mm。门口处，防水层应向外延伸 250mm 以上（图 8-10）。

二、水平管道与楼板

管道水平布置在楼板面上时，可在楼板层上加设附加层，管道埋设在附加层内。如分户热水地板辐射采暖系统，就是把供回水管，每户为一回路敷设在地面面层与结构层之间（图 8-11）。当管道布置在楼板底面下时，应贴近板底或梁底，以节省空间，增加室内

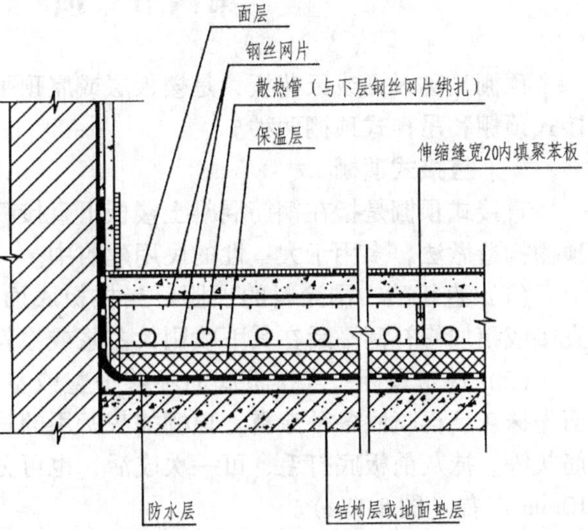

图 8-11　热水地板采暖地面构造

净空高度。有吊顶的房间，可将管道架设在顶棚与楼板层之间。管道尽量不要穿梁而过，一定需要穿梁时，管径不能过大，并且穿梁的位置以靠近梁断面的中和轴为宜，即避开梁内钢筋和受压区混凝土。

三、竖向管道与楼板

采暖和给排水管道穿过楼板处常采用现浇楼板，并根据设计位置预留孔洞，孔洞尺寸一般比管道直径大一倍左右。安装管道时，为防止产生渗漏，一般采用两种处理方法：当穿管为普通管时，可在穿管的四周用 C20 的干硬性细石混凝土振捣密实，管道上焊接方形止水片埋入混凝土中，再用卷材或防水涂料作密封处理（图 8-12a）；对于热力管道，应在管道外加一个比热力管道直径稍大的钢套管，以防止因热胀冷缩变形而引起立管周围混凝土开裂。套管至少应高出地面 30mm，下端可与楼板底面平齐，穿管与套管之间应填塞弹性防水材料（图 8-12b）。

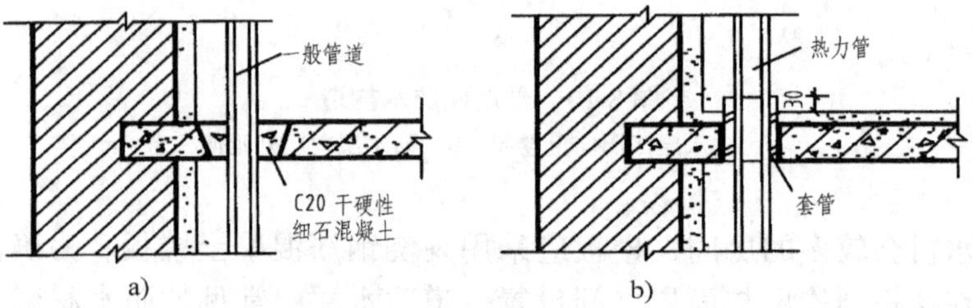

图 8-12　管道穿楼板的构造

a）普通管道穿楼板的处理　b）热力管道穿楼板的处理

第四节　顶　　棚

顶棚又称天棚或天花板，是楼板层或屋顶下面的装修层。按其构造方式有直接式顶棚和吊挂式顶棚两种。

一、直接式顶棚

直接式顶棚是指在钢筋混凝土楼板下直接喷刷涂料、抹灰或粘贴饰面材料的顶棚构造做法，多用于大量性的民用建筑中。

（1）直接喷、刷涂料的顶棚　当楼板底面平整、室内装修要求不高时，可直接或稍加修补刮平后在其下喷刷大白浆或涂料等。

（2）抹灰顶棚　当楼板底面不够平整或室内装修要求较高时，可在楼板底面先抹灰后再喷刷各种涂料。顶棚抹灰所用的材料可为水泥砂浆、混合砂浆、纸筋灰等。抹灰前板底打毛，可一次成活，也可分几次抹成，抹灰厚度一般控制在 10mm 左右（图 8-13a）。

（3）贴面顶棚　对一些装修要求较高或有保温、隔热、吸音等要求的房间，可在板底粘贴壁纸、壁布及装饰吸声板材，如石膏板、矿棉板等（图 8-13b）。

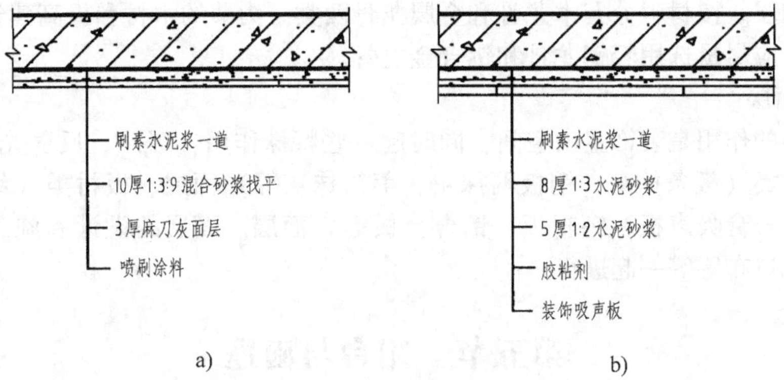

图 8-13 直接式顶棚构造

a）抹灰顶棚 b）贴面顶棚

二、吊挂式顶棚

吊挂式顶棚简称吊顶，是指顶棚的装修表面与屋面板或楼板之间留有一定距离，这段距离形成的空腔，可以将设备管线和结构隐藏起来，也可使顶棚在这段空间高度上形成变化，产生一定的立体感，增强装饰效果。吊顶一般由吊筋、龙骨和面层三部分组成（图 8-14）。

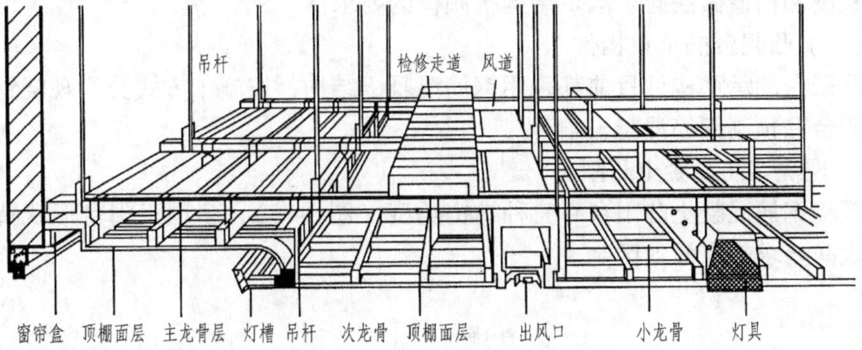

图 8-14 上人吊挂式顶棚构造

1. 吊筋

吊筋是连接骨架（吊顶基层）与承重结构层（屋面板、楼板、大梁等）的承重传力构件。其形式和材料的选择与吊顶的自重及骨架的形式和材料有关，常用Φ6～Φ8 钢筋、8 号铅丝或 $\phi8$ 螺栓。吊筋与钢筋混凝土楼板的固定方法有：预埋件锚固、预埋筋锚固、膨胀螺栓锚固和射钉锚固。

2. 龙骨

龙骨主要由主、次龙骨组成，其作用是承受顶棚荷载并由吊筋传递给屋顶或楼板结构层。按材料分有木龙骨和金属龙骨两类。为节约木材和提高建筑物的耐火等级，应尽量选用轻钢龙骨和铝合金龙骨。

3. 面层

面层的作用是装饰室内空间，同时起一些特殊作用（吸声、反射光等）。一般有抹灰类（板条抹灰、钢板网抹灰、苇箔抹灰等）面层、板材类（纸面石膏板、穿孔石膏吸声板、钙塑板、铝合金板等）面层。面层的设计和施工要结合灯具、风口布置等一起进行。

第五节　阳台与雨篷

一、阳台

阳台是多层及高层建筑中供人们室外活动的平台，有生活阳台和服务阳台之分。生活阳台设在阳面或主立面，主要供人们休息、活动、晾晒衣物；服务阳台多与厨房相连，主要供人们从事家庭服务操作与存放杂物。阳台的设置大大改善了楼房的居住条件，同时又可以点缀和装饰建筑立面。

阳台按其与外墙的相对位置分，有凸阳台、凹阳台和半凸半凹阳台。凹阳台实为楼板层的一部分，构造与楼板层相同，而凸阳台的受力构件为悬挑构件，其挑出长度和构造做法必须满足结构抗倾覆的要求。

（一）凸阳台的承重构件

凸阳台的承重构件目前都采用钢筋混凝土结构，按施工方式分为现浇钢筋混凝土阳台和预制钢筋混凝土阳台。

1. 现浇钢筋混凝土凸阳台

现浇钢筋混凝土凸阳台有三种结构类型（图 8-15），多用于阳台形状特殊及抗震设防要求较高的地区。

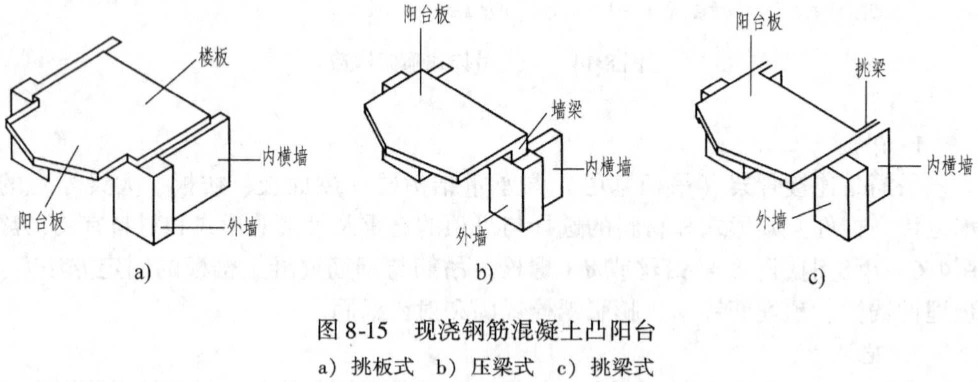

图 8-15　现浇钢筋混凝土凸阳台

a）挑板式　b）压梁式　c）挑梁式

2. 预制钢筋混凝土凸阳台

预制钢筋混凝土凸阳台有四种结构类型（图 8-16）。其施工速度快，但抗震性能较差，常用于抗震设防要求不高的地区。

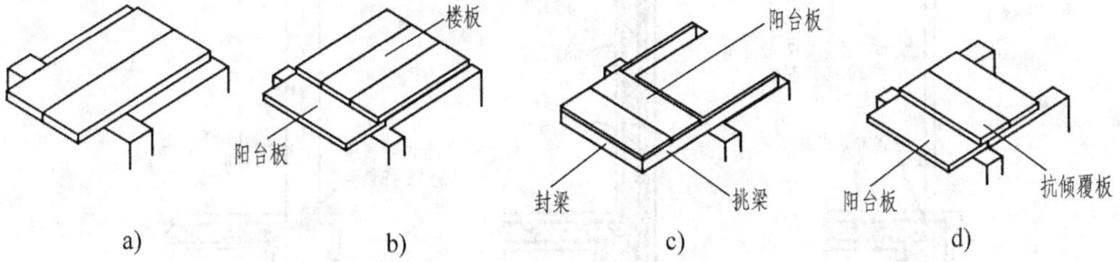

图 8-16　预制钢筋混凝土凸阳台

a）由楼板延伸挑出　b）楼板一端压在阳台板上　c）承重墙挑梁支撑阳台板　d）抗倾覆板压在阳台板上

（二）阳台的构造

1. 栏杆（栏板）与扶手

栏杆（栏板）是为保证人们在阳台上活动安全而设置的竖向构件，要求坚固可靠，舒适美观。其净高应高于人体的重心，不宜小于 1. 05m，也不应超过 1. 2m。中高层、高层及寒冷、严寒地区住宅的阳台宜采用实体栏板。

栏杆一般由金属杆或混凝土杆制作，其垂直杆件间净距不应大于 110mm。它上部应与扶手、下部应与阳台板连接牢固。金属栏杆一般由圆钢、方钢、扁钢和钢管组成，它与阳台板的连接有两种方法：一是直接插入阳台板的预留孔内，用砂浆灌注（图 8-17a）；二是与阳台板中预埋的通长扁钢焊牢。扶手与金属栏杆的连接，根据扶手材料的不同有焊接、螺钉联接等。预制钢筋混凝土栏杆可直接插入扶手和面梁上的预留孔中，也可通过预埋件焊接固定。

阳台栏板有钢筋混凝土栏板和玻璃栏板等。钢筋混凝土栏板可与阳台板一起现浇，也可预制成（300～600）mm×1100mm 的预制板，借预埋铁件相互焊牢，并与阳台板或面梁的预埋件焊牢（图 8-17b、c）。玻璃栏板具有一定的通透性和装饰性，已逐渐用于住宅建筑的阳台。

2. 阳台排水

为排除阳台上的雨水和积水，阳台构造必须考虑排水措施。阳台排水有外排水和内排水两种。阳台外排水适用于低层和多层建筑，具体做法是在阳台一侧或两侧设排水口，阳台地面向排水口做 1%～2% 的坡度，排水口内埋设 ϕ40mm～ϕ50mm 镀锌钢管或塑料管（称水舌），外挑长度不少于 80mm，以防雨水溅到下层阳台（图 8-18a）。内排水适用于高层建筑和高标准建筑，具体做法是在阳台内设置排水立管和地漏，将雨水直接排入地下管网，保证建筑立面美观（图 8-18b）。

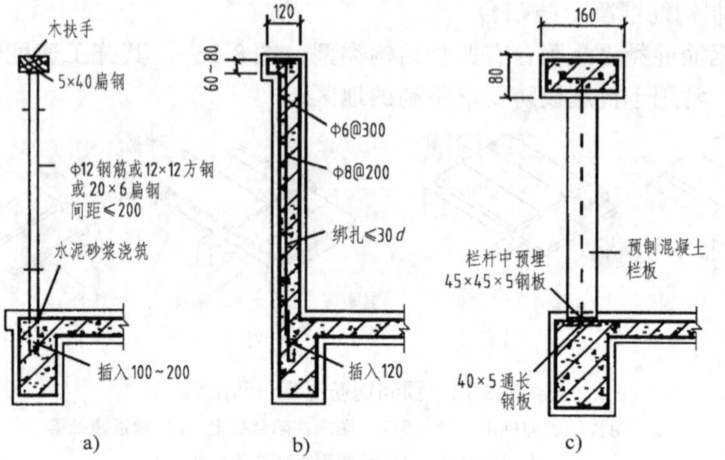

图8-17　阳台栏杆与栏板的构造

a）金属栏杆　b）现浇钢筋混凝土栏板　c）预制钢筋混凝土栏板

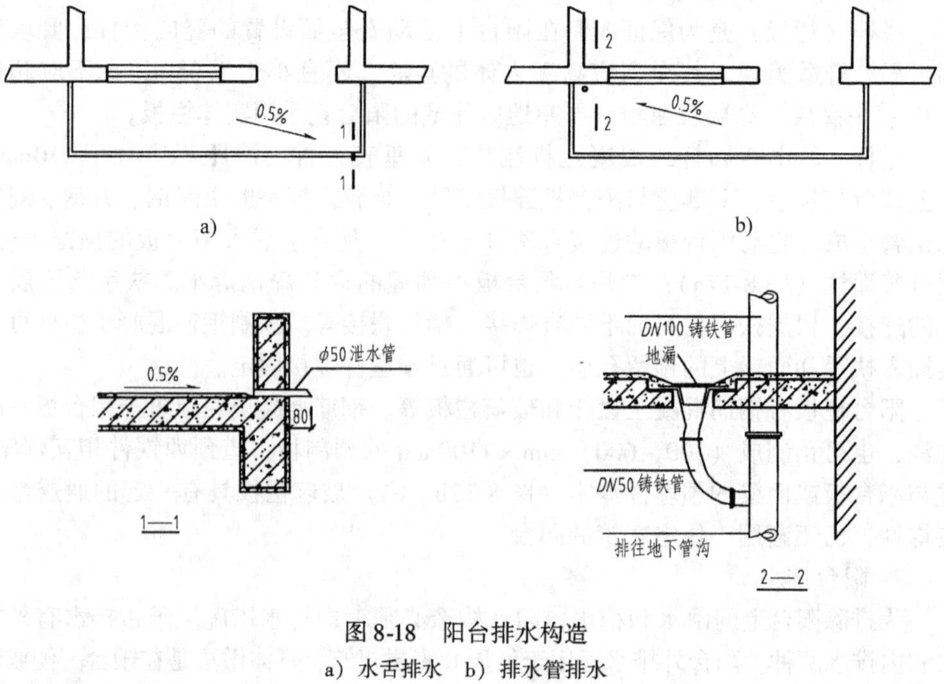

图8-18　阳台排水构造

a）水舌排水　b）排水管排水

二、雨篷

雨篷是建筑入口处和顶层阳台上部用来遮挡雨雪、保护外门免受雨淋的构件。较大的雨篷由梁、板、柱组成，其构造与楼板相同。较小的雨篷与凸阳台一样做成悬臂构件，一般由雨篷梁和雨篷板组成（图 8-19）。雨篷梁可兼做门过梁，高度一般不小于 300mm，宽度同墙厚。雨篷板的悬挑长度一般为 900 ~ 1500mm，宽出门洞 500mm 以上，可做成变截面的板，但板根部厚度应不小于洞口跨度的 1/8，且不小于 100mm，端部不小于 50mm。雨篷在构造上要解决好两个问题：一是抗倾覆，保证使用安全；二是立面美观和排水。通常将雨篷与门上过梁（或圈梁）浇在一起，并在板边砌砖或现浇混凝土形成向上的翻口，并留出排水孔（图 8-19b）。雨篷顶面应做防水砂浆抹面，并向排水口做出 1% 的坡度。为防止雨水沿墙边渗透，防水砂浆抹面应顺墙上翻至少 250mm，形成泛水。

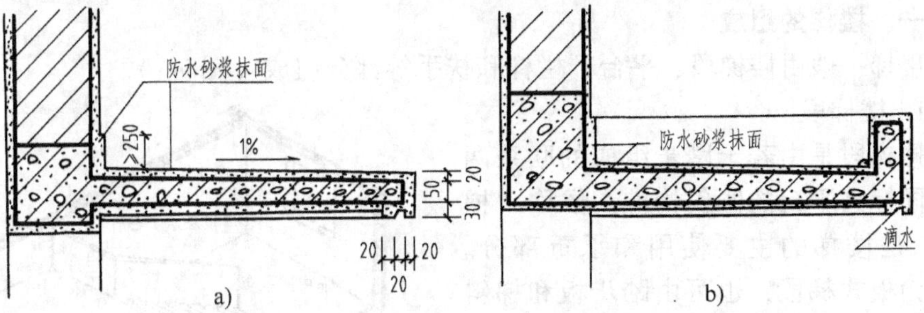

图 8-19　悬板式雨篷构造

a）变截面雨篷　b）雨篷板端加高

复习思考题

8-1　楼板层由哪几部分组成？楼板起什么作用？对楼板有哪些要求？

8-2　简述现浇楼板的种类及特点。

8-3　为什么要规定梁、板在墙上的最小支承长度？具体有何规定？

8-4　简述预制楼板的种类及特点。

8-5　预制楼板有哪些布置方式？适用范围如何？

8-6　地面由哪些部分组成？各层有什么作用？绘出本地区常见的四种以上的地面构造图。

8-7　阳台起什么作用？凸阳台有哪几种结构形式？

8-8　顶棚有哪些类型？简述两类顶棚的构造做法。

第九章　楼　　梯

第一节　楼梯的组成、类型及设计尺度

一、楼梯的组成

楼梯一般由楼梯段、平台、栏杆和扶手等部分组成（图 9-1）。

1. 楼梯段

楼梯段是由若干踏步组成的联系两个不同标高平台的倾斜构件，俗称"梯跑"，是楼梯的主要使用和承重部分。通常为板式梯段，也可由踏步板和梯斜梁组成梁板式梯段。考虑人的耐疲劳程度和行走习惯，梯段的踏步级数一般不宜超过 18 级，也不宜少于 3 级。

2. 楼梯平台

楼梯平台是指连接两梯段之间的水平部分，有中间平台和楼层平台之分。两楼层之间的平台称为中间平台或休息平台，供楼梯转折和使用者攀登一定距离后稍事休息。与楼层标高相一致的平台称为楼层平台，主要起与楼层连接并分配从楼梯到达各层人流的作用。

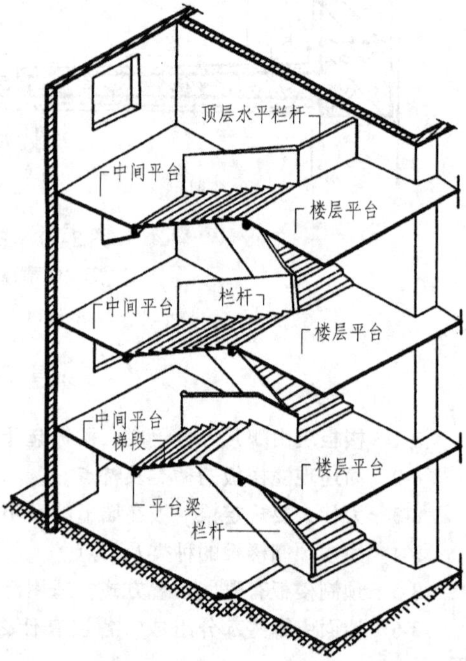

图 9-1　楼梯的组成

3. 栏杆扶手

栏杆是布置在梯段和平台边缘处起安全保护作用的构件。栏杆或栏板顶部供人们倚扶的连续构件为扶手。当梯段宽度不大时，可只在梯段临空面设扶手；当梯段宽度较大时，非临空面也应设靠墙扶手；当梯段宽度很大时，则需在梯段中间加设中间扶手。

二、楼梯的类型

楼梯按使用的结构材料分为木楼梯、钢筋混凝土楼梯和钢楼梯等；按位置分为室内楼梯和室外楼梯；按使用性质分为主要楼梯、辅助楼梯、疏散楼梯和消防楼梯等；按楼梯段的空间形式、数量和布置方式分为以下几种：

（1）直行单跑楼梯（图 9-2a） 楼梯只有一个梯段，中间不设休息平台，因此踏步数不宜过多，一般不超过 18 级，不适用于层高较大的建筑。

（2）直行多跑楼梯（图 9-2b） 直行多跑楼梯是在直行单跑楼梯的基础上增设了中间平台，将单跑梯段变为多跑梯段。直行多跑楼梯导向性强、庄重、气派，多用于公共建筑中人流量较大的大厅或气氛庄重的会堂和纪念性建筑中。

（3）平行双跑楼梯（图 9-2c） 平行双跑楼梯上完一层楼刚好回到原起步方位，与楼梯上升的空间回转往复，比直跑楼梯节省面积，并缩短人流行走距离，是常用的楼梯形式之一。

（4）平行双分、平行双合楼梯（图 9-2d、e） 此种楼梯形式是在平行双跑楼梯的基础上演变而成。其楼梯的第一跑在中部（或两边）上行，然后自中间平台处往两边（或中部）以第一跑的 1/2 梯段宽，各上一跑到上一楼层，多用于人流量大，楼梯间宽度较大的情况，如办公类建筑的主要楼梯。

（5）折行多跑楼梯 有折行双跑楼梯（图 9-2f）和折行三跑楼梯（图 9-2g、h）两类。折行双跑楼梯的第一跑和第二跑之间成 90°或其他角度。适宜于布置在靠房间一侧的转角处，多用于仅上一层楼面的影剧院等建筑。折行三跑楼梯常用于层高较大的公共建筑。折行多跑楼梯中部形成较大楼梯井，不安全，不宜用于供少儿使用的建筑，但在设有电梯的建筑中，可利用梯井布置电梯井。

（6）交叉跑楼梯（图 9-2i） 交叉跑楼梯可认为是由两个直行单跑楼梯交叉并列布置而成，其通行的人流量较大，且为上下层的人流提供了两个方向，对于空间开敞，楼层人流多方向进入有利，但仅适合层高小的建筑。

（7）剪刀式楼梯（图 9-2j） 剪刀式楼梯相当于两个平行双跑楼梯对接，中间的大平台为人流变换行进方向提供了条件，适用于层高较大且有人流多向性选择要求的建筑，如商场、多层食堂等。

（8）螺旋楼梯（图 9-2k） 楼梯的踏步围绕一根中央立柱布置（或无中柱），占空间小，其平台和踏步均为扇形平面，内窄外宽，行走不安全，不能作为主要人流交通和疏散的楼梯，但由于螺旋楼梯造型优美、活泼，常用于供观赏的楼、台、亭、阁等公共场所以及室内。

（9）弧形楼梯（图 9-2l） 楼梯的梯段为圆弧形，造型优美、自由，可丰富室内（或室外）空间艺术效果。但结构受力复杂，材料用量较多，施工亦繁，故一般用于美观要求较高的公共建筑中。

楼梯形式的选择取决于其所处的位置、楼梯间的平面形状与大小、楼层的高低与层数、人流的多少与缓急等，设计时需综合考虑这些因素。

三、楼梯的设计尺度

1. 楼梯段的尺度

楼梯段的尺度包括楼梯段的宽度和楼梯段的长度。楼梯段的宽度根据通行人

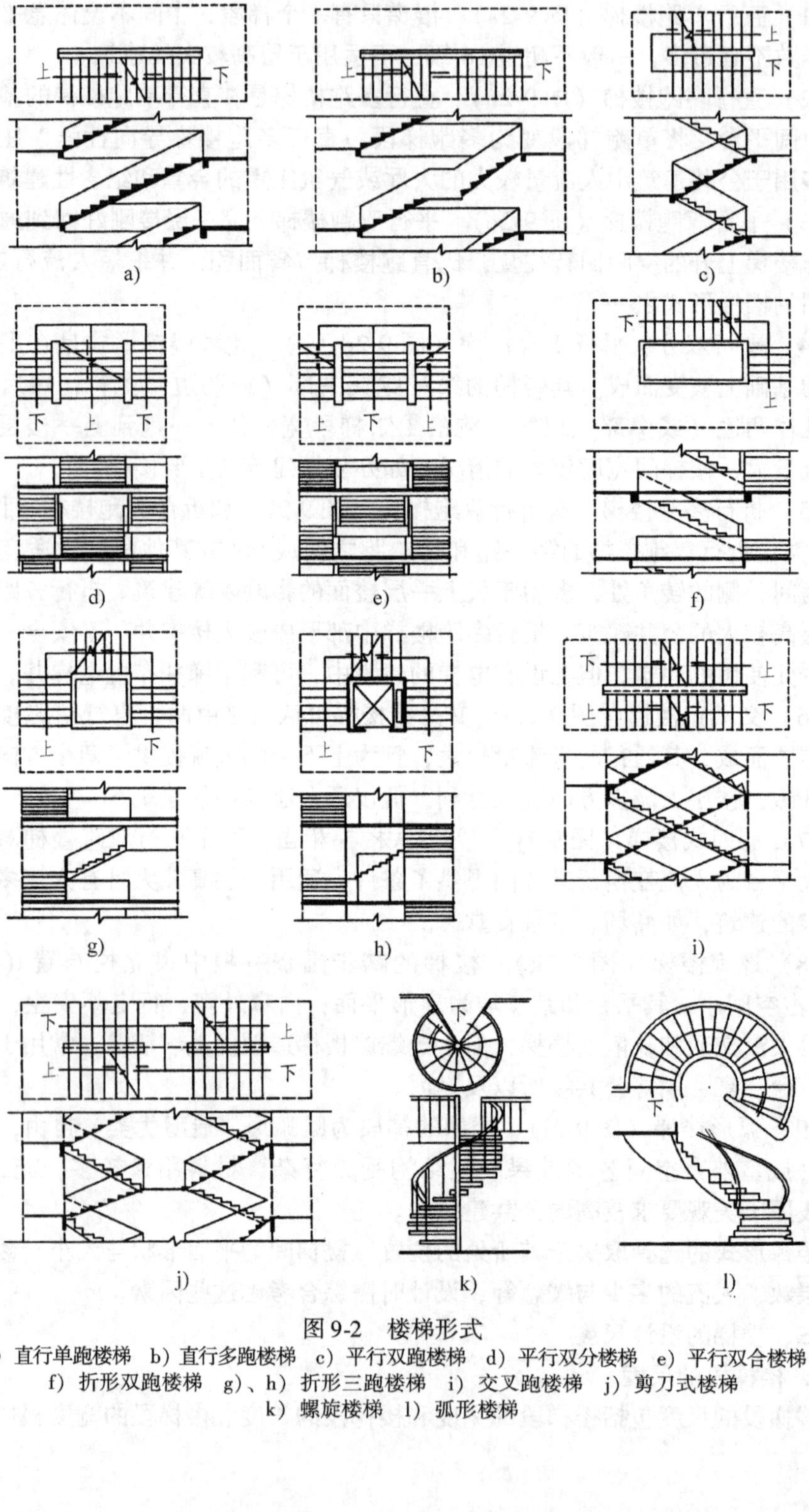

图 9-2　楼梯形式

a）直行单跑楼梯　b）直行多跑楼梯　c）平行双跑楼梯　d）平行双分楼梯　e）平行双合楼梯
f）折形双跑楼梯　g）、h）折形三跑楼梯　i）交叉跑楼梯　j）剪刀式楼梯
k）螺旋楼梯　l）弧形楼梯

数的多少（设计人流股数）和建筑的防火及疏散要求确定。通常情况下，作为主要通行用的楼梯，其梯段的宽度应至少满足两股人流相对通行的需要。每股人流宽度按 550mm＋(0～150)mm 计算，其中 0～150mm 为人流在行进中的摆幅，人流较多的公共建筑取上限。非主要通行楼梯，应满足单人携带物品通过的需要，梯段的净宽一般不应小于 900mm。楼梯梯段宽度见表 9-1。

表 9-1　楼梯梯段宽度

类　别	梯段宽度/mm	备　注
单人通过	>900	满足单人携物通过
双人通过	1100～1400	
三人通过	1650～2100	

楼梯长度（L）则是每一梯段的水平投影长度，其值为 $L=b\times(N-1)$，其中 b 为踏面水平投影宽，N 为梯段踏步数。

2. 楼梯的坡度及踏步尺寸

(1) 楼梯的坡度　楼梯的坡度是指楼梯段沿水平面倾斜的角度，其大小应根据建筑物的使用性质和层高来确定，一般为 20°～45°，其中以 30°左右较为舒适。坡度小于 20°时，称为坡道；坡度大于 45°时称为爬梯（图 9-3）。

楼梯的坡度是由踏步的高宽比决定的。踏步的宽度越大，高度越小，则坡度越小，行走越舒适，但楼梯所占面积也越大，所以在决定踏步尺寸时，应考虑人流量、行走的舒适度、安全和楼梯间的尺度、面积等因素。人流大，安全要求高的楼梯坡度应该平缓一些，反之则可陡一些，以利节约楼梯间面积。

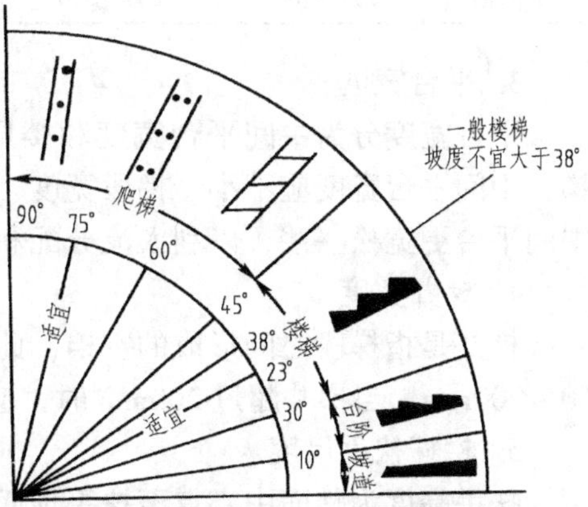

图 9-3　楼梯、爬梯、坡道的坡度范围

(2) 踏步尺寸　踏步的高度，成人以 150mm 左右较适宜，不应高于 175mm。踏面宽以 300mm 左右为宜，不应窄于 250mm。当踏步过宽时，将导致梯段水平投影面积的增加。而踏步宽度过窄时，会使人行走不安全。为了在踏步宽度一定的情况下增加行走舒适度，常将踏步挑出 20～25mm，使踏步实际宽度大于其水平投影宽度。图 9-4 所示为踏步的形式。

踏步尺寸可按下列公计算：

$$2h+b=600\text{mm} \text{ 或 } h+b=450\text{mm}$$

式中，h 为踏步高度；b 为踏步宽度。

一般民用建筑的楼梯踏步尺寸可参考表 9-2 选择。

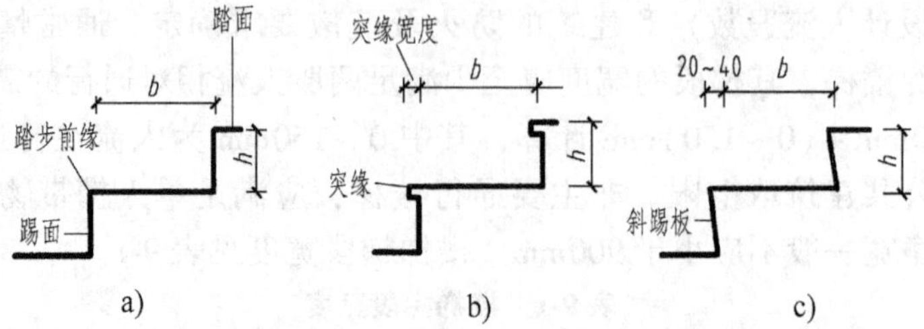

图 9-4　踏步形式

a）无突缘　b）有突缘　c）斜踢板

表 9-2　常用楼梯适宜踏步尺寸　　　　（单位：mm）

名　　称	住　　宅	学校、办公楼	剧院、会堂	医院（病人用）	幼儿园
踏步高	156 ~ 175	140 ~ 160	120 ~ 150	150	120 ~ 150
踏面宽	260 ~ 300	280 ~ 340	300 ~ 350	300	260 ~ 300

3. 平台宽度

平台宽度分为中间平台宽度和楼层平台宽度，对于平行和折行多跑等类楼梯，中间平台宽度应不小于梯段宽度，以保证通行。对于楼层平台宽度，则应比中间平台更宽松一些，以利人流分配和停留。

4. 梯井宽度

梯井是指梯段之间形成的空档，此空档从顶层到底层贯通。梯井宽度一般为 60 ~ 200mm，当梯井超过 200mm 时，应在梯井部位设水平防护措施。

5. 栏杆扶手尺度

扶手高度为踏面中心点至扶手顶面的垂直高度。扶手高度应根据人体重心高度和楼梯坡度大小等因素确定。不同使用性质的建筑，其扶手高度也不同，如成人用扶手高度一般为 900mm，儿童用扶手高度一般为 500 ~ 600mm，也可同时做两套扶手（图 9-5）。梯段宽度达三股人流（1650mm）时应设两侧扶手，达四股人流（2200mm）时，应加设中间扶手。扶手顶面宽一般不大于 80mm，常取 60 ~ 80mm，以满足使用要求。

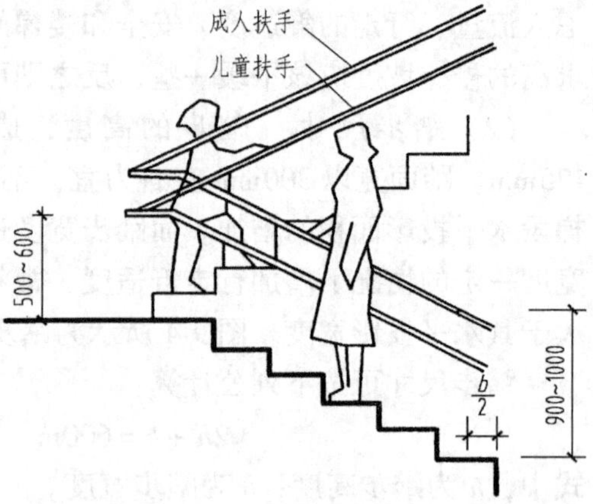

图 9-5　扶手高度位置

6. 楼梯净空高度

楼梯的净空高度是指梯段的任何一级踏步踏面至上一梯段结构下缘的

垂直高度；或平台过道地面至其上部平台（或平台梁）底的垂直距离。为保证在这些部位通行或搬运物件时不受影响，楼梯净空高度在平台处应不小于2m，在梯段处应不小于2.2m（图9-6）。

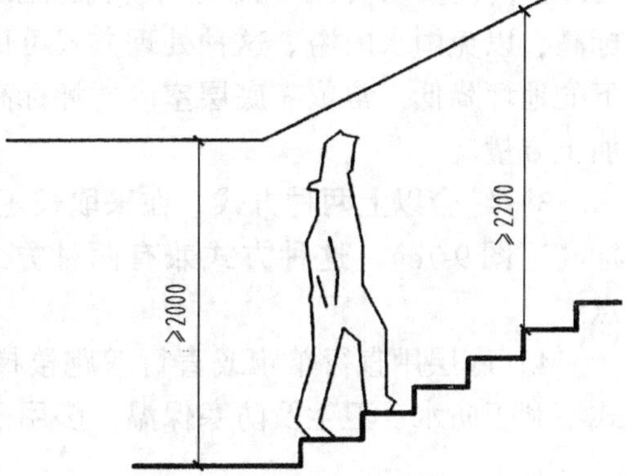

图9-6　楼梯净空高度

在大多数居住建筑中，常利用楼梯间作为出入口，当楼梯平台下作出入口不能满足净高要求时，一般可采取以下措施解决。

1）在底层变等跑梯段为长短跑梯段（图9-7a）。起步第一跑为长跑，以提高中间平台标高，但这种方式会使楼梯间进深加大。

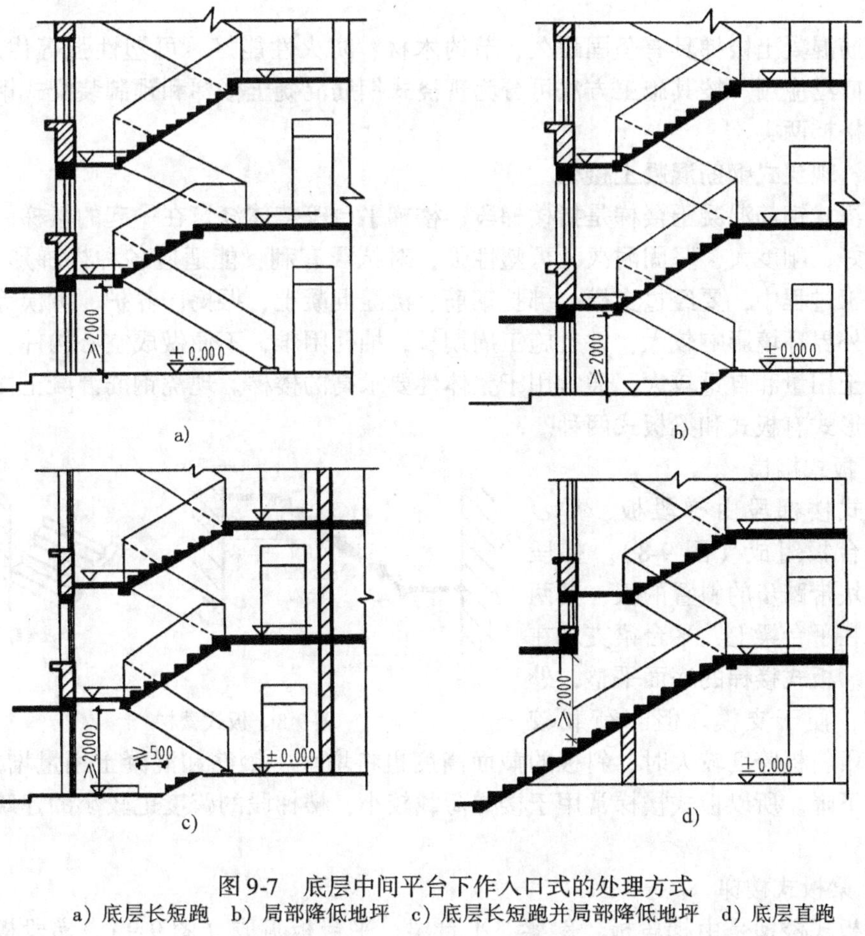

图9-7　底层中间平台下作入口式的处理方式
a）底层长短跑　b）局部降低地坪　c）底层长短跑并局部降低地坪　d）底层直跑

2）局部降低底层中间平台下地坪标高，使其低于底层室内地坪标高，以满足净空高度要求（图9-7b）。但降低后的中间平台下地坪标高仍应高于室外地坪标高，以免雨水内溢。这种处理方式可保持等跑梯段，使构件统一。但中间平台下的地坪降低，常依靠底层室内地坪标高对应的绝对标高的提高来实现，可能增加土方量。

3）综合以上两种方式，在采取长短跑的同时，又降低底层中间平台下地坪标高（图9-7c）。这种方式兼有两种方式的优点，并克服了两种方式的部分缺点。

4）底层用直行单跑或直行双跑楼梯直接从室外上二层（图9-7d）。这种方式不利于防水、卫生及防寒保温，多用于南方地区的住宅建筑。

第二节　钢筋混凝土楼梯

钢筋混凝土楼梯具有坚固耐久、节约木材、防火性能好、可塑性强等优点，故得到广泛应用。按其施工方法可分为现浇式钢筋混凝土楼梯和预制装配式钢筋混凝土楼梯两类。

一、现浇式钢筋混凝土楼梯

现浇式钢筋混凝土楼梯是指楼梯段、楼梯平台等整体浇筑在一起的楼梯。它整体性好，刚度大，坚固耐久，可塑性强，对抗震有利，能适应各种楼梯形式。但在施工过程中，要经过支模、绑扎钢筋、浇灌混凝土、振捣、养护、拆模等作业，受外界环境影响较大，并且施工周期长，抽孔困难，不便做成空心构件，所以混凝土用量和自重较大。通常用于整体性要求高的楼梯。现浇钢筋混凝土楼梯的结构形式有板式和梁板式两种。

1. 板式楼梯

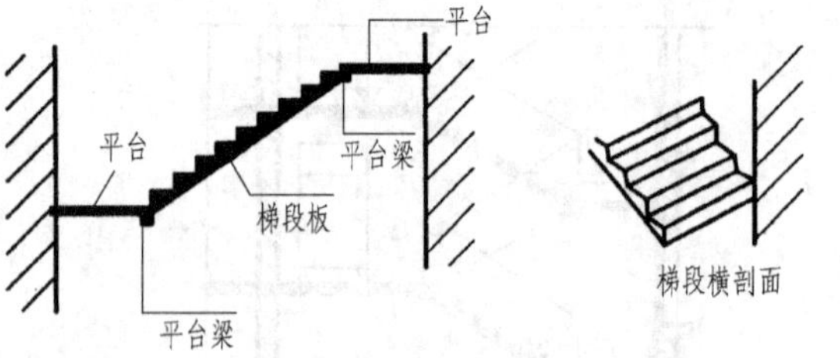

图9-8　板式楼梯

板式楼梯段由梯段板、平台梁、平台板组成（图9-8）。梯段板是一块带踏步的斜置的板，其两端支承在平台梁上，平台梁支承在砖墙上。板式楼梯的底面平整，外形简洁，便于支模。但当荷载较大，梯段斜板跨度较大时，斜板的截面高度也将增大，钢筋和混凝土用量增加，经济性下降。所以板式楼梯常用于楼梯荷载较小，楼梯段的跨度也较小的建筑物中。

2. 梁板式楼梯

梁板式楼梯是由梯段板、斜梁、平台梁、平台板组成（图9-9）。梯段板支承在斜梁上，斜梁支承在平台梁上，平台梁支承在墙或柱上，这种楼梯比板式楼梯的钢材和混凝土用量少、自重轻，当荷载或楼梯跨度较大时，采用梁板楼梯比较经济。

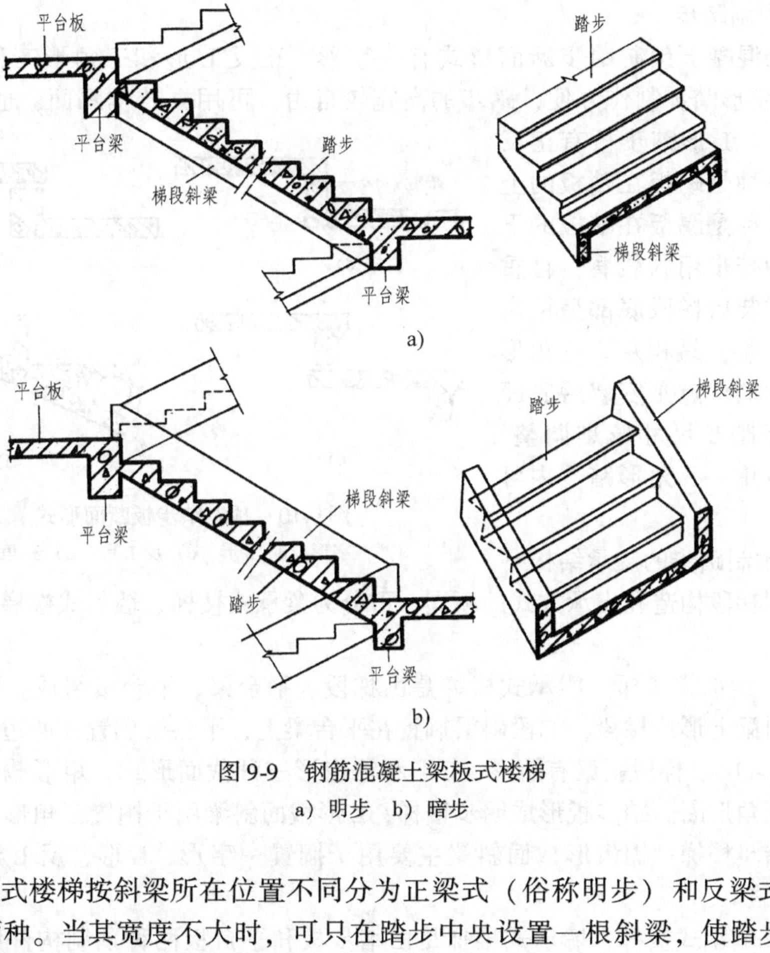

图 9-9　钢筋混凝土梁板式楼梯

a）明步　b）暗步

梁板式楼梯按斜梁所在位置不同分为正梁式（俗称明步）和反梁式（俗称暗步）两种。当其宽度不大时，可只在踏步中央设置一根斜梁，使踏步板的左右两端悬挑，形成单梁挑板式楼梯。

二、预制装配式钢筋混凝土楼梯

预制装配式钢筋混凝土楼梯是将楼梯分成若干个构件，在工厂或工地现场预制，施工时将预制构件进行装配。这种楼梯施工速度快，现场湿作业少，节约模板，且施工不受季节限制，有利于提高施工质量。但预制装配式钢筋混凝土楼梯的整体性、抗震性及设计灵活性差，故应用受到一定的限制。

预制装配式钢筋混凝土楼梯按组成构件的大小分为小型构件装配式、中型构件装配式和大型构件装配式楼梯三大类。

(一) 小型构件装配式楼梯

小型构件装配式楼梯是将楼梯的踏步和支承结构分开预制，每一构件体积小、重量轻，易于制作，便于运输和安装。但安装工序多，速度慢，湿作业多，适合机械化程度低的施工现场。

1. 预制踏步

钢筋混凝土预制踏步断面形式有一字形、正反L形和三角形三种（图9-10）。一字形踏步制作方便，踏步的高宽较自由，可用立砖作踢面，也可露空，适用较广。L形踏步板有正反两种，一种是踢板在踏板的上面，另一种是踢板在踏板的下面。这种踏步用料较省，自重轻，但拼装后梯段底部呈锯齿形，不平整，易积灰。三角形踏步最大的优点是安装后底面平整，但踏步尺寸较难调整。为减轻自重，三角形踏步内可抽孔。

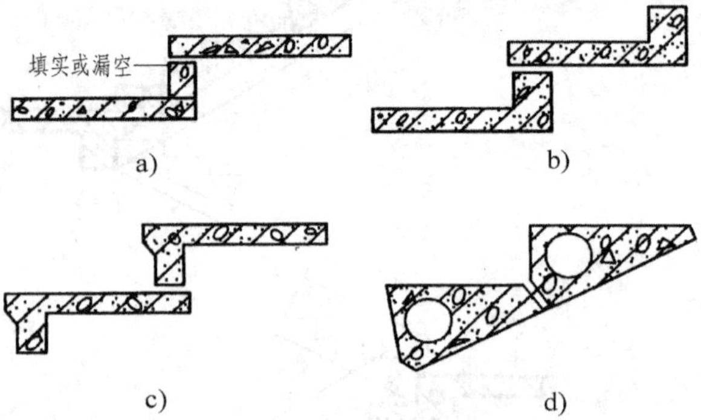

图9-10　预制踏步板断面形式

a) 一字形　b) L形　c) 反L形　d) 三角形

2. 预制踏步的支承结构

根据梯段构造和支承方式的不同，可分为梁承式楼梯、墙承式楼梯、悬挑式楼梯。

(1) 梁承式楼梯　梁承式楼梯是由梯段、平台梁、平台板组成。预制踏步搁置在斜梁上形成梯段，梯段斜梁搁置在平台梁上，平台梁搁置在两边的墙或柱上（图9-11）。梯段斜梁有矩形、L形和锯齿形三种截面形式。矩形截面斜梁用于搁置三角形断面踏步板形成明步楼梯；L形截面斜梁用于搁置三角形断面踏步板形成暗步楼梯；锯齿形截面斜梁主要用于搁置一字形、L形、反L形的踏步板。

(2) 墙承式楼梯　墙承式楼梯是由踏步板和平台板两种预制构件组成（图9-12）。其整个梯段由一个个单独的一字形或L形踏步板支承在墙上，省去了平台梁和斜梁。这种楼梯构造简单、节省材料。但由于每块踏步板直接安装在墙体上，对墙体的砌筑质量和施工速度影响较大。有时中间砌墙以支承踏步板，易造成楼梯间空间狭窄，视线受阻。通常在中间墙上开设观察孔，也可将中间墙两端靠平台部分局部收进。

(3) 悬挑楼梯　悬挑楼梯是由踏步板和平台板两种预制构件组成。整个梯段的踏步板一端依次嵌固在墙上或梁上，嵌固的厚度不小于240mm，另一端悬空，悬挑长度一般为1200～1500mm，最大不超过1800mm（图9-13）。

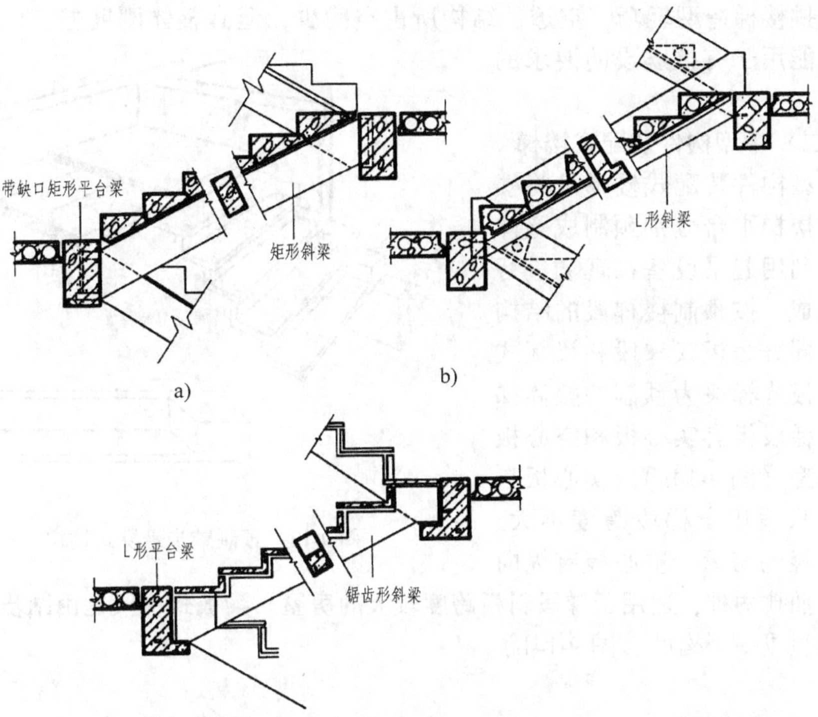

图 9-11　预制踏步梁承式楼梯
a）三角形踏步板与矩形斜梁的组合　b）三角形踏步板与 L 形斜梁的组合
c）L 形（或一字形）踏步板与锯齿形斜梁的组合

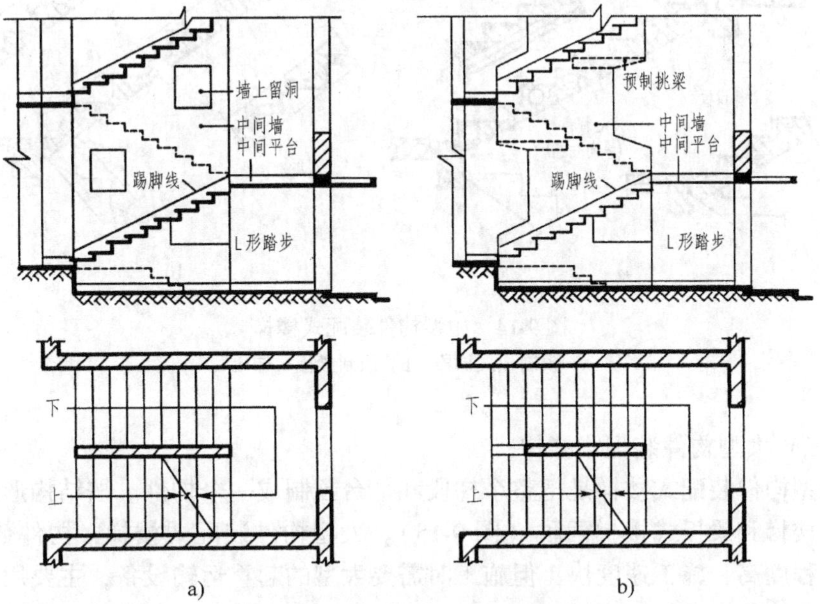

图 9-12　预制踏步墙承式楼梯

悬挑楼梯造型轻巧，空透，结构所占空间少，但其整体刚度差，抗震能力弱，不能用于有抗震设防要求的建筑。

（二）中型构件装配式楼梯

中型构件装配式楼梯是将楼梯段和楼梯平台分别预制成整体构件，利用起吊设备在现场进行拼装而成。按预制楼梯段的结构形式不同分为板式梯段和梁板式梯段。板式梯段为预制的整体梯段板，梯段板有实心板和空心板两种类型（图 9-14a）。实心板自重大，只适用于梯段跨度不大、荷载较轻的房屋。空心板有纵向和横向抽孔两种，适用于梯段斜板跨度较大的房屋。梁板式梯段是由踏步板和梯梁共同组成一个构件（图 9-14b）。

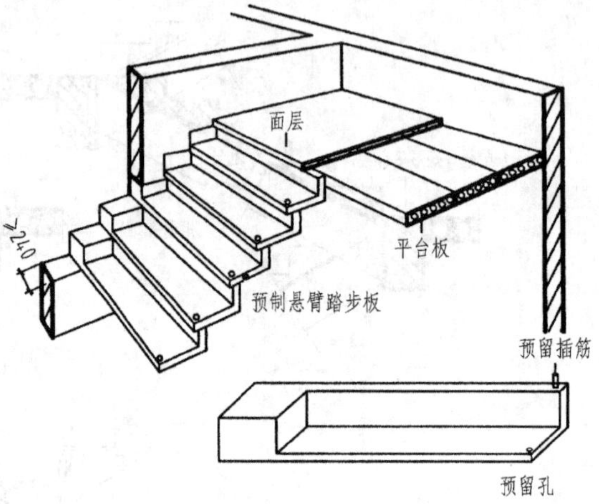

图 9-13　预制踏步悬挑式楼梯

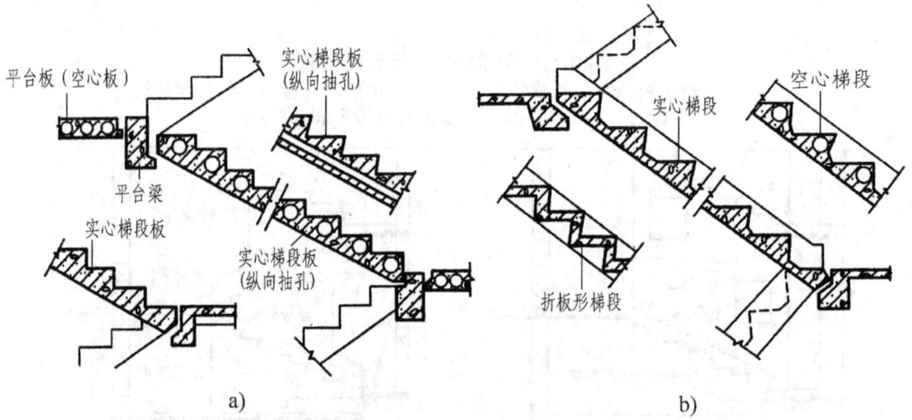

图 9-14　中型构件装配式楼梯
a）预制板式梯段　b）预制梁板式梯段

（三）大型构件装配式楼梯

大型构件装配式楼梯是把整个梯段和平台预制成一个构件。按结构形式不同有板式楼梯和梁板式楼梯两种（图 9-15）。大型构件装配式楼梯，构件数量少，装配化程度高，施工速度快，但施工时需要大型的起重运输设备，主要用于装配式工业化建筑中。

三、楼梯细部构造

（一）踏步面层及防滑处理

踏步的面层要求耐磨、防滑、美观和便于清洁，其做法一般有水泥砂浆抹面、水磨石或缸砖贴面，也可做大理石面层（图 9-16）。人流量大或踏步表面光滑的楼梯，为防止行人在行走时滑倒，踏步表面应采取防滑措施，通常是在踏口处做防滑凹槽或防滑条。防滑材料可采用铁屑水泥、金刚砂、塑料条、橡胶条、金属条、马赛克等。标准较高的建筑，可铺地毯或防滑塑料或橡胶贴面（图 9-17）。

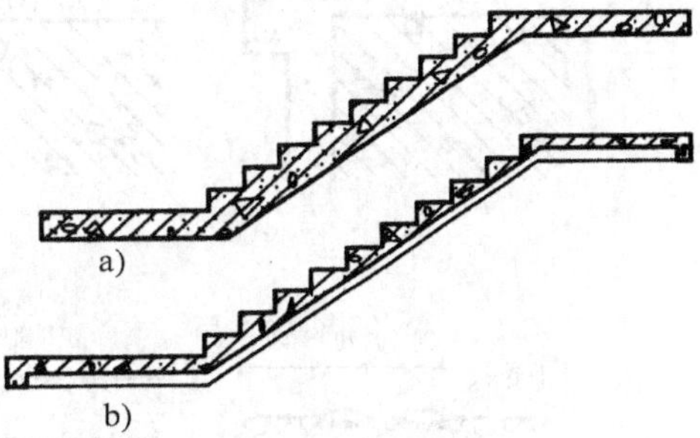

图 9-15　大型构件装配式楼梯
a）板式楼梯　b）梁式楼梯

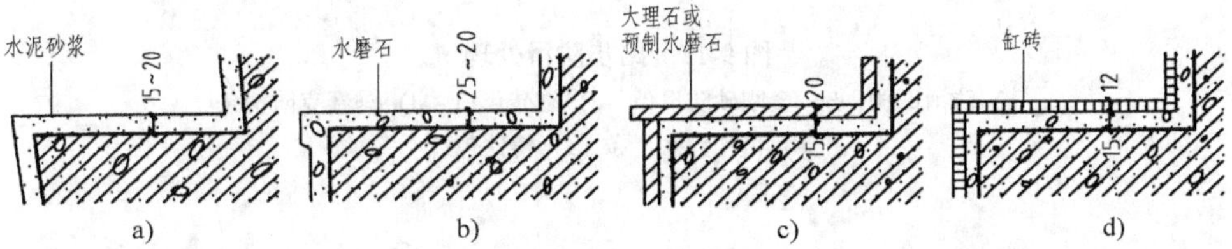

图 9-16　踏步面层构造
a）水泥砂浆面层　b）水磨石面层　c）天然石材或人造石板面层　d）缸砖面层

（二）栏杆扶手

楼梯栏杆和扶手是上下楼梯的安全设施，也是建筑中装饰性较强的构件。栏杆、扶手在设计和施工时应考虑坚固、安全、适用、美观等。

1. 栏杆的形式与构造

栏杆按其材料和做法不同可分为空花栏杆、实心栏板、组合式栏杆等类型。

（1）空花栏杆　空花栏杆多用方钢、圆钢、扁钢等型材焊接或铆接成各种图案（图 9-18），有时也采用木材、铝合金型材、铜材和不锈钢等制作。这种类型的栏杆重量轻、空透、轻巧。一般用于室内楼梯。空花栏杆的空格尺寸不易过大，通常控制在 120~150mm 左右，以避免不安全，特别是供少儿使用的楼梯尤应注意。常用栏杆断面尺寸为：圆钢 ϕ16mm ~ ϕ25mm，方钢 15mm × 15mm ~ 25mm × 25mm，扁钢(30 ~ 50)mm × (3 ~ 6)mm，管钢 ϕ20mm ~ ϕ50mm。

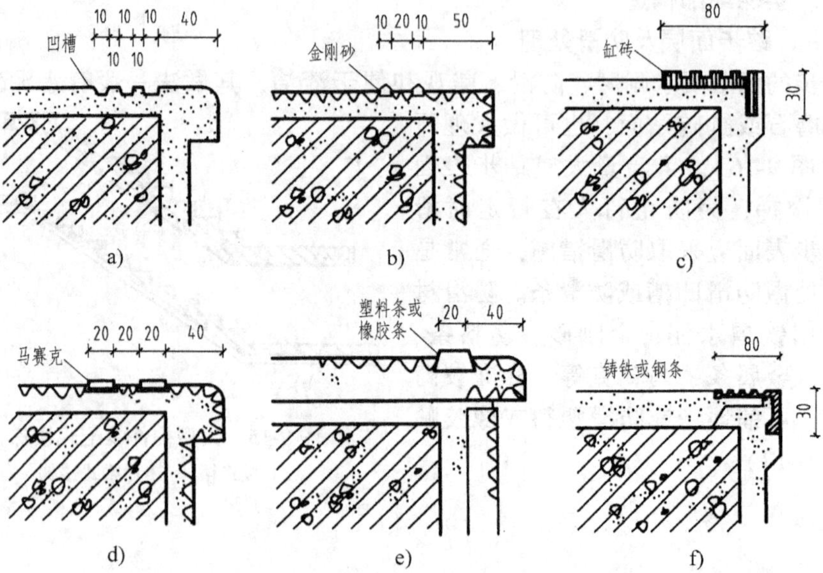

图 9-17　踏步防滑处理

a）防滑凹槽　b）金刚砂防滑条　c）缸砖包口　d）马赛克防滑条
e）嵌橡胶防滑条　f）铸铁包口

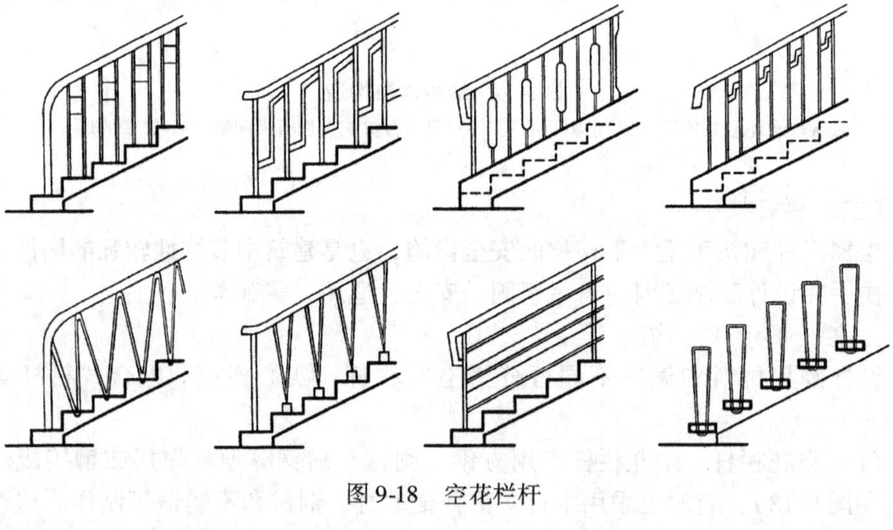

图 9-18　空花栏杆

栏杆中的竖杆与梯段、平台应有可靠的连接，连接的方法主要有预埋铁件焊接、预留孔洞插接和螺栓联接三种（图 9-19）。为了保护栏杆免受锈蚀和增强美观，常在竖杆下部装设套环，覆盖住栏杆与梯段或平台的接头处。

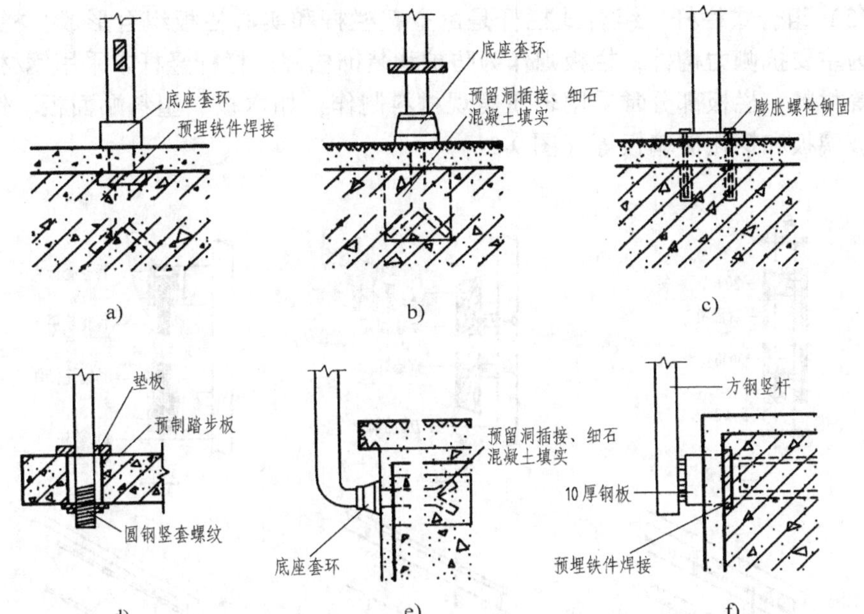

图 9-19　栏杆与梯段、平台连接

a) 预埋件焊接　b) 预留孔洞插接　c) 膨胀螺栓连接　d) 螺栓连接　e) 预留孔洞插接　f) 预埋件焊接

（2）实心栏板　实心栏板可用砖（9-20a）、钢丝网水泥（9-20b）、预制或现浇钢筋混凝土板等材料制作，也可用透明的钢化玻璃或有机玻璃镶嵌于栏杆立柱之间。现浇钢筋混凝土栏板经支模、绑扎钢筋、浇捣混凝土等工序与楼梯段整浇，预制钢筋混凝土栏板与梯段的连接则用预埋钢板焊接。

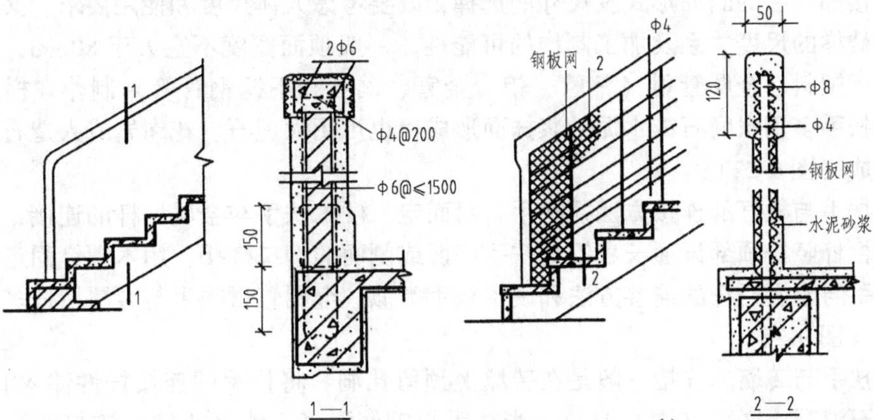

图 9-20　栏板

a) 1/4 砖砌栏板　b) 钢丝网水泥栏板

(3) 组合式栏杆　组合式栏杆是由空花栏杆和实心栏板组合形成，栏杆竖杆作为主要抗侧力构件，栏板则作为防护和装饰构件。栏杆竖杆常采用钢材或不锈钢等材料，栏板部分常采用轻质美观材料制作，如木板、塑料贴面板、铝板、有机玻璃板和钢化玻璃板等（图 9-21）。

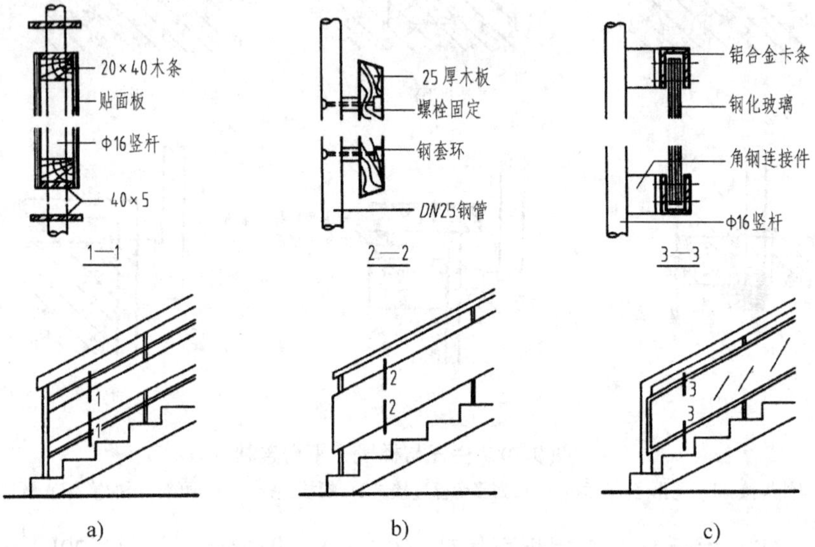

图 9-21　组合栏杆

2. 扶手的形式与构造

楼梯扶手的断面形式及尺寸的选择，既要考虑人体尺度和使用要求，又要考虑与楼梯的尺度关系及加工制作的可能性。一般顶面宽度不宜大于 80mm，常用木材、塑料、金属管材（钢管、铝合金管、铜管和不锈钢管等）制作。栏板顶部的扶手多用水磨石或水泥砂浆抹面形成，也可用大理石、花岗岩或人造石材贴面形成（图 9-22）。

扶手与栏杆的连接方法视扶手材料而定，硬木扶手与金属栏杆的连接，一般是在栏杆竖杆顶部设通长扁钢与扶手底面或侧面的槽口榫接，用木螺钉固定。塑料扶手与金属栏杆的连接方法和硬木扶手类似。金属管材扶手与金属栏杆多采用焊接（图 9-22）。

扶手与砖墙的连接一般是在砖墙上预留孔洞，将扶手的连接杆件伸入洞内，用细石混凝土嵌固（图 9-23a）。当扶手与钢筋混凝土墙（或柱）连接时，一般采用预埋钢板焊接（图 9-23b）。在栏杆扶手结束处与墙、柱面相交，也应有可靠连接（图 9-23c、d）。

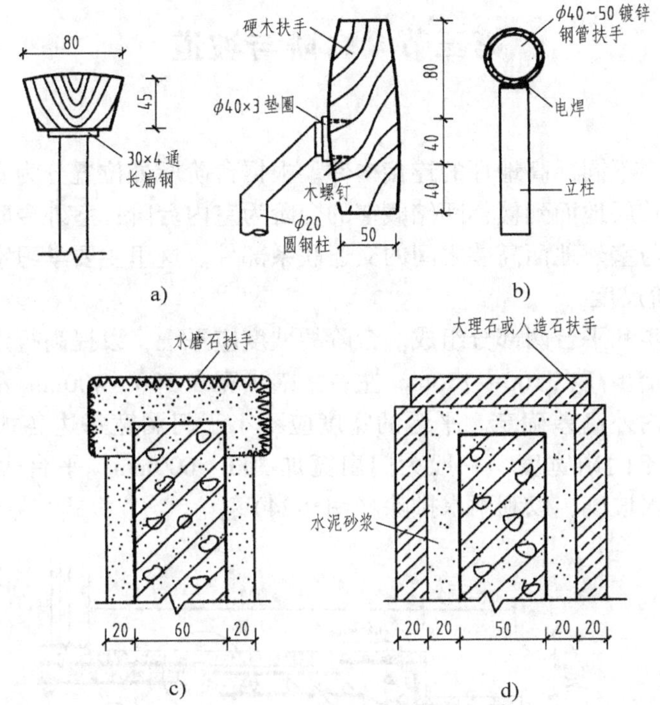

图 9-22　扶手形式

a）硬木扶手　b）钢管扶手　c）水磨石扶手　d）大理石或人造石扶手

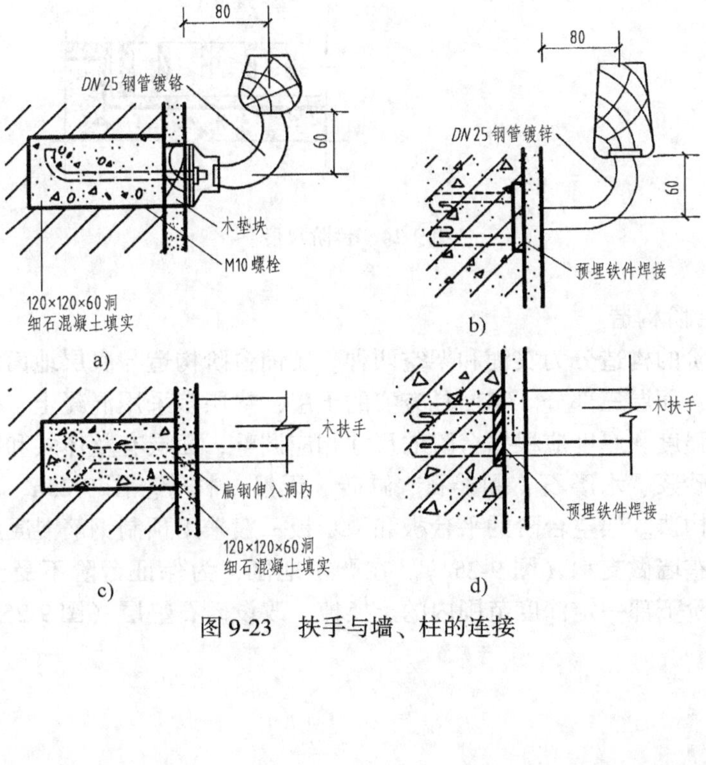

图 9-23　扶手与墙、柱的连接

第三节　台阶与坡道

一、台阶

台阶是两个不同标高地坪的连接构件。根据台阶所处位置分为室内台阶和室外台阶。楼房首层地面到楼梯间储藏室的台阶为室内台阶；室外台阶是建筑出入口处室内地面与室外地面高差之间的交通联系部件。这里主要学习室外台阶。

（一）台阶尺度

台阶由踏步和平台两部分组成。台阶的坡度应平缓，以提高行走的舒适度和安全度，通常踏步高在 100 ~ 150mm 左右，踏步宽在 300 ~ 400mm 左右，台阶的踏步数根据室内外高差确定。平台的宽度应不小于门洞宽每边各加 500mm，平台的深度应大于门扇宽度，一般为门扇宽加 300 ~ 600mm。平台表面应向外做 1% ~4% 的排水坡度，以利雨水排除（图 9-24）。

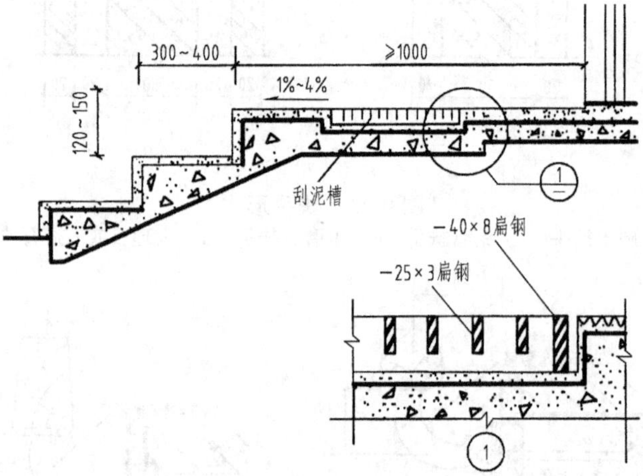

图 9-24　台阶尺度

（二）台阶构造

室外台阶的构造分为实铺和架空两种。实铺台阶构造与底层地面相似，包括基层、垫层、面层三部分。基层是夯实的土层；垫层多采用混凝土、碎砖混凝土或砌砖，其强度和厚度应根据台阶的尺寸相应调整；面层有整体式和铺贴式两大类，如水泥砂浆、水磨石、剁斧石、缸砖、天然石材等。图 9-25a、b 为混凝土和石砌台阶构造。架空台阶的平台板和踏步板一般采用预制钢筋混凝土板，并用梁或砖砌地垄墙做支承（图 9-25c）。在严寒地区，为保证台阶不受土壤冻胀影响，应将台阶下部一定深度范围内的土换掉，改设砂石垫层（图 9-25d）。

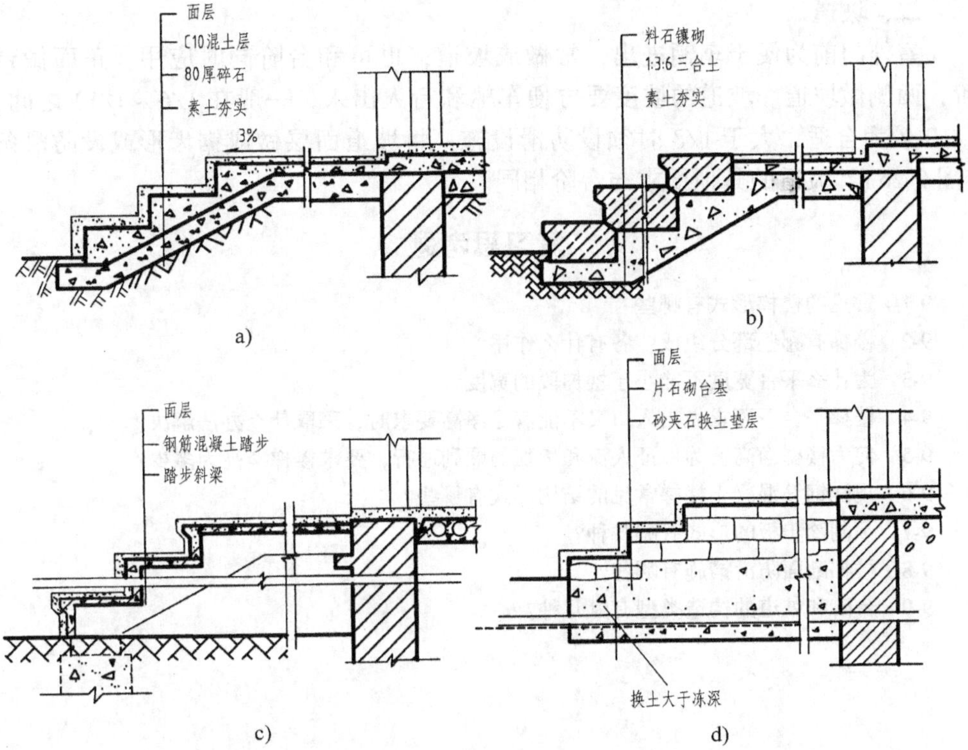

图 9-25　台阶构造示例

a）混凝土台阶　b）石砌台阶　c）钢筋混凝土架空台阶　d）换土地基台阶

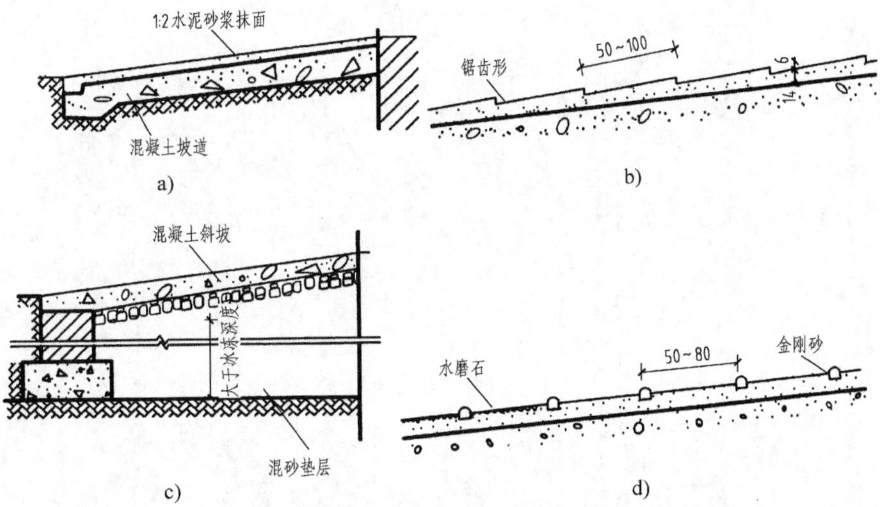

图 9-26　坡道的构造

a）混凝土坡道　b）锯齿形坡道　c）换土地基坡道　d）防滑条坡道

二、坡道

室外门前为便于车辆进出，常做成坡道，也可和台阶同时应用，正面做台阶，两侧做坡道。坡道的坡度要方便车辆和行人出入，一般在1/6～1/12之间，1/10较为合适，大于1/8时须设防滑设施，将坡道面层做成锯齿形或设防滑条（图9-26）。坡道的其他要求与台阶相同。

复习思考题

9-1　常见的楼梯形式有哪些？

9-2　楼梯有哪些部分组成？各有什么作用？

9-3　为什么平台宽度不能小于楼梯段的宽度？

9-4　楼梯平台下要求做出入口又不能满足净高要求时，采取什么办法解决？

9-5　何为楼梯净高？为保证人流和货物的顺利通行，要求楼梯净高为多少？

9-6　现浇钢筋混凝土楼梯常见的结构形式有哪些？

9-7　预制踏步板的形式有哪几种？

9-8　楼梯踏面防滑措施有哪些？

9-9　台阶和坡道的构造类型有哪几种？

第十章　屋　　顶

第一节　概　　述

一、屋顶的作用及构造要求

屋顶是建筑物最上层的围护结构。其主要作用是抵御自然界风、雨、雪、太阳辐射、气温变化等不利因素的影响，保证房间有一个良好的使用环境；承受屋顶自重、风雪荷载以及施工和检修屋面的各种荷载；同时屋顶是决定建筑轮廓形式的重要部分，对建筑形象起着至关重要的作用。因此屋顶应满足坚固耐久、有足够的承载能力、防水和排水、保温隔热、防火、抵抗侵蚀等要求，同时还应做到自重轻、构造简单、施工方便、造价经济，与建筑整体协调，有良好的外观形象。其中防水和排水最为关键。

二、屋顶的类型

屋顶的类型有很多，按排水坡度、结构形式、建筑造型等大体可分为平屋顶、坡屋顶和其他形式的屋顶三大类（图 10-1）。

1. 平屋顶

平屋顶是指坡度小于 5% 的屋顶，一般常用坡度为 2% ~3%，上人屋顶通常为 1% ~2%。

2. 坡屋顶

坡屋顶是指坡度在 10% 以上的屋顶。它是我国传统的建筑屋顶形式，在民用建筑中应用非常广泛。现代城市建筑中，某些建筑为满足景观或建筑风格的要求也常采用各种形式的坡屋顶。

3. 其他形式的屋顶

由各种薄壁壳体或悬索结构、网架结构等作为屋顶承重结构的屋顶。这类屋顶结构的内力分布均匀、合理，节约材料，适用于大跨度、大空间和造型特殊的建筑。

三、屋顶排水

(一) 排水坡度的选择

屋顶排水坡度的大小与多种因素有关，如屋面材料、屋顶结构形式、地理气候条件、构造做法及经济条件等。但在大量性的民用建筑中，屋顶的排水坡度主要与屋面的防水材料有关，不同的屋面防水材料有各自的排水坡度范围（图 10-2）。

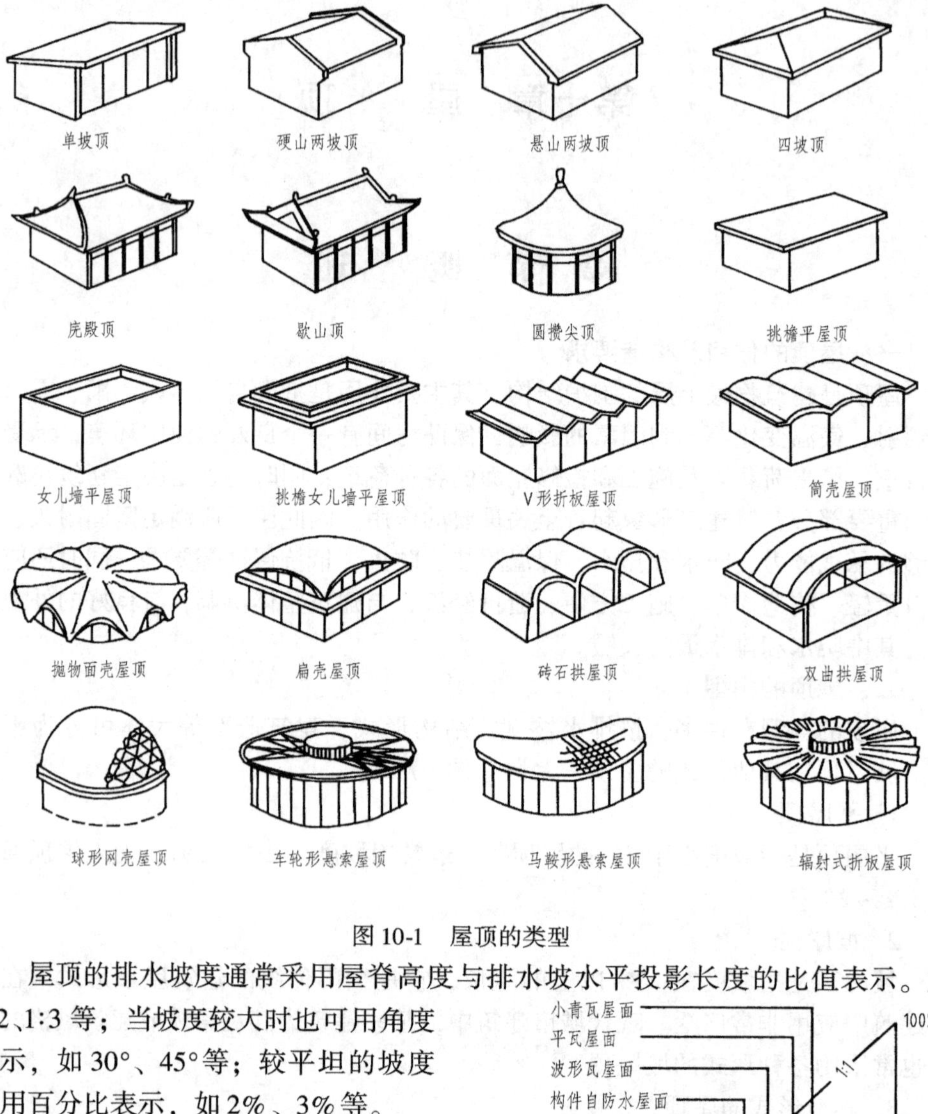

图 10-1　屋顶的类型

屋顶的排水坡度通常采用屋脊高度与排水坡水平投影长度的比值表示。如1:2、1:3 等；当坡度较大时也可用角度表示，如 30°、45°等；较平坦的坡度常用百分比表示，如 2%、3% 等。

（二）排水坡度的形成

屋顶排水坡度的形成有材料找坡和结构找坡两种方式（图 10-3）。

（1）材料找坡　亦称垫置坡度，是在水平搁置的屋面板上铺设找坡层。找坡层常用的材料有水泥炉渣、石灰炉渣或水泥膨胀蛭石，保温屋顶中有时用保温层兼作找坡层。采用材料找

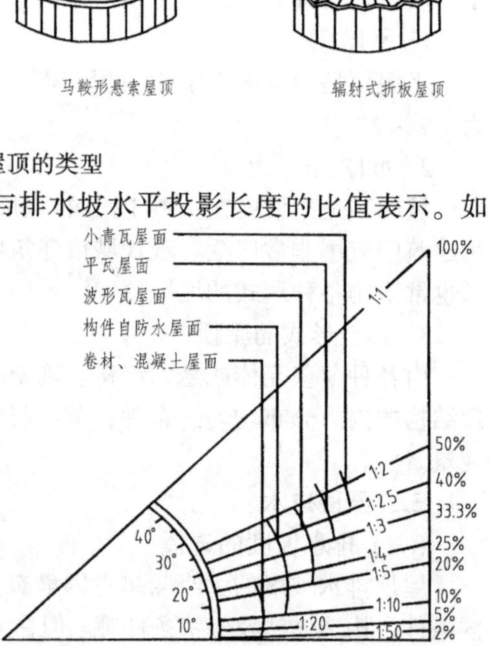

图 10-2　屋面防水材料与排水坡度的关系

坡的建筑，室内顶棚面平整，建筑加层方便，但增加了屋面自重，当建筑物跨度较大时尤为明显。因此，材料找坡多用于坡度在5%以内、跨度不大的平屋顶。

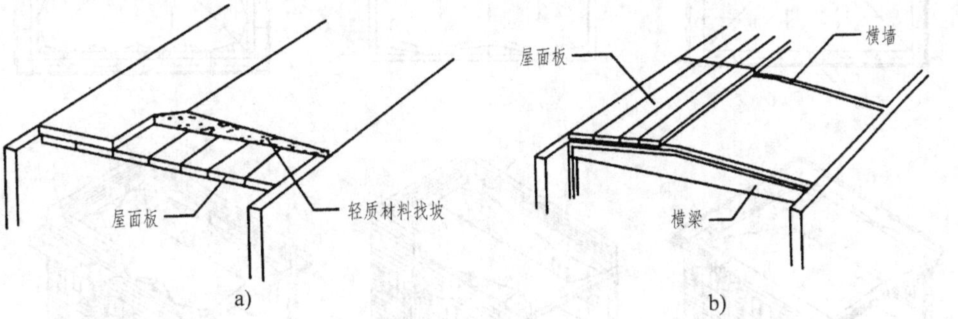

图 10-3　屋顶坡度的形成

a）材料找坡　b）结构找坡

（2）结构找坡　亦称搁置坡度，是将支承屋面板的墙或梁做成一定的倾斜坡度，其上直接铺设屋面板，形成排水坡度。这种做法省工、省料，较为经济，但顶棚不平，结构和构造较复杂，多用于坡屋顶建筑、生产性建筑或有吊顶的公共建筑。

（三）屋顶排水方式

屋顶排水方式分为无组织排水和有组织排水两大类。

1. 无组织排水

无组织排水亦称自由落水，是指屋面雨水经挑檐自由下落至室外地面的一种排水方式（图 10-4）。这种做法构造简单，造价低，但雨水有时会溅湿勒脚甚至污染墙面。一般用于低层或次要建筑及降雨量较少地区的建筑。

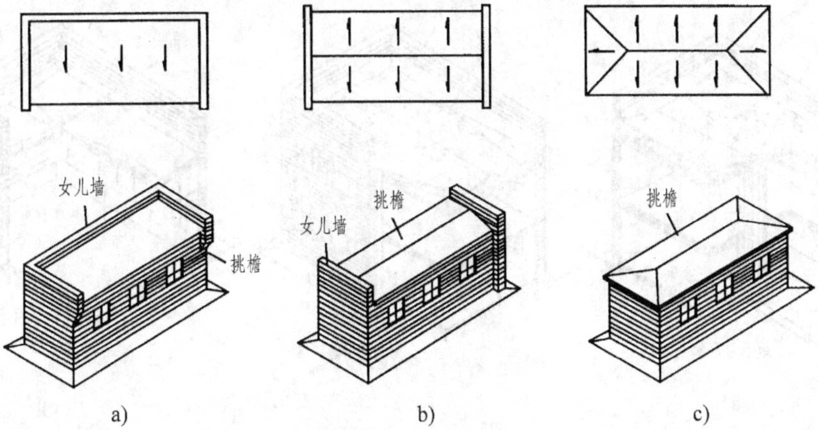

图 10-4　无组织排水

a）单坡排水　b）双坡排水　c）四坡排水

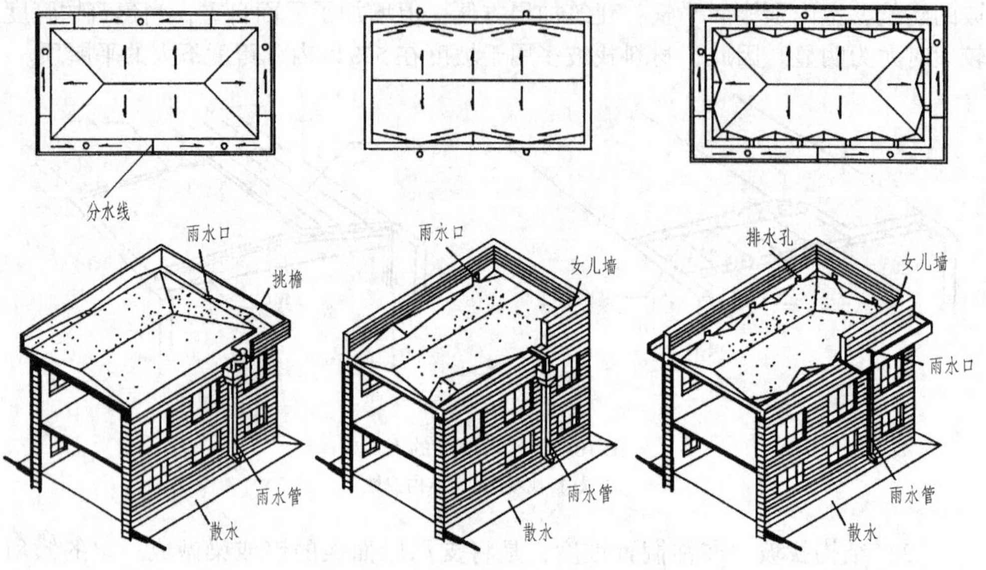

图 10-5　有组织外排水

a）檐沟外排水　b）女儿墙外排水　c）带女儿墙的檐沟外排水

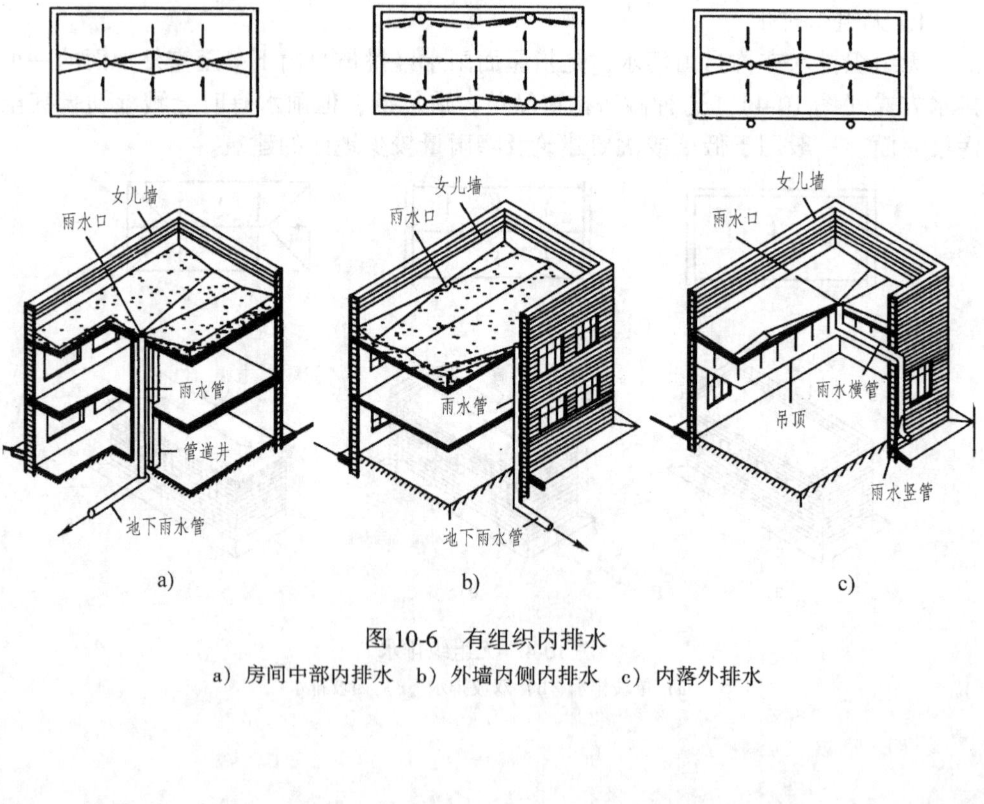

图 10-6　有组织内排水

a）房间中部内排水　b）外墙内侧内排水　c）内落外排水

2. 有组织排水

有组织排水是将屋面以不同的坡向划分排水区域，使雨水汇集起来，经水落口和水落管有组织地排到室外地面或室内地下排水管网（每个水落口的汇水面积为150~200m^2）。水落管设在室外的称为外排水（图10-5），设在室内的称为内排水（图10-6）。外排水构造简单，是屋顶常用的排水方式。内排水构造复杂、维修不便，一般只用于多跨房屋、高层建筑以及有特殊需要的建筑。

总之，在民用建筑中，应根据建筑物的高度、地区年降雨量及气候条件等，恰当地选择排水方式。采用无组织排水时，须设挑檐；采用有组织排水时，须设置天沟、水落口和水落管。天沟的断面尺寸应根据地区降雨量和水落口汇水面积的大小确定，净宽应不小于200mm，沟底的纵向坡度不宜小于1%，天沟上口与分水线的距离应不小于120mm。水落管的间距宜在18m以内，最大不超过24m，其直径常选用100mm。水落管安装时，应保证离开墙面的距离不小于20mm，并沿高度方向每隔1.2m用管箍卡牢，且下部排水口距散水的高度不应大于200mm。

第二节　平　屋　顶

一、平屋顶的构造层次

平屋顶是由多层材料叠合而成，按屋面防水层的不同有卷材防水平屋顶、刚性防水平屋顶和涂膜防水平屋顶等。

（一）卷材防水平屋顶

卷材防水平屋顶，是指以防水卷材和胶结材料分层粘贴构成屋面防水层的屋顶。其防水层具有整体性、抗渗性好，有一定的延伸性和适应变形的能力。因此，可用于防水等级为Ⅰ~Ⅳ级的屋面工程。

卷材防水平屋顶的构造层次一般包括结构层、找坡层、找平层、结合层、防水层和保护层等（图10-7），有保温要求的屋顶还应设保温层和隔汽层。

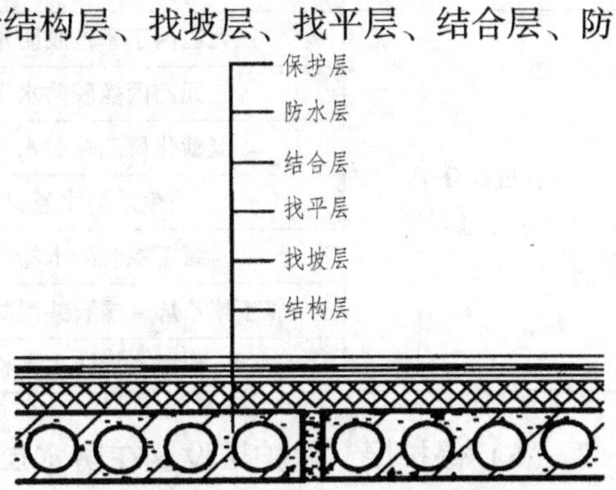

图10-7　卷材防水平屋顶的构造组成

（1）结构层　结构层一般采用现浇或预制钢筋混凝土屋面板。板型及构造与钢筋混凝土楼板相同。

（2）找坡层　平屋顶中多用轻质材料（如炉渣）找坡，找坡层一般设在结构层之上。保温屋顶中也可用保温层兼做找坡层。

（3）找平层　一般设在结构层和找

坡层之上，以满足防水层应铺贴在坚固而平整的基层上的要求，避免卷材凹陷和断裂。其做法和技术要求见表10-1。

表10-1　找平层做法和技术要求

类　别	基 层 种 类	厚度/mm	技 术 要 求
水泥砂浆找平层	整体混凝土	15~20	水泥:砂子 =1:2.5~1:3（体积比），水泥强度等级不低于32.5级
	整体或板状材料保温层	20~25	
	装配式混凝土板、松散材料保温层	20~30	
细石混凝土找平层	松散材料保温层	30~35	混凝土强度等级为C20
沥青砂浆找平层	整体混凝土	15~20	沥青:砂 =1:8（质量比）
	装配式混凝土板、整板或板状材料保温层	20~25	

（4）结合层　结合层一般设在找平层之上，防水层和隔汽层之下，作用是在基层和防水层之间形成一层胶质薄膜，保证卷材与基层粘结牢固。对于沥青卷材防水屋面，多用涂刷冷底子油一道作结合层；对于改性沥青防水层和合成高分子防水层屋面，则用配套的专用基层处理剂处理。

（5）防水层　由卷材和相应的卷材粘结剂构成，目前使用的卷材防水层详见表10-2。

表10-2　卷材防水层

卷材分类	常 见 品 种	卷材粘结剂
沥青类卷材	石油沥青油毡	石油沥青玛琋脂
	焦油沥青油毡	焦油沥青玛琋脂
高聚物改性沥青防水卷材	SBS 改性沥青防水卷材	热熔、自粘、配套粘结剂
	APP 改性沥青防水卷材	
合成高分子防水卷材	三元乙丙丁基橡胶防水卷材	丁基橡胶为主体的双组分A与B液1:1配比搅拌均匀
	三元乙丙橡胶防水卷材	
	氯磺化聚乙烯防水卷材	CX-401胶
	再生胶防水卷材	氯丁胶粘合剂
	氯丁橡胶防水卷材	CY-409液
	氯丁聚乙烯-橡胶共混防水卷材	粘结剂配套供应
	聚氯乙烯防水卷材	粘结剂配套供应

（6）保护层　保护层设置在防水层上，目的是保护卷材防水层，延长其使用寿命，同时降低夏季室内温度。

1）不上人屋面的保护层主要起保护防水层的作用。对沥青类防水层宜采用绿豆砂或铝银粉涂料；对高聚物改性沥青及合成高分子类防水层可用铝箔面层、彩砂及涂料等（图 10-8a）。

2）上人屋面的保护层具有保护防水层和兼做行走地面的双重作用。一般可在防水层上浇筑 30～40mm 厚的 C20 细石混凝土，分成 2m×2m 的方格，缝内灌沥青胶；也可以用沥青胶或水泥砂浆粘贴缸砖、大阶砖、细石混凝土预制板等，缝内灌沥青胶，且保护层与防水层之间应做隔离层（图 10-8b）。

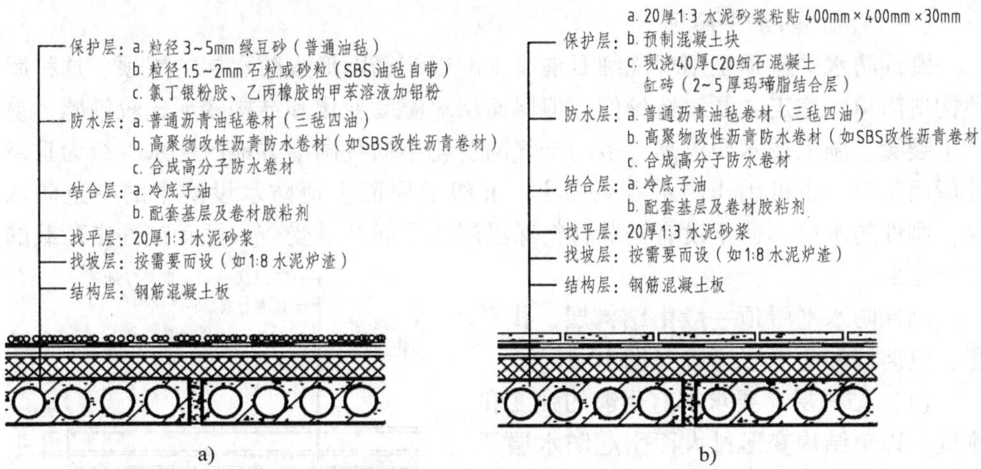

图 10-8 卷材防水屋面构造
a）不上人屋面 b）上人屋面

3）架空保护层是用砖或砌块砌筑矮墩，上面用砂浆铺设混凝土板，板面勾缝或抹面，适用于要求隔热降温的不上人屋面。

（二）涂膜防水平屋顶

涂膜防水是指用防水涂料涂刷在屋面基层上，经干燥或固化，在屋面基层上形成一层不透水的薄膜层，以达到防水目的的一种屋面做法。这种防水涂膜多数具有防水性好、粘结力强、耐腐蚀、耐老化、弹性好、延伸率大、施工方便等优点，主要适用于防水等级为Ⅲ级、Ⅳ级的屋面防水，也可用作Ⅰ级、Ⅱ级屋面多道防水设防中的一道防水层。

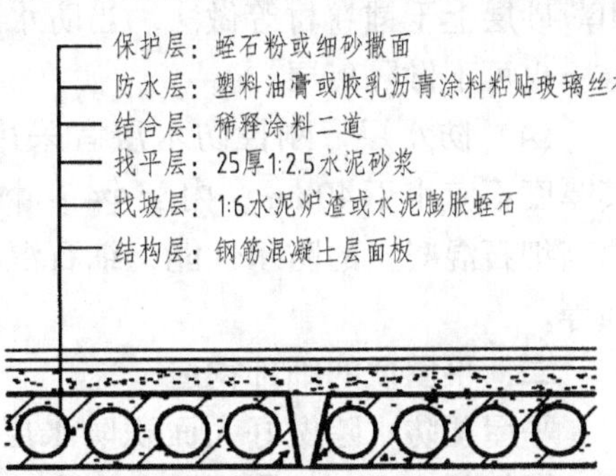

图 10-9 涂膜防水屋面构造

涂膜防水平屋顶的构造层次及做法与卷材防水平屋顶基本相同，均由结构层、找平层、找坡层、结合层、防水层和保护层等组成（图 10-9）。其中防水涂膜层一般应由两层或两层以上的涂层组成。某些防水涂料（如氯丁胶乳沥青涂料）需铺设胎体增强材料（即所谓的布），以增强涂层的贴附覆盖能力和抗变形能力。

涂膜防水屋面的保护层可采用细砂、云母、蛭石、浅色涂料、水泥砂浆或块材等，水泥砂浆保护层的厚度不宜小于20mm。采用水泥砂浆或块材时，应在涂膜与保护层之间设置隔离层。

（三）刚性防水平屋顶

刚性防水平屋顶是用现浇细石混凝土配以钢筋网形成防水层的屋顶。这种屋顶构造简单，施工方便，造价低，但屋面层对温度变化和结构变形比较敏感，易产生裂缝，施工技术要求高，多用于气温变化小的我国南方地区防水等级为Ⅲ级的屋面工程，也可用作防水等级为Ⅰ、Ⅱ级的屋面多道防水设防中的一道防水层。刚性防水层不适于设有松散材料保温层的屋面及承受较大振动或冲击荷载的建筑屋面。

刚性防水平屋顶一般由结构层、找平层、隔离层和防水层组成（图10-10）。

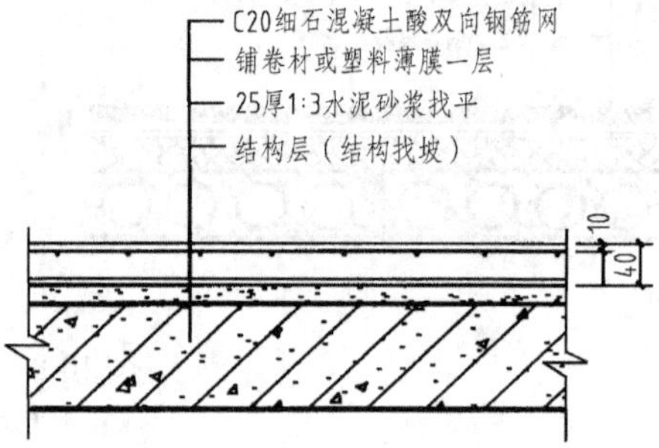

图10-10　刚性防水屋面构造

（1）结构层　要求具有足够的强度和刚度，以免结构变形过大而引起防水层开裂，一般采用现浇或预制的钢筋混凝土屋面板。

（2）找平层　当结构层为预制钢筋混凝土板时，通常应在结构层上用20mm厚1:3水泥砂浆找平。若采用现浇钢筋混凝土屋面板或设有纸筋灰隔离层时，可不设找平层。

（3）隔离层　为减少结构层变形及温度变化对防水层的不利影响，宜在防水层下设置隔离层。隔离层一般可用纸筋灰、麻刀灰或低强度等级砂浆，也可采用薄砂层上干铺卷材等做法。当防水层中加有膨胀剂类材料时，其抗裂性有所改善，也可不做隔离层。

（4）防水层　刚性防水层宜采用强度等级不低于C20的细石混凝土浇筑，其厚度不应小于40mm，内配φ4～φ6、间距100～200mm的双向钢筋网片。为提高细石混凝土的防水性能，细石混凝土中宜掺膨胀剂（UEA）、减水剂、防水剂等。

二、平屋顶的细部构造

平屋顶防水除做好大面积防水层外，还要特别注意构造节点处的防渗漏问题，即细部构造。如屋面泛水构造、檐口构造、管道出屋面处的构造、雨水口构造和刚性防水屋面分格缝的构造等。

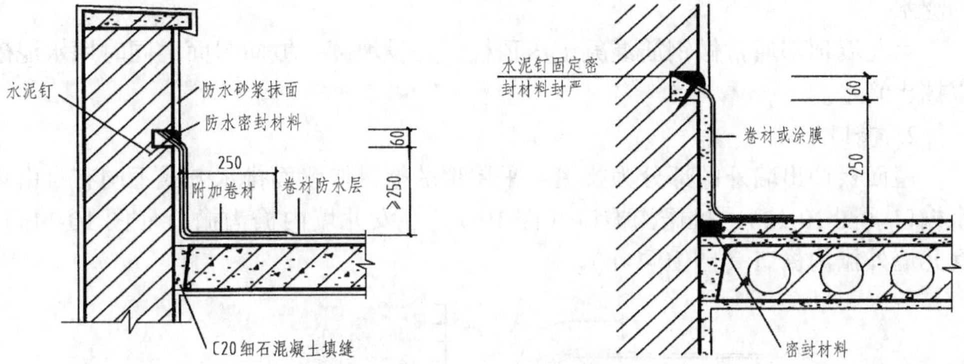

a)　　　　　　　　b)

图 10-11　女儿墙泛水沟造

a）卷材防水屋面　b）刚性防水屋面

1. 泛水

指屋面与垂直墙面交接处的防水构造，有女儿墙泛水（图 10-11）、高低跨泛水、变形缝泛水、出屋面的管道泛水等。

卷材防水屋面的泛水重点应做好防水层的转折、垂直面上的粘贴及收头固定处理等。一般是在泛水与屋面相交处的基层，用水泥砂浆或混凝土做成 $R=50\sim150\text{mm}$ 的圆弧或 45° 斜面，防止卷材折断或不能铺实。泛水处的卷材采用满粘法粘贴，高度由设计确定，但不应小于250mm，并应根据墙体材料确定收头和密封形式。

刚性防水屋面的泛水应在防水层与竖向构件交接处留宽度为 30mm 的缝隙，并用密封材料嵌填，泛水处铺设卷材或涂膜附加层，高度及收头构造同卷材防水屋面

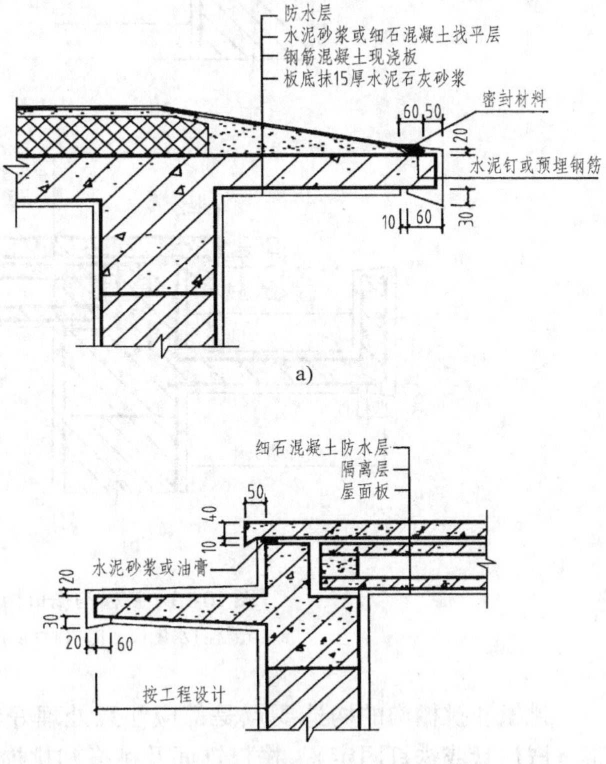

a)

b)

图 10-12　自由落水檐口构造

a）卷材防水屋面檐口　b）刚性防水屋面檐口

的泛水。

女儿墙顶部通常做钢筋混凝土压顶板，并设坡度，坡向屋面，同时用水泥砂浆抹出滴水。

2. 檐口

屋面板伸出墙外的部分为挑檐。平屋顶的檐口按屋面排水方式不同有自由落水檐口（图 10-12）、挑檐沟檐口（图 10-13）、女儿墙内檐沟檐口（图 10-14a）、女儿墙外檐沟檐口（图 10-14b）。

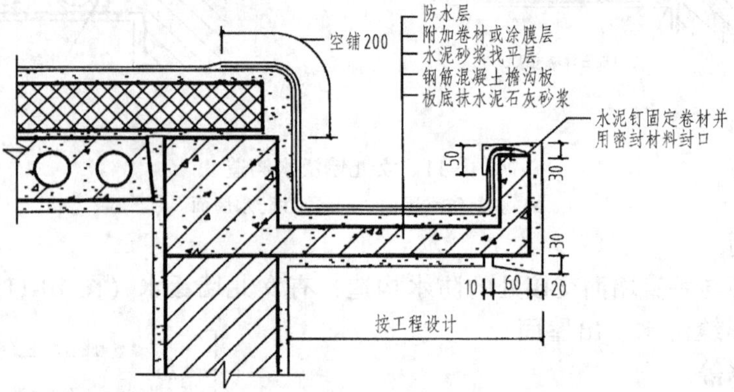

a)

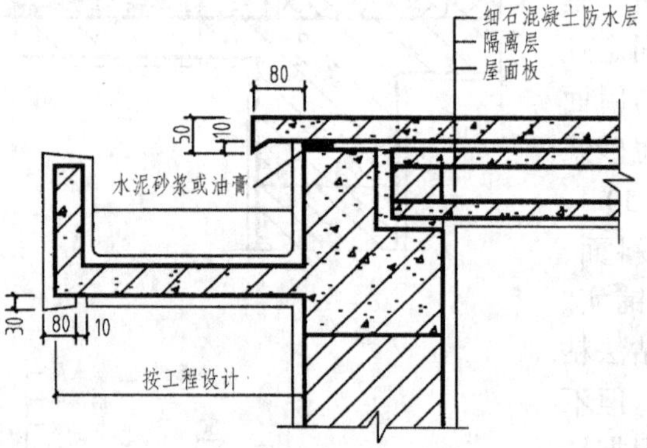

b)

图 10-13　挑檐沟檐口构造

a）卷材防水屋面　b）刚性防水屋面

挑檐和挑檐沟的构造要点是都应注意处理好卷材的收头固定（可采用压砂浆、嵌油膏或铁钉固定）、檐口饰面及挑檐和挑檐沟板底面的滴水。对于有组织排水的檐沟，沟内应增设附加层，并在内侧翻上，与屋面交接处的 200mm 范围应空铺。女儿墙檐口的构造要点是檐沟和泛水的结合。

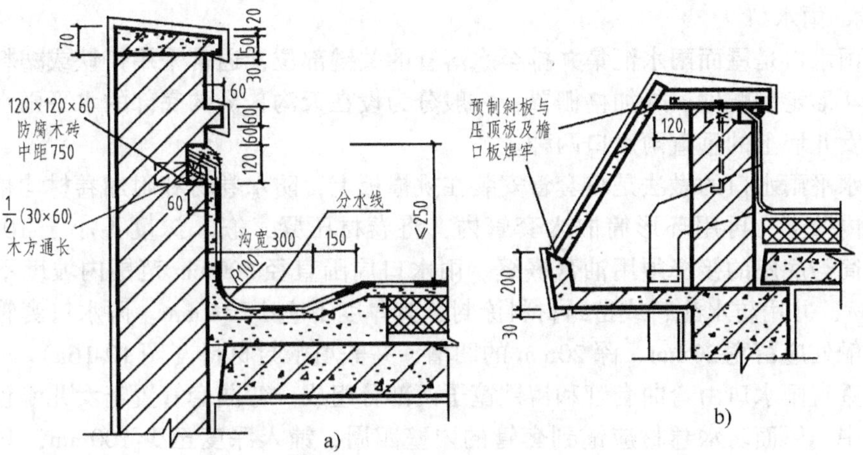

图 10-14　女儿墙檐沟檐口构造

a）女儿墙内檐沟檐口　b）女儿墙外檐沟檐口

3. 出屋面的管道

柔性防水屋面与出屋面管道的接缝处，应在管道周围 100mm 内，以 30% 的坡度找坡，组成高 30mm 的圆锥台，在管道四周留 20mm × 20mm 凹槽，槽内嵌填密封材料，并加铺卷材附加层，附加层和防水层应做到管道上方 250mm 处收头，用金属箍或铅丝紧固，密封材料封严（图 10-15a）。刚性防水屋面管道伸出屋面，其管道与刚性防水层交接处应留设缝隙，用密封材料嵌填，并应加设柔性防水层，收头处应固定密封材料（图 10-15b）。

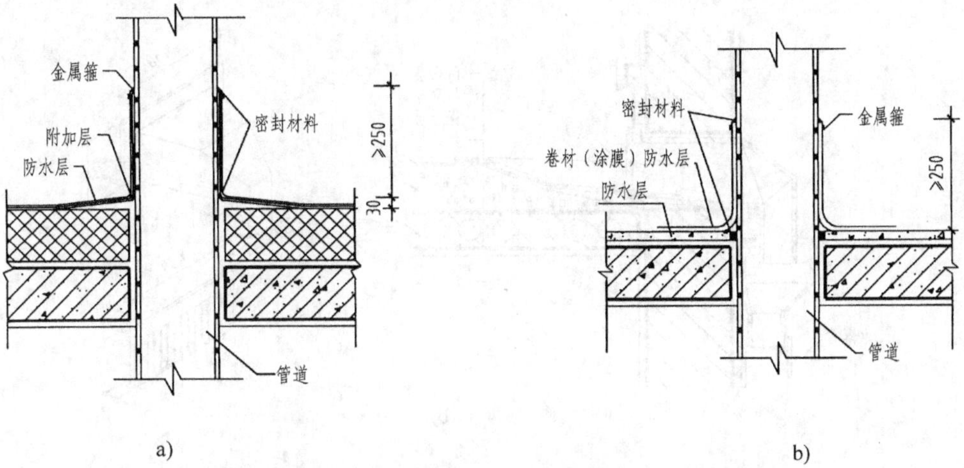

图 10-15　伸出屋面的管道防水处理

a）卷材防水屋面的出屋面管道　b）刚性防水屋面的出屋面管道

4. 雨水口

雨水口是屋面雨水汇集并排至水落管的关键部位，通常采用铸铁或塑料制品的漏斗形定型配件，外加格栅罩，一般分为设在天沟、檐沟底部的水平雨水口和设在女儿墙上的垂直雨水口两种。

水平雨水口的做法是将套管安装在挑檐板上，防水卷材和附加卷材均粘贴在套管内壁上，再用环形筒嵌入套管内，将卷材压紧，嵌入深度不小于100mm，环形筒与底座的接缝须用油膏嵌缝。雨水口周围直径500mm范围内坡度不应小于5%，并用防水涂料或密封材料涂封，其厚度不应小于2mm。雨水口套管与基层接触处应留宽20mm、深20mm的凹槽，并嵌填密封材料（图10-16a）。

垂直雨水口由弯曲套管和铸铁篦子两部分组成。弯曲套管置于女儿墙预留的孔洞中，屋面防水卷材应铺到套管的内壁四周，铺入深度至少100mm，套管口用铸铁篦子遮挡，防止杂物堵塞雨水口（图10-16b）。

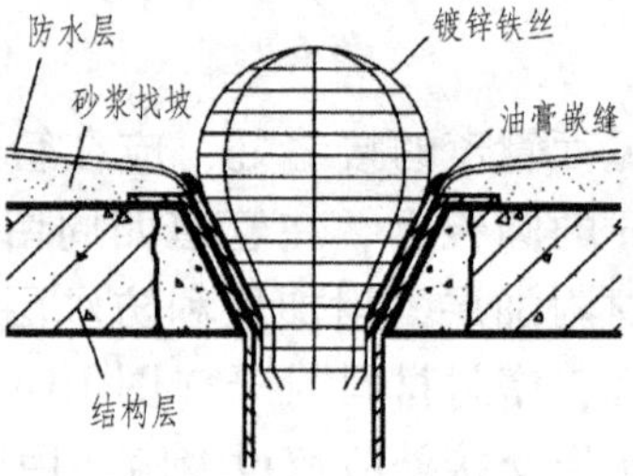

a)

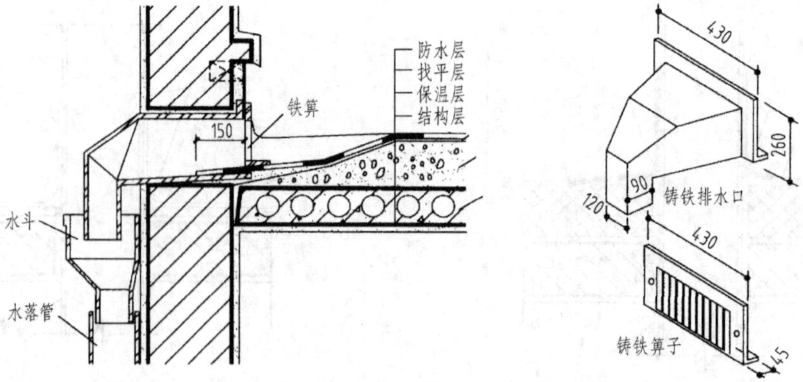

b)

图10-16　屋面雨水口构造

a）水平雨水口　b）垂直雨水口

5. 刚性防水屋面分格缝

分格缝又称分仓缝，是在刚性防水层内设置的变形缝，以防止由于结构、温度变形及混凝土干缩等引起的防水层开裂。因此，分格缝应设置在结构变形敏感的部位及温度变形允许的范围以内。一般设在预制板的支座处；预制板搁置方向变化处；防水层与突出屋面构件的交接处。分格缝应与板缝对齐，纵横间距不宜大于6m。

分格缝有平缝和凸缝两种（图10-17）。其缝宽一般为20～40mm，缝内应嵌填密封材料，缝口表面用宽度为200～300mm的防水卷材铺贴，但防水层内的钢筋网片在分格缝处必须断开。

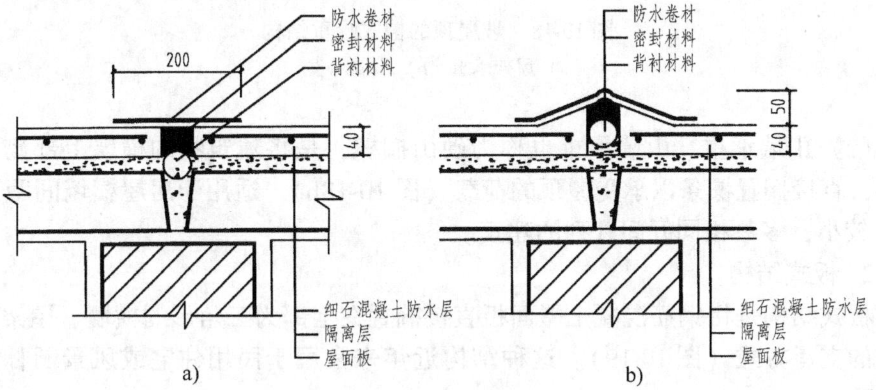

图10-17　分格缝的构造

a）平缝　b）凸缝

第三节　坡　屋　顶

坡屋顶一般由承重结构和屋面两部分组成，必要时还有保温层、隔热层及顶棚等。

一、坡屋顶的承重结构

坡屋顶承重结构一般由椽条、檩条、屋架或大梁等组成，常见的结构形式有檩式、板式和椽式。这里主要介绍檩式和板式结构。

1. 檩式结构

檩式结构是在屋架或山墙上支承檩条，檩条上铺设屋面板或椽条的结构系统。常见的形式有：

（1）屋架承重　即屋架支承在纵墙或柱上，其上搁置檩条以支承屋顶的荷载（图10-18a）。屋架的间距即房间的开间，也是檩条的长度。屋架间距通常为3～4m，一般不超过6m。

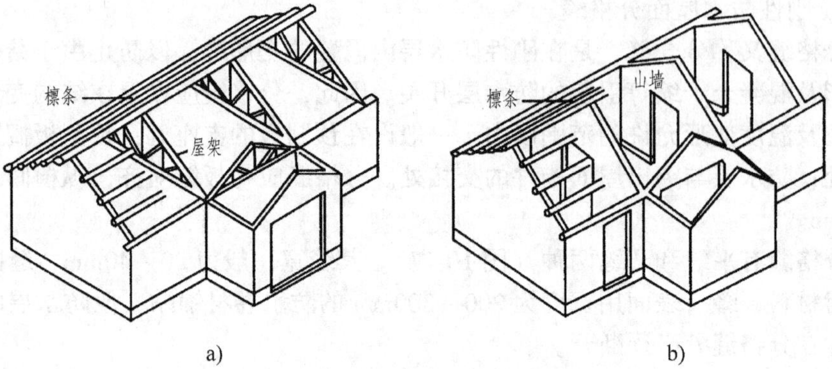

图 10-18　坡屋顶的檩式承重结构

a）屋架承重　b）山墙承重

(2) 山墙承重　山墙承重也称为硬山搁檩，是将建筑物的横墙上部砌成三角形，直接搁置檩条以承受屋顶的荷载（图 10-18b），适用于房屋横墙间距（开间）较小，多数相同开间并列的建筑。

2. 板式结构

板式结构是将钢筋混凝土屋面板直接搁置在上部为三角形的横墙、屋架或斜梁上的支承方式（图 10-19）。这种结构近年来常用于民用住宅或风景园林建筑的屋顶。

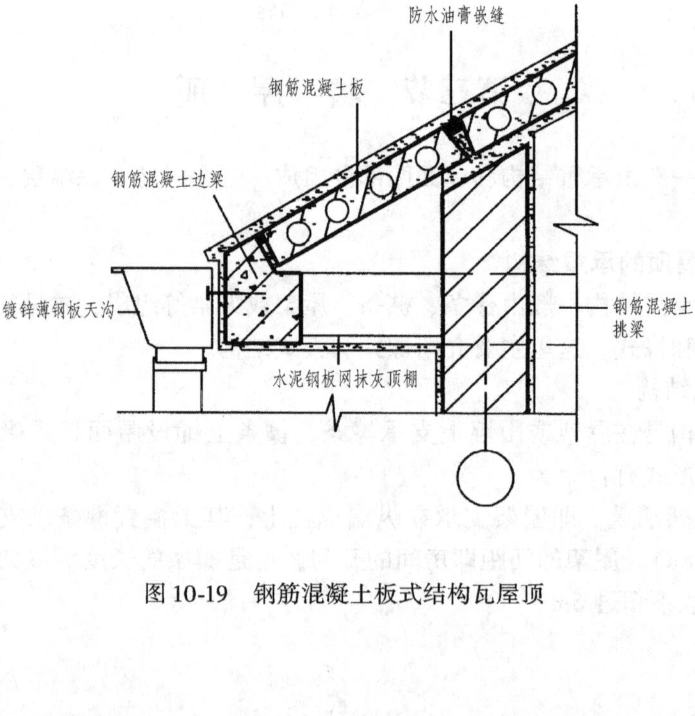

图 10-19　钢筋混凝土板式结构瓦屋顶

二、坡屋顶的屋面构造

坡屋顶屋面是利用各种瓦材作防水层，靠瓦与瓦之间的搭盖来达到防水的目的。目前常用的屋面材料有平瓦、波形瓦、油毡瓦、金属压型板等。在檩式结构中，瓦材通常铺设在由檩条、椽条、屋面板、挂瓦条等组成的基层上；在板式结构中，瓦材可通过水泥钉钉、泥背或挂瓦条挂等方式直接固定在各类钢筋混凝土板上。

瓦屋面的名称随瓦的种类而定，如平瓦屋面、波瓦屋面、油毡瓦屋面等。基层的做法则随瓦的种类和房屋的质量要求而定。表 10-3 为常见瓦屋面构造。

表 10-3　常见瓦屋面构造

序号	简　图	屋面做法	附　注
1	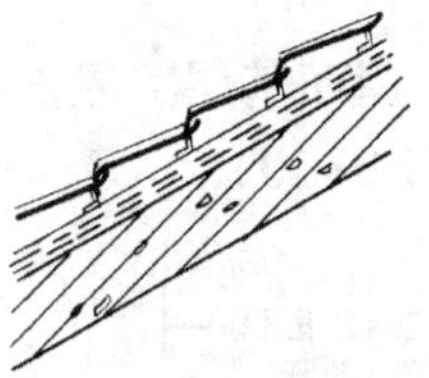	块瓦 最薄处 20mm 厚 1∶3 水泥砂浆卧瓦层（配 φ6@500mm×500mm 钢筋网） 防水层 15mm 厚 1∶3 水泥砂浆找平层 钢筋混凝土屋面板	适用于：屋面防水等级为Ⅱ级的无保温隔热要求的建筑
2	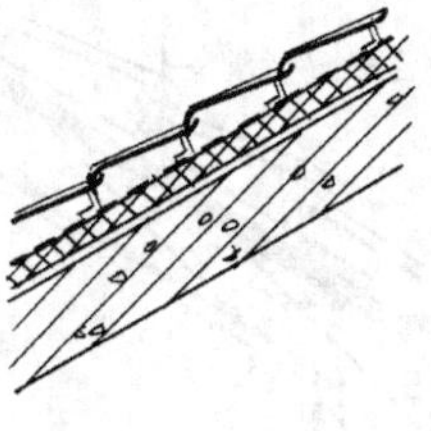	块瓦 最薄处 20mm 厚 1∶3 水泥砂浆卧瓦层（配 φ6@500mm×500mm 钢筋网） 20mm 厚 1∶3 水泥砂浆找平层 保温或隔热层 防水层 15mm 厚 1∶3 水泥砂浆找平层 钢筋混凝土屋面板	适用于屋面防水等级为Ⅱ级的有保温隔热要求的建筑 防水层可兼作隔汽层
3	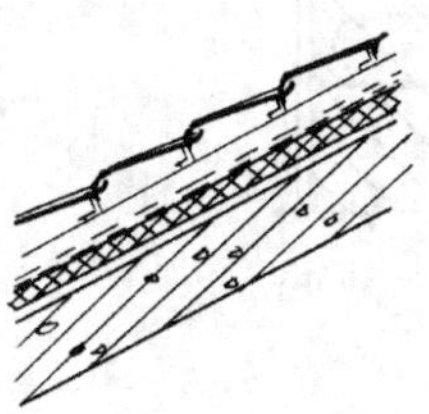	块瓦 L 形挂瓦条 30mm×4mm，中距按瓦材规格 顺水条 25mm×5mm 中距 600mm 35mm 厚 C15 细石混凝土找平层（配 φ6@500mm×500mm 钢筋网） 保温或隔热层 防水层 15 厚 1∶3 水泥砂浆找平层 钢筋混凝土屋面板	适用于屋面防水等级为Ⅱ级的有保温隔热要求的建筑 防水层可兼作隔汽层
4	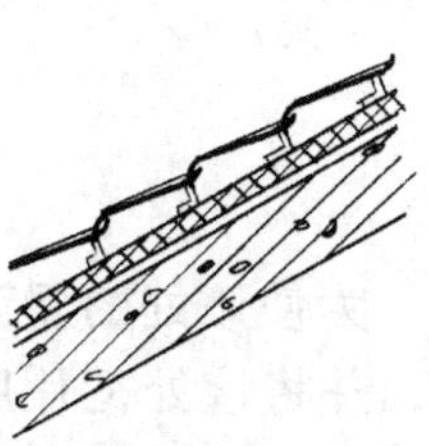	油毡瓦 空铺卷材垫毡一层 35mm 厚 C15 细石混凝土找平层（配 φ6@500mm×500mm 钢筋网） 20mm 厚 1∶3 水泥砂浆找平层 保温或隔热层 防水层 15mm 厚 1∶3 水泥砂浆找平层 钢筋混凝土屋面板	适用于屋面防水等级为Ⅱ级的有保温隔热要求的建筑 防水层可兼作隔汽层

（续）

序号	简　图	屋面做法	附　注
5	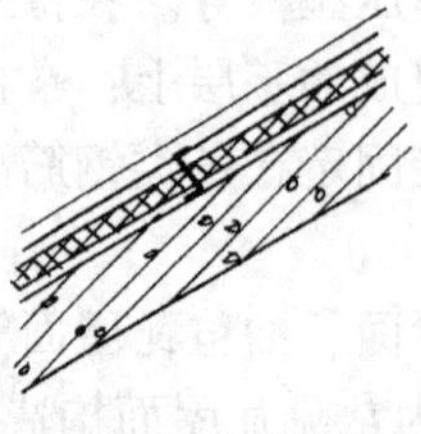	瓦块形钢板彩瓦 冷弯型钢挂瓦条，中距按瓦材规格 保温或隔热层 防水层 15～20mm 厚 1:3 水泥砂浆找平层 钢筋混凝土屋面板	适用于屋面防水等级为Ⅱ级的有保温隔热要求的建筑

三、平瓦屋面的细部构造

平瓦屋面的细部构造包括纵墙檐口、山墙檐口和高低跨泛水构造等。

1. 纵墙檐口

纵墙檐口的构造与屋顶的排水方式、屋顶承重结构、屋面基层、屋面出檐长度的大小等有关，有无组织排水和有组织排水两大类（图 10-20）。

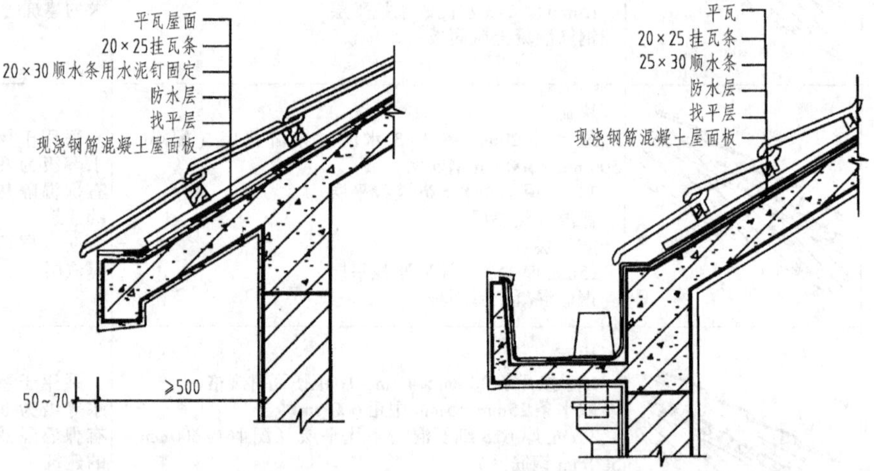

a)　　b)

图 10-20　纵墙檐口构造

a）现浇钢筋混凝土屋面板挑檐　b）现浇钢筋混凝土挑檐沟

2. 山墙檐口

山墙檐口有悬山和硬山两种。

（1）悬山　檩条和屋面板挑出山墙的檐部称为悬山。为使该处的屋面有整齐的收头和不漏水，通常用封山板（也称博风板）封住，并将该处瓦片用混合砂浆窝牢，同时用掺麻刀的混合砂浆抹出“瓦楞线”（图 10-21）。

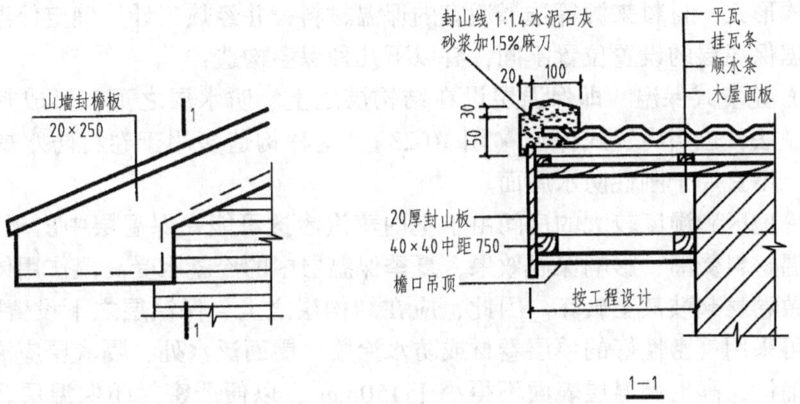

图 10-21　平瓦屋面悬山构造

（2）硬山　山墙砌至屋面收头或山墙高出屋面形成女儿墙的做法称为硬山。山墙与屋面的交接处要做好泛水，以防渗漏。常见的做法有细石混凝土泛水（图 10-22a）、水泥石灰麻刀砂浆泛水（图 10-22b）、小青瓦坐浆泛水和镀锌铁皮泛水等。

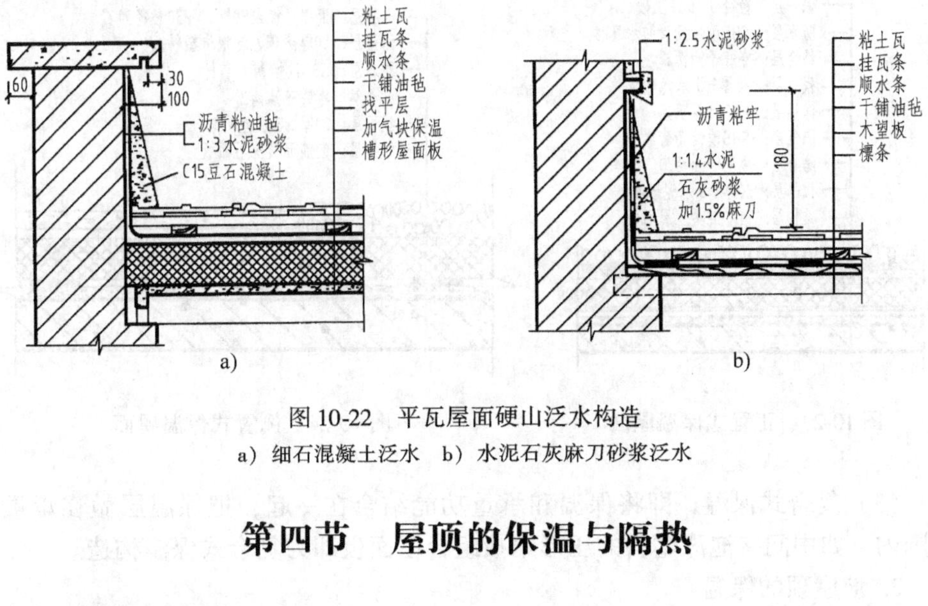

图 10-22　平瓦屋面硬山泛水构造

a）细石混凝土泛水　b）水泥石灰麻刀砂浆泛水

第四节　屋顶的保温与隔热

一、屋顶的保温

1. 平屋顶的保温

平屋顶的保温措施，主要是设置保温层。常用的保温层材料有泡沫混凝土、膨胀珍珠岩、膨胀蛭石、炉渣及泡沫塑料等。设计时应根据建筑物的使用要求、屋顶结构形式、材料来源等选择适宜的保温材料，并经热工计算确定保温层的厚度。根据保温层的设置位置不同，有以下几种保温构造：

（1）正置式保温　即保温层设在结构层之上、防水层之下，形成封闭的保温层的做法，也叫内置式保温（图 10-23）。这种构造多用于卷材防水或涂膜防水屋面，不宜用于刚性防水屋面。

寒冷地区和湿度较大的房间由于室内蒸汽渗透可能在保温层中出现冷凝水，致使保温材料受潮，影响保温效果，夏季保温层中的冷凝水受高温作用体积膨胀又会导致卷材起鼓甚至破坏。因此，应在结构层之上、保温层之下设置隔汽层。隔汽层可采用气密性好的单层卷材或防水涂膜。屋面泛水处，隔汽层应沿墙面向上连续铺设，高出保温层表面不得小于 150mm，以便严密封闭保温层。同时对残存于保温层中的水汽可考虑设置排汽道和排汽孔排出。

（2）倒置式保温　即保温层设在防水层之上的构造做法。这种做法的优点是防水层不受外界气温变化的影响，不易受外来作用力的破坏；缺点是保温材料的选用受限制，要求使用吸水率低、耐侯性强的材料，如聚氨脂和聚苯乙烯发泡材料、膨胀沥青珍珠岩等。保温层上要用混凝土板材、卵石等较重的覆盖层做保护层（图 10-24）。

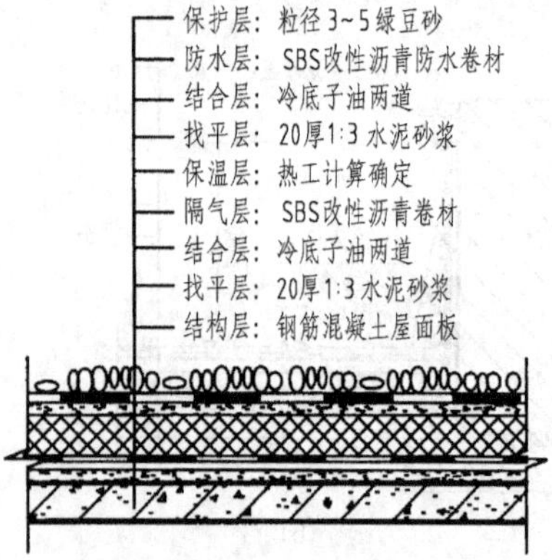

图 10-23　正置式保温屋面

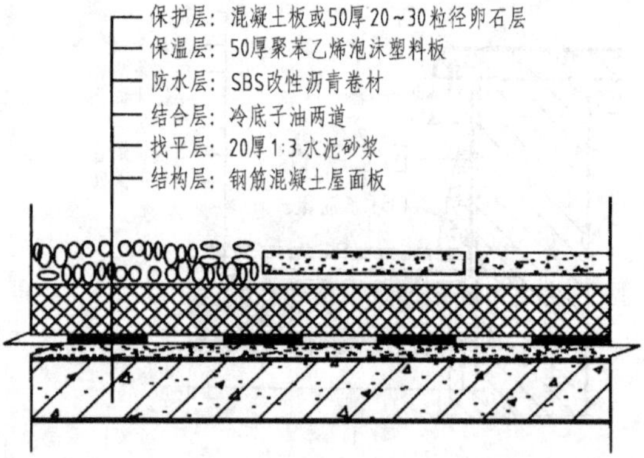

图 10-24　倒置式保温屋面

（3）复合式保温　即将保温和承重功能结合在一起，把保温层做在承重层范围内，如中间夹泡沫塑料的压形钢板组合屋面板即为复合式保温构造。

2. 坡屋顶的保温

坡屋顶的保温有屋面保温和顶棚层保温两种。当采用屋面保温时，保温层可设在屋面板之上，也可设在屋面板之下（图 10-25a）。当采用顶棚层保温时，先在顶棚搁栅上铺板，板上铺油毡作隔汽层，在隔汽层上铺设保温材料，这样可收到保温和隔热的双重效果（图 10-25b）。

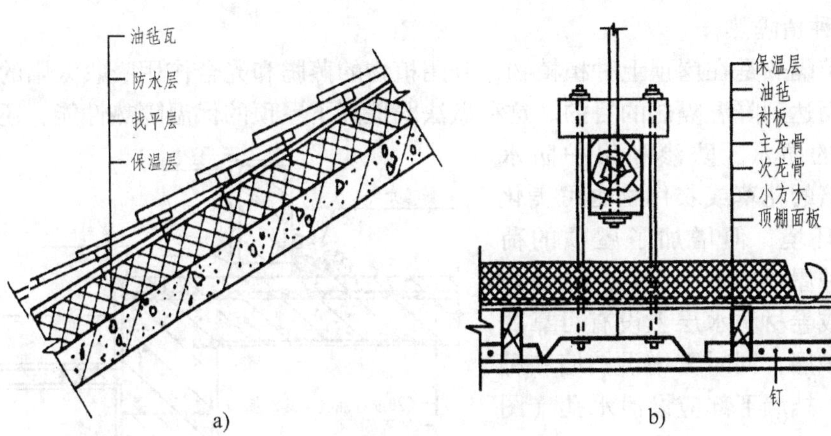

图 10-25　坡屋顶保温构造

a）屋面保温　b）顶棚保温

二、屋顶的隔热

平屋顶的隔热措施主要有通风隔热、蓄水隔热、种植隔热和反射隔热等；坡屋顶隔热措施主要是通风隔热。

1. 通风隔热

通风隔热是设置通风的空气间层，利用空气的流动散发部分热量。通风间层通常有两种设置方式，一种是利用吊顶通风隔热（图 10-26a、b），另一种是在屋面上设架空层来达到通风隔热的目的（图 10-26c、d）。

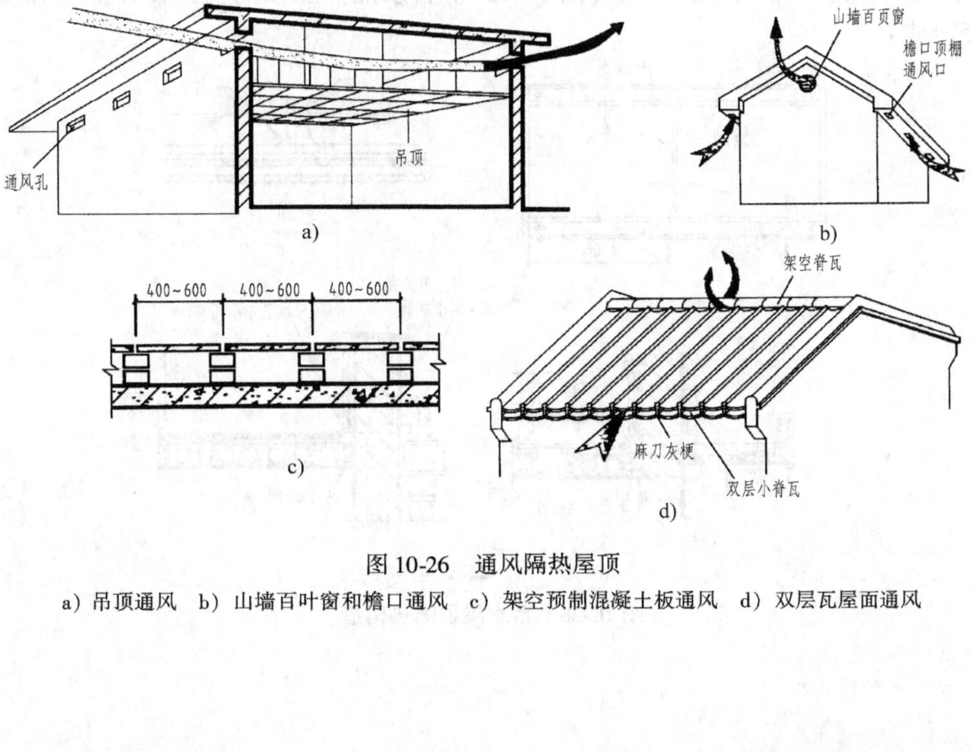

图 10-26　通风隔热屋顶

a）吊顶通风　b）山墙百叶窗和檐口通风　c）架空预制混凝土板通风　d）双层瓦屋面通风

2. 种植隔热

种植隔热是在屋顶上种植植物，利用植物的蒸腾和光合作用吸收太阳的辐射热，从而达到降温隔热的目的。这种做法既提高了屋顶的保温隔热性能，还有利于屋面的防水、防渗和保护防水层。栽培的花草或农作物也可美化和净化环境，但增加了屋顶的荷载。这种屋顶的防水层宜用刚性防水层，或卷材防水层上设有可靠的刚性保护层，同时需增设挡墙和种植介质，挡墙下部应设泄水孔（图10-27）。

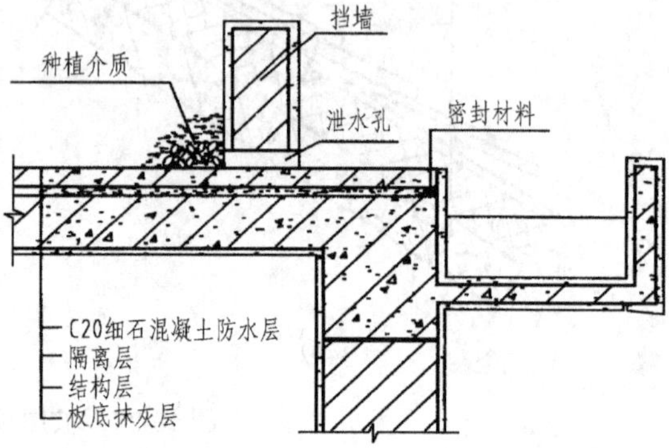

图 10-27　植被隔热屋顶构造

3. 反射隔热

反射隔热是在屋顶铺设浅色和光滑的材料，利用反射原理将太阳辐射的部分热量反射回去，达到降温的目的。做法有铺设浅色豆石、大阶砖等作屋面保护层，或屋面刷石灰水、铝银粉涂料，以及用带铝箔的油毡防水面层等。

4. 蓄水隔热

蓄水隔热是在屋顶上长期储水以达到隔热降温的目的。蓄水隔热平屋顶的构造与细石混凝土刚性防水平屋顶基本相同，主要区别是增加了一壁三孔，即分仓壁、溢水孔、泄水孔和过水孔（图 10-28）。蓄水隔热屋顶的构造设计应注意以下几点：

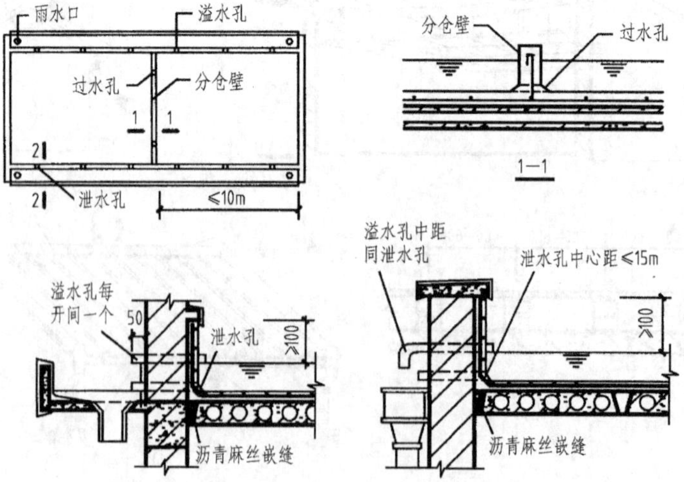

图 10-28　蓄水屋顶隔热构造

1）应有合适的蓄水深度，一般为150～200mm。

2）合理划分蓄水区域，一般每区的边长不大于10m。在变形缝的两侧，应分成两个互不连通的蓄水区。

3）应有足够的泛水高度，泛水至少应高出溢水孔100mm。

4）合理设置溢水孔和泄水孔，并应与排水檐沟或水落管连通。

5）做好屋面防水及管道防水，一般应设屋面给水管，以保证水源的稳定。

复习思考题

10-1　什么是平屋顶？其坡度如何形成？

10-2　屋顶的排水方式有哪几种？各有何特点？

10-3　什么是卷材防水屋面？目前常用的卷材有哪些？

10-4　什么是泛水？其构造要点是什么？

10-5　平屋顶的保温层设置有哪几种形式？各有何特点和要求？

10-6　屋顶的隔热措施有哪些？

10-7　管道出屋面的构造如何处理？

第十一章　门　和　窗

第一节　门

一、门的种类

门的种类很多，按材料分有木门、钢门、铝合金门、塑料门和玻璃门等；按用途分有普通门、纱门、百叶门以及特殊用途的门（保温门、隔声门、防盗门、防火门和防爆门）；按开启方式分有平开门、弹簧门、推拉门、折叠门、转门等（图 11-1）。

1. 平开门

平开门就是用普通合页将门扇和门框从一侧连接，使门扇水平转动开启的门。按门扇数分有单扇门、双扇门和多扇门。按门的开启方向分为内开门和外开门。平开门构造简单、安装方便、开启灵活，是工业与民用建筑中应用最广泛的一种门。

2. 弹簧门

弹簧门是开启后会自动关闭的门。它是平开门的一种，颌为弹簧颌，有单向开启和双向开启两种。适用于公共建筑的过厅、走廊及人流较多的公共场所。

3. 推拉门

推拉门是通过上下轨道左右推拉启闭的门。其特点是开启后不占室内空间，但关闭时封闭不严、构造复杂，常用于壁橱的门和工业厂房的车间大门等。推拉门也常采用玻璃门，通过光、声、电或触动装置，实现自动启闭。

4. 折叠门

折叠门是由一组较窄的门扇相互用铰链连接而成，复杂的还要在门的上部或下部装上轨道及转动五金零件，门开启后，门扇折叠在一起推移到洞口的一侧或两侧。一般用于宽度较大的门，如仓库的门等。

5. 转门

转门是将三扇或四扇门由同一竖轴连成风车形装在两个固定的弧形门套内，通过门扇的转动实现启闭。转门构造复杂、造价较高，对隔绝室内外空气的对流有一定的作用，常用于人流进出频繁且有采暖或空调设施的公共建筑的外门。转门的两旁还应设平开门或弹簧门以备安全疏散之用。

图 11-1　门的开启方式

a）平开门　b）弹簧门　c）推拉门　d）折叠门　e）转门

二、门的组成与尺度

1. 门的组成

门主要由门框、门扇、亮子、五金零件及其他附件组成（图 11-2）。门框一般由边框、上框、中横框和中竖框等组成。门扇按构造不同有镶板门和夹板门两种，其中镶板门由上、中、下冒头、边梃及门心板等组成。亮子在门的上方，为辅助采光和通风之用，并可用来调整门的尺度和比例。五金零件有铰链、门锁、插销、门碰等。其他附件有门下槛、贴脸和筒子板等。

2. 门的尺度

门的尺度指门洞口的宽、高尺寸。门洞尺寸应满足人流通行、安全疏散、家

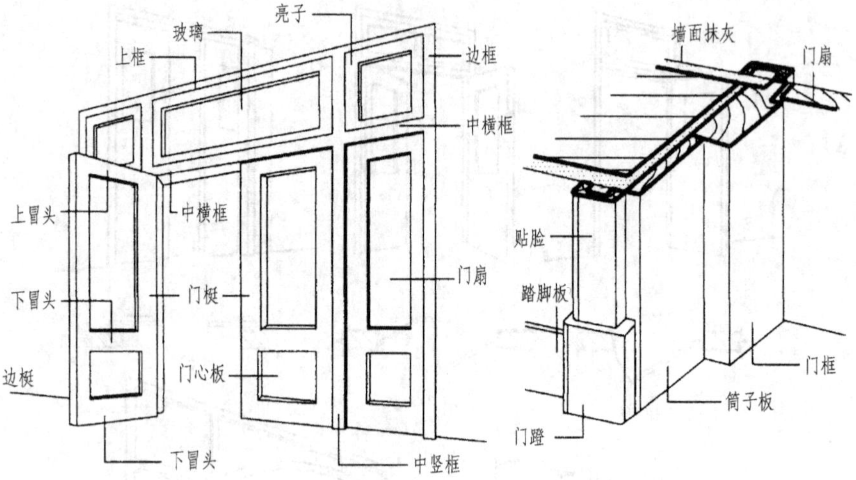

图 11-2　门的组成

具搬运的要求，而且应符合《建筑模数协调统一标准》的规定。一般供日常生活用的门，门扇高度在 1900 ~ 2100mm 左右，单扇门宽度 800 ~ 900mm；双扇门宽度 1200 ~ 1800mm。辅助房间（如浴厕）的门宽一般为 600 ~ 800mm。门上亮子的高度一般为 300 ~ 600mm。公共建筑门的尺度应满足防火疏散的要求，宽度按百人指标计算。

3. 门的型号

对于门的设计和选择，各地有标准图集可供选用，一般只需在图上标注门的型号即可。木门的型号组成如下：

门类别代号——X；门立面形式代号——x；门洞口宽度代号——第一个 X；门洞口高度代号——第二个 X

X M x X X

如 1M37 表示夹板门，洞口宽度 900mm（3 × 300mm），洞口高度 2100mm（7 × 300mm）。

第二节　窗

一、窗的类型

窗按材料分为木窗、钢窗、铝合金窗及塑钢窗、彩板窗等；按窗的层数分为单层窗和多层窗；按开启方式分为平开窗、悬窗、立转窗、推拉窗和固定窗等（图 11-3）。

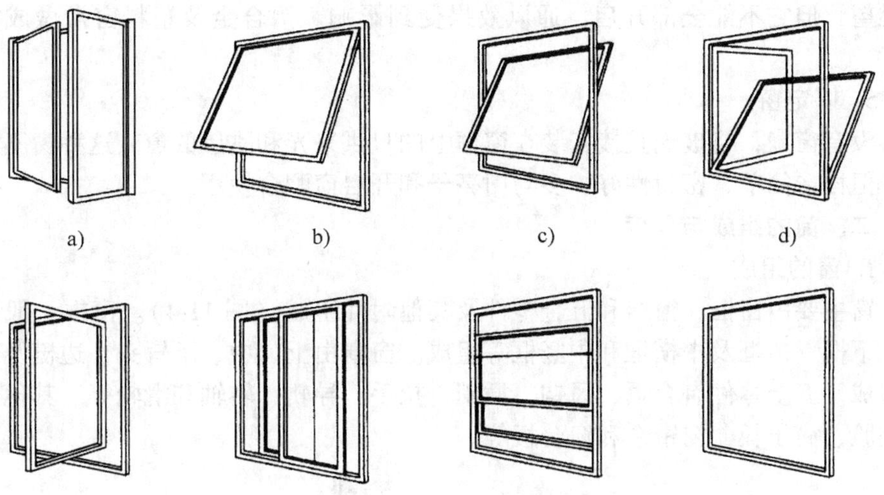

图 11-3　窗的开启方式

a）平开窗　b）上悬窗　c）中悬窗　d）下悬窗　e）立转窗
f）水平推拉窗　g）上下推拉窗　h）固定窗

1. 平开窗

平开窗是窗扇用合页与窗框侧边相连，水平开启的窗，有内开和外开之分。外开窗开启后不占室内空间，雨水不易流入室内，但易受室外风吹、日晒、雨淋，且安装修理不方便，内开窗与特点之相反。平开窗构造简单，制作、安装和维修方便，应用较为广泛。

2. 悬窗

悬窗是窗扇绕水平轴旋转启闭的窗。根据铰链和转轴位置不同，可分上悬窗、中悬窗和下悬窗。上悬窗铰链安装在窗扇的上边，一般向外开，防雨好，多用作外门和窗上的亮子；下悬窗铰链安在窗扇的下边，一般向内开，通风较好，不防雨，不能用作外窗，一般用于内门上的亮子；中悬窗是在窗扇中部装水平转轴，开启时窗扇绕水平轴旋转，开启时窗扇上部向内、下部向外，对挡雨、通风有利，并且开启易于机械化，故常用作大空间建筑的高侧窗。

3. 立转窗

立转窗是窗扇绕竖轴水平旋转启闭的窗。立转窗开启方便，通风采光好，也便于擦窗，但防雨和密闭性较差。

4. 推拉窗

推拉窗窗扇沿水平或竖向轨道或滑槽推拉，分垂直推拉窗和水平推拉窗两种。推拉窗开启时不占室内外空间，窗扇及玻璃尺寸均比平开窗大，有利于采光和眺望，但它不能全部开启，通风效果受到影响。铝合金及塑料窗常做成推拉窗。

5. 固定窗

没有窗扇，将玻璃直接安装在窗框上的只供采光和眺望的窗。这种窗不能通风，但构造简单，密封性好，多与门亮子和开启窗配合使用。

二、窗的组成与尺度

1. 窗的组成

窗主要由窗框、窗扇和五金零件及其他附件组成（图 11-4）。窗框一般由上框、下框、边框及中横框和中竖框等组成。窗扇由上、中、下冒头、边梃及玻璃等组成。五金零件有合页、风钩、插销、拉手、导轨、转轴和滑轮等。其他附件有贴脸、筒子板、窗帘盒和窗台板等。

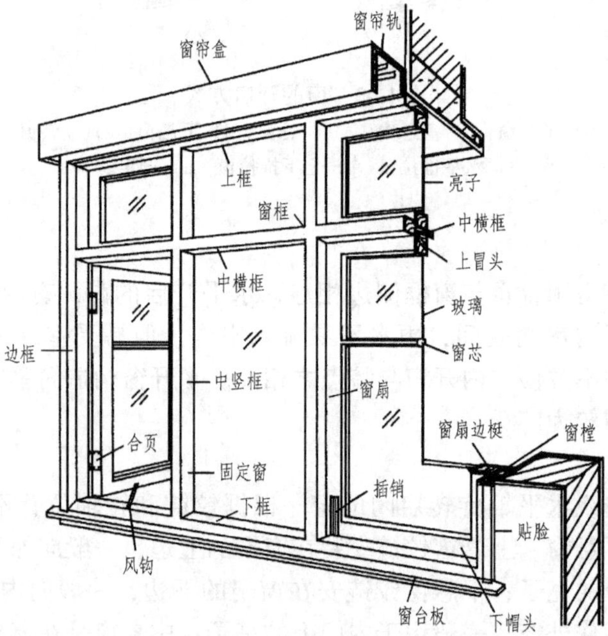

图 11-4　木窗的组成

2. 窗的尺度

窗的尺度应根据采光、通风的需要确定，同时兼顾墙的构造、建筑造型和建筑模数协调标准等因素。窗洞口的高度和宽度一般采用 3M 数列，常用的洞口宽有 1200mm、1500mm、1800mm、2100mm、2400mm；高有 1500mm、1800mm、2100mm、2400mm。当洞口尺寸小于 1200mm 时，可采用 1M 的基本模数数列，有 600mm、700mm、800mm、900mm、1000mm。目前各地都有窗的通用图集，使用时可根据具体情况选用。

3. 窗的型号

（1）木窗型号　木窗的型号组成如下：

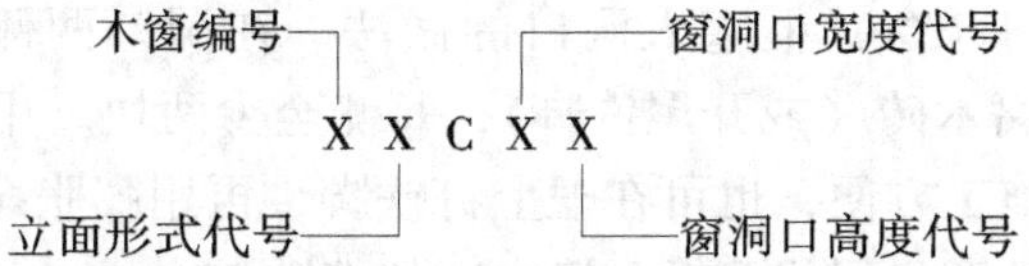

如 21C45 表示单玻外开带上亮窗，洞口宽度为 1200mm，高度为 1500mm。

（2）塑钢窗型号　塑钢窗的型号组成如下：

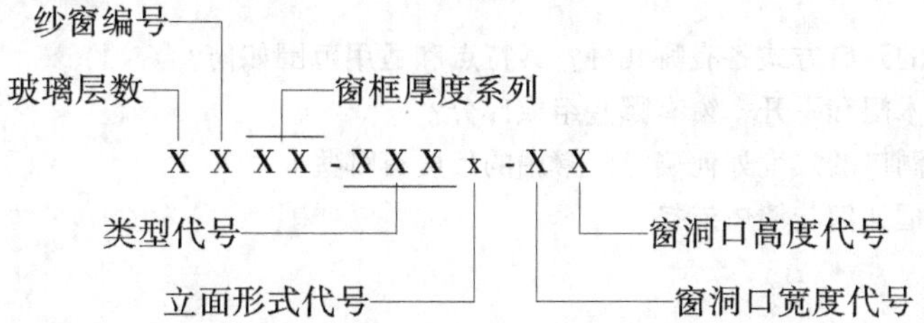

如 BS58-2PC$_1$-56 表示双层玻璃带纱扇窗框厚度 58mm 系列平开窗，洞口宽度为 1500mm，高度为 1800mm。

三、门（窗）框的安装

门（窗）框的安装分为立口和塞口两种（图 11-5）。

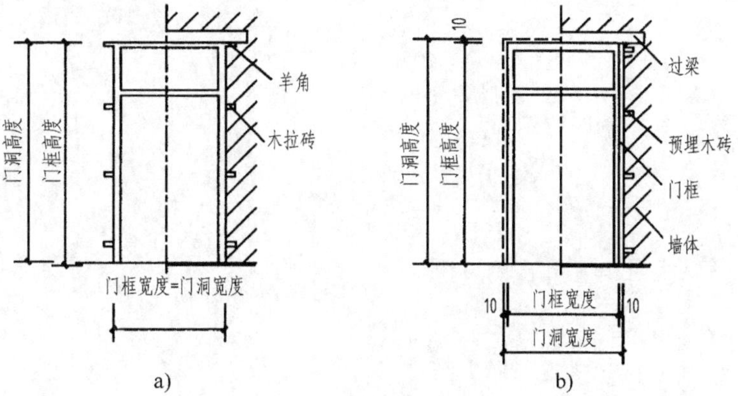

图 11-5　门框的安装

a）立口　b）塞口

1. 立口

立口是先立门（窗）框再砌墙的安装方法。为使门（窗）框与墙体连接牢固，门（窗）框上下框两端各伸出 120mm（俗称羊角头），并在边框外侧上下框之间每隔 600～800mm 用榫接（或钉接）设一木拉砖或开尾铁脚，并将羊角头和木拉砖一并砌入墙体。这种做法门（窗）框与墙结合紧密，但会影响砌墙进度。

2. 塞口

塞口是砌墙时预留出比门（窗）框外包尺寸大 10～20mm 的洞口，待主体工程结束后，再将门（窗）框塞入洞口的做法。在洞口两侧的墙上每隔 500～700mm 砌入一块防腐木砖（或开尾铁脚），每侧至少两块。用长钉或螺钉将门窗框钉在木砖上，为施工方便，也可在框上钉铁脚，再用膨胀螺钉固定在墙上。这种做法不影响砌墙进度，但门窗框与墙之间的缝隙较大。

复习思考题

11-1　门窗的开启方式各有哪几种？其特点和适用范围如何？

11-2　平开木门和平开木窗有哪些组成部分？

11-3　门窗洞口的尺度如何确定？常用的尺度有哪些？

11-4　门窗框如何与墙体连接？

第十二章　变形缝、建筑抗震及防火

第一节　变　形　缝

一、变形缝的概念

变形缝是为防止建筑物在外界因素（温度变化、地基不均匀沉降及地震）作用下产生变形、开裂，甚至破坏而人为设置的缝隙。它包括伸缩缝、沉降缝和防震缝。

1. 伸缩缝

为防止因温度变化而热胀冷缩，使房屋出现裂缝、甚至破坏，沿建筑物长度方向每隔一定距离设置的垂直缝隙称为伸缩缝，也叫温度缝。伸缩缝的位置和间距与建筑物使用的材料、结构形式、使用情况、施工条件及当地温度变化情况有关。结构设计规范对砌体结构建筑和钢筋混凝土结构建筑的伸缩缝最大间距均做出了明确的规定。

伸缩缝要求从基础顶面开始，将墙体、楼板、屋顶等构件全部断开，基础因埋在土中，受气温影响小，不必断开。伸缩缝的宽度为20~30mm。

2. 沉降缝

为防止建筑物各部分由于地基不均匀沉降引发房屋出现裂缝甚至破坏所设置的垂直缝隙称为沉降缝。沉降缝贯穿建筑物基础与屋顶，一般在下列部位设置。

1）同一建筑物地基土质不同且性质差别较大处。

2）同一建筑物相邻部分的基础形式、宽度和埋置深度相差较大的部位。

3）同一建筑物相邻部分的高度相差较大（一般为超过10m）、荷载相差悬殊或结构形式变化较大处。

4）建筑物平面形状比较复杂时的连接薄弱部位。

5）原有建筑物和新建、扩建的建筑物之间。

沉降缝的宽度与地基情况及建筑物的高度有关，一般为30~70mm，建筑物的地基越软弱，沉陷的可能性越大，沉降后所产生的倾斜越大。因此，建造在软弱地基及湿陷性黄土地基上的建筑，其沉降缝宽度应更大些。

3. 防震缝

在抗震设防烈度为6~9度地区，为防止地震对建筑物产生破坏，将建筑物分成若干形体简单、结构刚度均匀的独立单元的缝，叫防震缝。防震缝的设置原则依抗震设防烈度、房屋结构类型和高度不同而异。对多层砌体房屋来说，遇下列情况时宜设置防震缝。

1）建筑物立面高差大于6m。

2）建筑物有错层，且楼板高差较大。

3）各部分结构刚度、质量截然不同。

防震缝的宽度应根据抗震设防烈度和房屋高度确定，一般为50～100mm。在抗震设防地区，防震缝应与伸缩缝、沉降缝协调布置，做到一缝多用。但应注意，沉降缝可以兼起伸缩缝的作用，伸缩缝却不能代替沉降缝。当防震缝与沉降缝结合设置时，基础也应断开。

二、变形缝的构造

1. 墙体变形缝

墙体变形缝的构造处理既要保证变形缝两侧的墙体自由伸缩、沉降或摆动，又要密封较严，以满足防风、防雨、保温隔热和外形美观的要求。因此，在构造上对变形缝须进行覆盖和装修。

（1）伸缩缝　墙体伸缩缝一般做成平缝形式，当墙体厚度在240mm以上时，也可以做成错口缝、企口缝等形式（图12-1）。

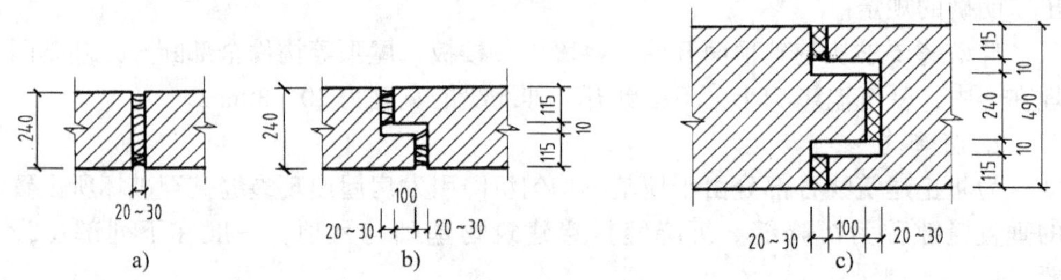

图12-1　伸缩缝形式

a）平缝　b）错口缝　c）企口缝

为防止外界自然环境对墙体及室内环境的影响，外墙外侧变形缝处常用沥青麻丝、泡沫塑料条、油膏等有弹性的防水材料填缝，缝口用镀锌铁皮等材料进行盖缝处理；内墙及外墙内侧缝口一般结合室内装修用木板、各类金属板等进行盖缝处理（图12-2）。

（2）沉降缝　沉降缝一般兼起伸缩缝的作用，其构造与伸缩缝构造基本相同，只是调节片或盖缝板在构造上应保证两侧墙体在水平方向和垂直方向均能自由变形。一般外侧缝口宜根据缝的宽度 a_e 不同，采用金属调节片盖缝（图12-3），内墙沉降缝及外墙内侧缝口的盖缝同伸缩缝。

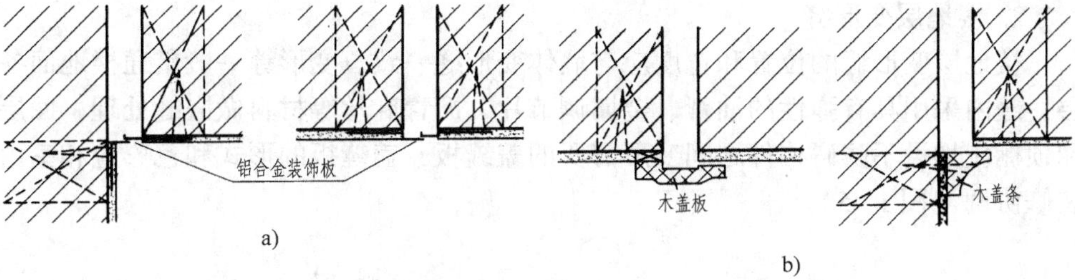

图 12-2　墙身伸缩缝构造
a）外侧缝口　b）内侧缝口

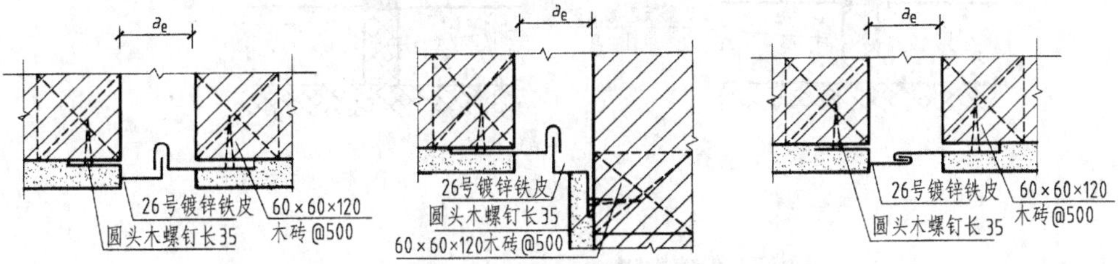

图 12-3　墙身沉降缝的构造

（3）防震缝　墙体防震缝构造与伸缩缝、沉降缝构造基本相同。考虑防震缝宽度 a_e 较大，构造上更应注意盖缝的牢固、防风、防雨等。寒冷地区的外缝口还须用具有弹性的软质聚氯乙烯泡沫塑料、聚苯乙烯泡沫塑料等保温材料填实（图 12-4）。

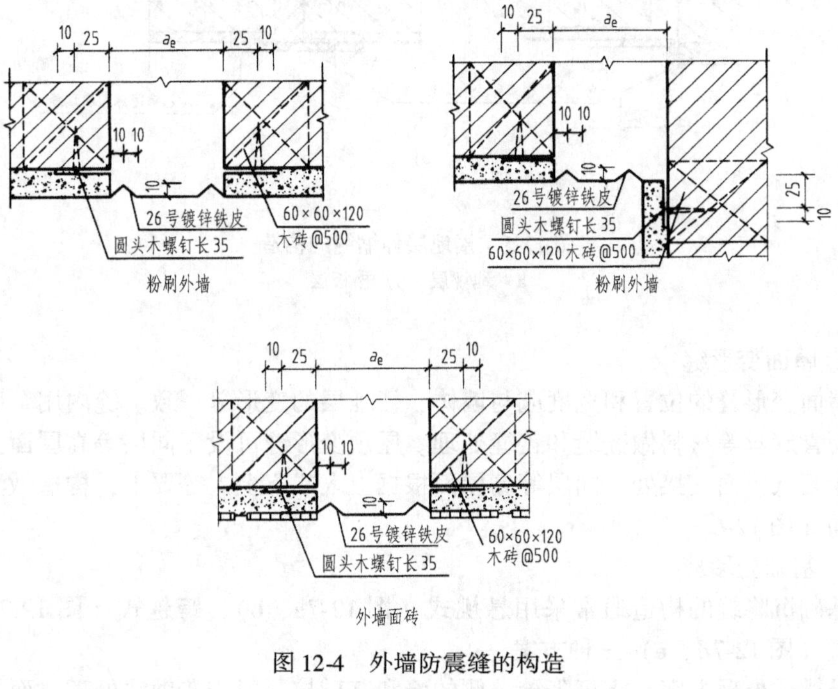

图 12-4　外墙防震缝的构造

2. 楼地层变形缝

楼地层变形缝的位置和宽度应与墙体变形缝一致。变形缝一般贯通楼地面各层，缝内采用具有弹性的油膏、金属调节片、沥青麻丝等材料做嵌缝处理，面层和顶棚应加设不防碍构件之间变形需要的盖缝板，盖缝板的形式和色彩应和室内装修协调（图 12-5）。

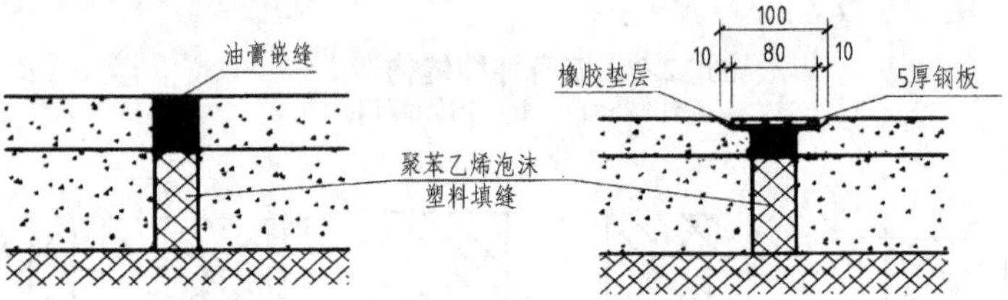

a)

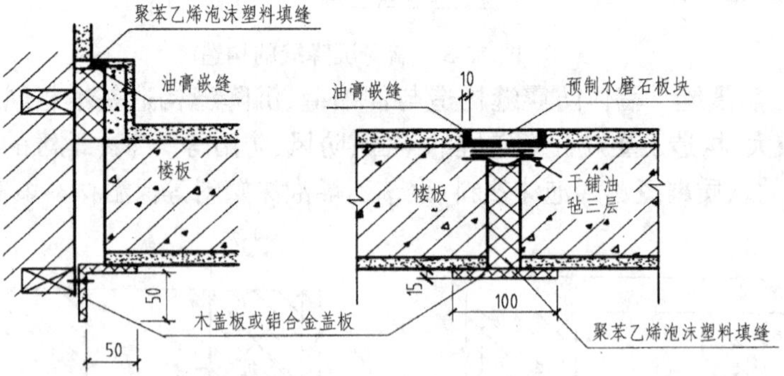

b)

图 12-5　楼地层伸缩缝的构造

a）地坪层　b）楼板层

3. 屋面变形缝

屋面变形缝的位置和宽度应与墙体、楼地层的变形缝一致。缝内用金属调节片、沥青麻丝等材料做嵌缝和盖缝处理。屋顶变形缝可设于同层等高屋面上；也可设于高低屋面交接处。同层等高屋面根据上人或不上人等要求，构造做法也各不相同（图 12-6）。

4. 基础变形缝

基础沉降缝的构造通常采用悬挑式（图 12-7a、b）、跨越式（图 12-7c）和双墙式（图 12-7d、e）三种方案。

悬挑式处理方案是将沉降缝一侧的墙和基础按一般构造做法处理，而另一侧则采用挑梁支承基础梁，基础梁上支承轻质墙。轻质墙可减少挑梁承受的荷载，但挑梁下基础的底面要相应加宽。这种做法两侧基础分开较大，相互影响小，适用于沉降缝两侧基础埋深相差较大或新旧建筑毗连的情况。

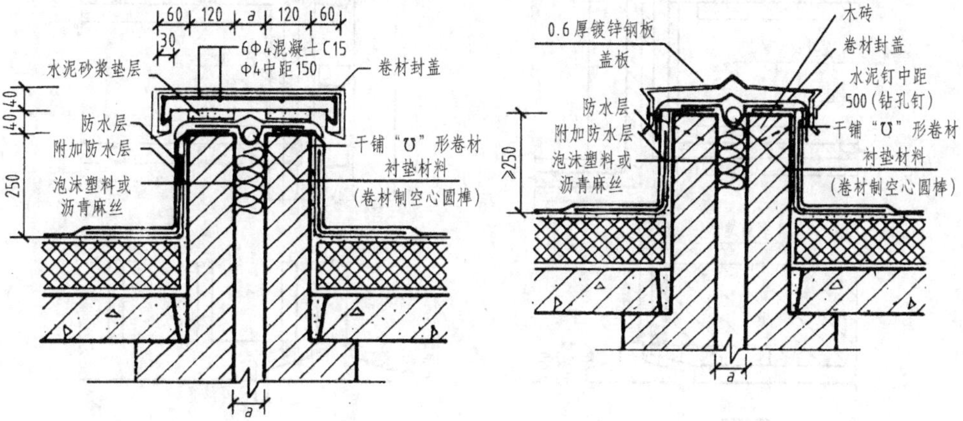

a)

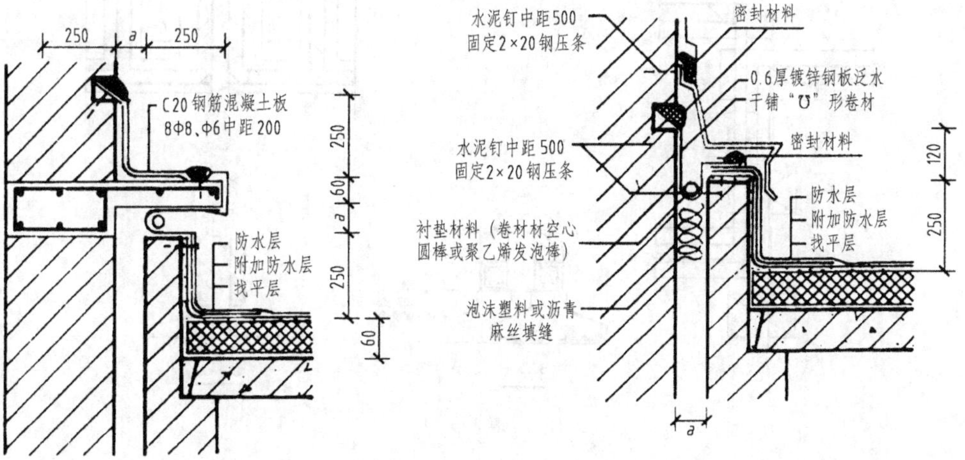

b)

图 12-6　屋面变形缝构造

a）等高不上人屋面　b）不等高不上人屋面

跨越式处理方案是将沉降缝两侧的基础均做成墙下独立基础，交叉设置，在各自的基础上设置基础梁以支承墙体。这种做法受力明确、效果较好，但施工难度大，造价也较高。

双墙式处理方案施工简单、造价低，但易出现两墙之间间距较大或基础偏心受压的情况，因此常用于基础荷载较小的房屋。

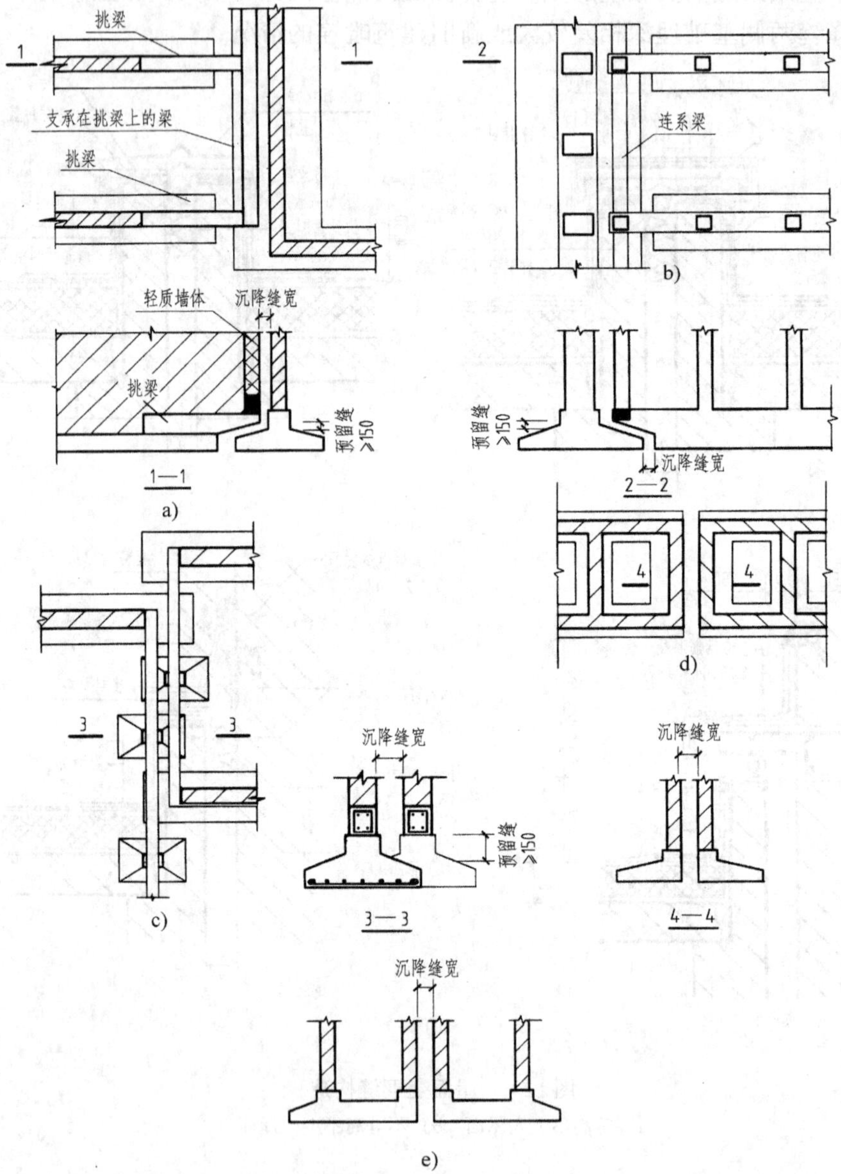

图 12-7　基础沉降缝的构造

a）悬挑式（混合结构）　b）悬挑式（框架结构）　c）跨越式

d）双墙式（偏心基础）　e）双墙式（片筏基础）

第二节　建筑抗震及防火

一、民用建筑抗震的一般问题

1. 震级及地震烈度

地震是由内外地质作用引起的地壳振动现象，多数地震是由于地质构造作用发生的，属于构造地震。地震时震源释放巨大的能量，我们通常把一次地震放出的能量大小叫震级。一般 2 级以下为微震（人一般感觉不到，只有仪器才能记录到）；2 ~4 级地震为有感地震；5 级以上有不同程度的破坏，为破坏地震；7 级以上为强烈地震或大地震；8 级以上为特大地震。

地震烈度是指某一地区地面和建筑物遭受一次地震影响的强烈程度。它不仅与震级有关，且与震源的深度、距震中的距离、场地土质类型等有关。一次地震只有一个震级，但却有不同的烈度区。我国地震烈度表中将烈度分为 12 度。现行建筑抗震规范规定以烈度为 6 度作为设防起点，烈度为 6 ~9 度地区的建筑要进行抗震设防。

强烈地震是一种破坏作用很大的自然灾害，它的发生具有很大的随机性。因此采用概率方法来预测某地区在未来一定时间内可能遭遇的最大烈度是具有工程意义的。根据当地的地震历史、地质构造、地震活动性、地球物理场的变化特征等，可以分析出该地区在一定年限内（50 年）可能遭受到的最大地震烈度，通常称为基本烈度。对一个地区或一个国家，将具有同样烈度的地区连在一起。就形成该地区或该国家的地震烈度区划图。对于我们国家，一般情况下可采用中国地震动参数区划图的地震基本烈度为抗震设防烈度。

2. 建筑抗震设计的一般原则

建筑抗震设计的基本要求是减轻建筑物在地震时的破坏，避免人员伤亡，减少经济损失。贯彻“小震不坏、中震可修、大震不倒”的原则，在设计时应尽量符合下列要求。

1）选择对抗震有利的场地和地基。

2）建筑体型简单，刚度和质量分布均匀。

3）保证结构整体性，连接可靠并具有较好的延性。

4）减轻建筑物的自重，降低其重心高度。

5）处理好地震时易倒、易脱落的细部构造，如女儿墙、挑檐、阳台、雨篷等。

3. 建筑抗震构造措施

采取正确的抗震构造措施，是抗震设计的一个很重要的内容，具体构造措施与房屋的结构类型，设置部位等有关。多层砖混房屋的抗震措施主要有：

（1）设防震缝　合理设置防震缝，可使复杂的建筑划分为几个形体简单、结构刚度和质量均匀的独立单元。

（2）设置圈梁和构造柱　钢筋混凝土圈梁主要是从水平方向增加墙体的连接，提高楼（屋）盖的刚度，抵抗地基不均匀沉降，限制墙体裂缝开展，保证房屋整体性。构造柱主要是从竖向加强层与层之间墙体的连接，并与圈梁共同形成空间骨架，以增强房屋的整体刚度。因此，设置圈梁和构造柱是提高房屋抗震能力的有效构造措施。

（3）布置墙体拉结筋　对于外墙转角、内外墙交接处及构造柱与墙体之间，后砌的隔墙与主墙体之间等，均应沿高度方向每隔一定距离设拉结钢筋，以增强墙体的稳定性和提高房屋抗震能力。

（4）加强板与板　板与墙、板与圈梁的连接　抗震设防区应优先选择现浇钢筋混凝土屋面板（楼板），对预制板应加强板缝的构造处理，增强其整体性。外墙圈梁应尽可能采用板平圈梁，以箍住楼板，增强房屋的整体性。

以上措施的具体构造可详见各有关章节。

二、建筑防火与疏散

1. 建筑防火及防火分区

建筑防火是要根据建筑物的使用性质、选择的耐火等级设置防火分隔物，分清防火分区，保证合理的防火间距，设置安全通道及疏散设施，保证人员及财产的安全，防止或减少火灾的危害。

所谓防火分区，是指用具有一定耐火能力的墙、楼板等分隔构件作为一个区域的边界构件，能够在一定时间内把火灾控制在某一范围内的基本空间。

防火分区按其作用可分为水平防火分区和垂直防火分区。水平防火分区主要是防止火灾在水平方向扩大蔓延，主要由防火墙、防火门、防火卷帘或水幕做分隔构件。垂直防火分区主要是防止多层或高层建筑层与层之间的竖向火灾蔓延，主要由具有一定耐火能力的钢筋混凝土楼板做分隔构件。

民用建筑防火分区的大小取决于建筑物的耐火等级和层数，其长度和面积应符合表12-1的要求。

2. 建筑物的防火构造要求

（1）防火墙　防火墙是两幢建筑之间或者一幢建筑的两个部分之间的厚而高的墙，可以防止火灾蔓延。防火墙应直接设置在基础上或钢筋混凝土的框架上，并应高出非燃烧体屋面不小于40cm，高出燃烧体或难燃烧体屋面不小于50cm。防火墙内不应设置排气道，若必须设置时，其两侧的墙身截面厚度均不应小于12cm。防火墙上不应开门窗洞口，如必须开设时，应采用甲级防火门窗，并应能自行关闭。建筑物内的防火墙不应设在转角处，如设在转角附近，内转角两侧上的门窗洞口之间的最近的水平距离不应小于4m。紧靠防火墙两侧的门窗洞口之间最近的水平距离不应小于 2m；当水平间距小于 2m 时，应设置固定乙级防火门、窗。

表 12-1　民用建筑防火分区的、层数、长度和面积

耐火等级	最多允许层数	防火分区		备　注
		最大允许长度/m	每层最大允许建筑面积/m^2	
一、二级	—	150	2500	1. 体育馆、剧院、展览建筑等的观众厅、展览厅的长度和面积可以根据需要确定 2. 托儿所、幼儿园的儿童用房及儿童游乐厅等儿童活动场所不应设置在四层及四层以上或地下、半地下建筑内
三级	5 层	100	1200	1. 托儿所、幼儿园的儿童用房及儿童游乐厅等儿童活动场所和医院、疗养院的住院部分不应设置在三层及三层以上或地下、半地下建筑内 2. 商店、学校、电影院、剧院、礼堂、食堂、菜市场不应超过二层
四级	2 层	60	600	学校、食堂、菜市场、托儿所、幼儿园、医院等不应超过一层

输送可燃气体和甲、乙、丙类液体的管道，严禁穿过防火墙。其他管道必须穿过防火墙时，应采用不燃烧材料将其周围的空隙填塞密实。穿过防火墙处的管道保温材料，应采用不燃烧材料。

（2）防火门　防火门是一种活动的防火分隔物，不但要求它具有较高的耐火极限，而且对它的构造、安装等方面都有具体的要求。

1）防火门应能关闭紧密，不会窜出烟火。

2）防火门有非燃烧体及难燃烧体两种。当为难燃烧体时，防火门上应设泄气孔。

3）防火门应设置自动关闭装置，使防火门能及时关闭，以阻挡火势蔓延。

（3）防火窗　防火窗有开启式和固定式两种。开启式防火窗是在普通窗扇外侧加包薄钢板，固定式防火窗是由双层钢窗构成，并嵌装铅丝玻璃。

（4）变形缝　变形缝构造基层应采用不燃烧材料。电缆、可燃气体管道和甲、乙、丙类液体的管道，不应敷设在变形缝内。当其穿过变形缝时，应在穿过处加设不燃烧材料套管，并应采用不燃烧材料将套管空隙填塞密实。

3. 建筑物的安全疏散要求

疏散走道和楼梯的最小宽度不应小于 1.1m，不超过六层的单元式住宅中一边设有栏杆的疏散楼梯，其最小宽度可不小于 1m。需设防烟楼梯间的建筑，其室外楼梯可作为辅助防烟楼梯，但其净宽不应小于 90cm，倾斜度不应大于 45°。室外疏散楼梯和每层出口处平台，均应采取非燃烧材料制作。疏散用楼梯和疏散通道上的阶梯，不应采用螺旋楼梯和扇形踏步。公共建筑的疏散楼梯两段之间的水平净距，不宜小于 15cm。在楼梯周围 2m 内的墙面上，除疏散门外，不应设其他门窗洞口。疏散门不应正对楼梯段。疏散门应向疏散方向开启。人数不超过 60 人的房间且每樘门的平均疏散人数不超过 30 人，其门的开启方向不限。疏散门不应采用侧拉门（库房除外），严禁采用转门。

复习思考题

12-1　什么叫变形缝？变形缝按作用分为哪几类？

12-2　墙体变形缝有哪几种构造形式？原则上应满足什么要求？

12-3　什么叫震级、地震烈度、基本烈度、抗震设防烈度？

12-4　建筑抗震设防的主要措施有哪些？

12-5　什么叫防火分区？防火分区主要用的分隔构件有哪些？

12-6　什么叫防火墙？防火墙有哪些构造要求？

工业建筑构造篇

第十三章　工业建筑概述

工业建筑是为工业生产需要而建造的各种不同用途的建筑物和构筑物的总称。通常把用于工业生产的建筑物称为工业厂房。一般情况下，厂房与民用建筑有许多相同之处，但由于厂房建筑必须满足生产工艺的要求，所以厂房在平面布局、建筑构造、建筑结构、建筑施工等方面又与民用建筑有较大差别。

第一节　工业建筑的分类

由于各类工业产品的生产工艺、生产设备和原材料的不同，因此所需求的工业建筑也不同。工业建筑通常可按以下几种方式进行分类。

一、按厂房的用途分

（1）主要生产厂房　指用来进行主要产品的备料、加工、装配等过程的厂房，如机械制造厂的铸造车间、锻造车间、冲压车间，冷加工车间，装配车间等。

（2）辅助生产厂房　指为主要生产厂房服务的厂房。如机械制造厂的机械修理车间、电机修理车间、工具车间等。

（3）动力供应厂房　指为全厂提供能源的房屋，如发电站、变电所、锅炉房、煤气站等。

（4）仓贮建筑　指用来贮存原材料、半成品与成品的房屋，如金属料库、炉料库、油料库等。

（5）运输设备建筑　指用来管理、贮存及检修交通运输工具用的房屋，包括机车库、汽车库等。

二、按生产状况分

（1）热加工车间　指在高温状态下进行生产的车间，如铸造、炼钢、轧钢车间等。

（2）冷加工车间　指在正常温度、湿度条件下进行生产的车间，如机械加工、机械装配、机修等车间。

（3）恒温恒湿车间　指在恒定的温度、湿度条件下进行生产的车间，如纺织车间、精密仪器车间、酿造车间等。

（4）洁净车间　指在无尘、无菌、无污染的高度洁净状况下进行生产的车间，如集成电路车间、医药工业中的粉针剂车间等。

（5）其他特种状况的车间　生产过程中会产生大量腐蚀性物质、放射性物质、噪声、电磁波等的车间。

三、按层数分

（1）单层工业厂房　指层数为一层的工业厂房（图 13-1a），多用作冶金、重型及中型机械等厂房。

（2）多层工业厂房　指层数多于一层的工业厂房（图 13-1b），多用作电子、精密仪器工业等厂房。

（3）混合层数厂房　指同一厂房内有层数不同的分区（图 13-1c），多用作化学工业、热电站的主厂房等。

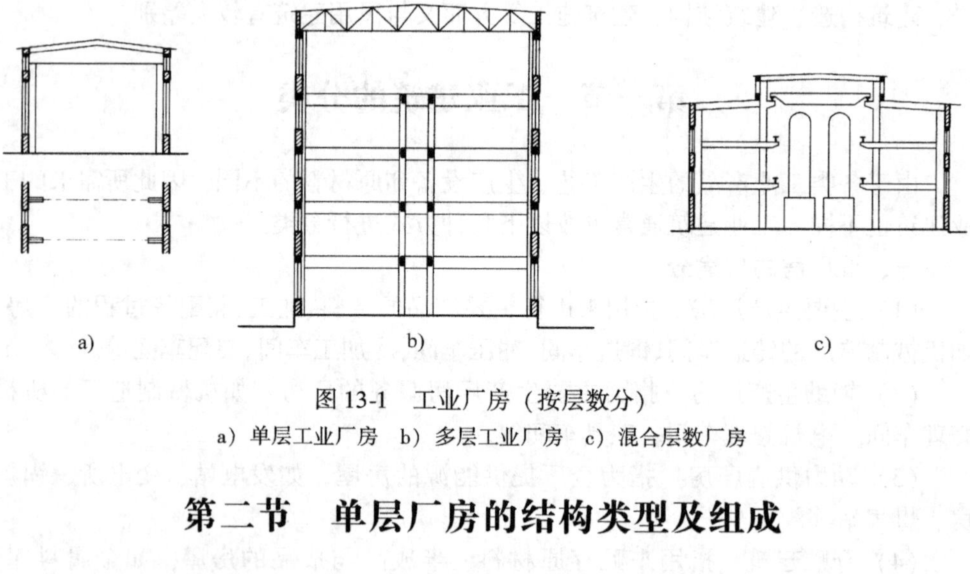

a)　　b)　　c)

图 13-1　工业厂房（按层数分）

a）单层工业厂房　b）多层工业厂房　c）混合层数厂房

第二节　单层厂房的结构类型及组成

一、厂房的结构类型

单层厂房的基本结构类型有三种：排架结构、刚架结构和空间结构。

1. 排架结构

排架结构按其所用材料的不同分为下列几种：

（1）砖排架结构　指由砖墙（砖柱）、屋面大梁或屋架等构件组成的结构形式（图 13-2a）。由于其结构的各方面性能都较差，只能适用于跨度、高度、吊车荷载等较小以及地震设防烈度较低的单层厂房。

（2）钢筋混凝土排架结构　指屋架、柱子、基础都由钢筋混凝土制成，并且屋架与柱子是铰连接，而柱子与基础是刚接（图 13-2b）。钢筋混凝土排架结构（常采用装配式）是单层工业厂房的主要结构类型，是由基础、柱子、屋架（屋面梁）组成的横向排架和屋面板、连系梁、支撑等纵向连系构件组成。横向排架起承重作用，纵向连系构件及纵向支撑起保证结构的空间刚度和整体稳定性作用。钢筋混凝土排架结构主要适用于跨度、高度、吊车荷载都较大及地震烈度较高的单层厂房建筑。

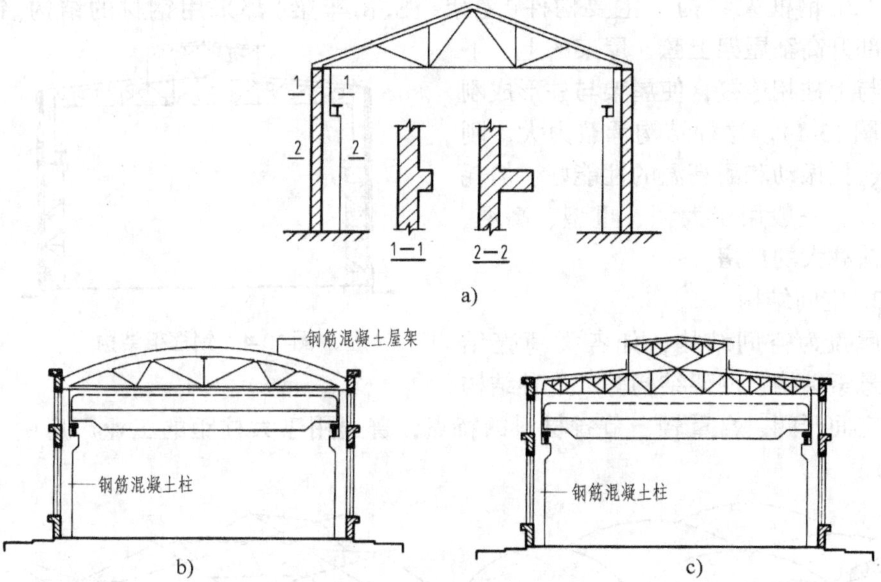

图 13-2　排架结构

a）砖排架结构　b）钢筋混凝土排架结构　c）钢屋架与钢筋混凝土柱排架结构

（3）钢屋架与钢筋混凝土柱排架结构　在这种结构中，屋架与柱的连接也做成铰接（图 13-2c）。吊车梁可用钢筋混凝土吊车梁或钢吊车梁，它一般用于跨度较大的厂房。

2. 刚架结构

刚架结构目前常采用的有下列两种形式：

（1）钢筋混凝土门式刚架（图 13-3）　钢筋混凝土门式刚架是指梁与柱子合为一个构件，转角处为刚接。可根据其受力情况做成变截面形式。柱子与基础为铰接，基础不承受弯距，可减少基础的用料，同时也可减少基础变形对结构的影响。根据顶部节点的连接情况刚架分为两铰刚架和三铰刚架两种形式，其构件类型少、制作简便、经济，室内宽敞、整洁。在高度不超过 10m、跨度不超过 18m 的纺织、机电等厂房中应用较普遍。

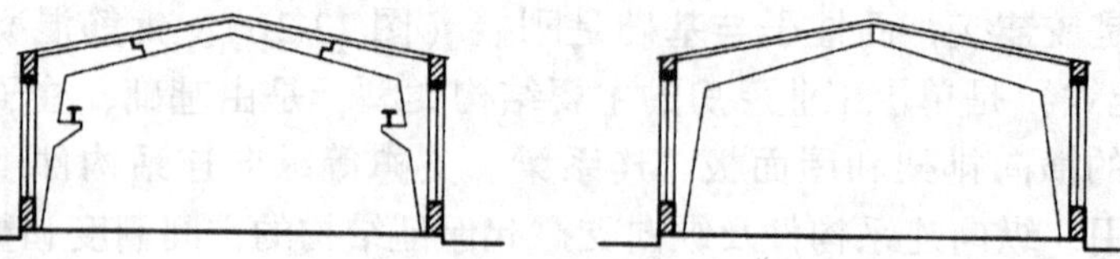

图 13-3　门式刚架

（2）钢框架结构　主要构件（屋架、柱、吊车梁）都采用钢材的结构。钢柱的上部升高至屋架上弦，屋架的上、下弦均与上柱相连接，使屋架与柱形成刚接（图 13-4）。这种结构承载力大、刚度大、抗振动和耐高温的性能好，但耗钢量大，一般用于大型、重型、高温、振动荷载大的厂房。

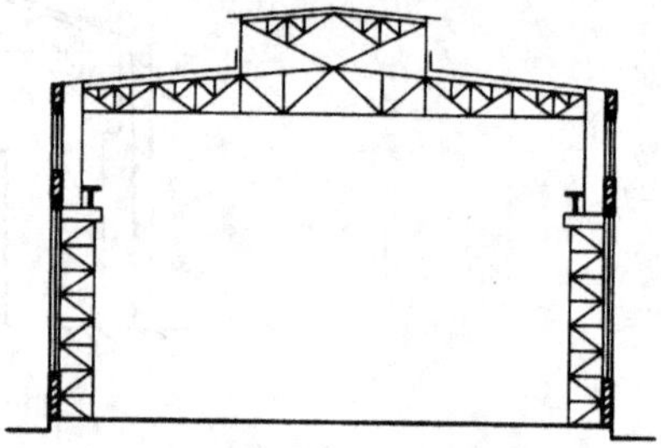

图 13-4　钢框架结构

3. 空间结构

屋盖为空间结构，如各类薄壳结构、悬索结构、网架结构等。这种结构具有空间开阔、自重轻、节省材料的特点，普遍用于大柱距的工业厂房中（图 13-5）。

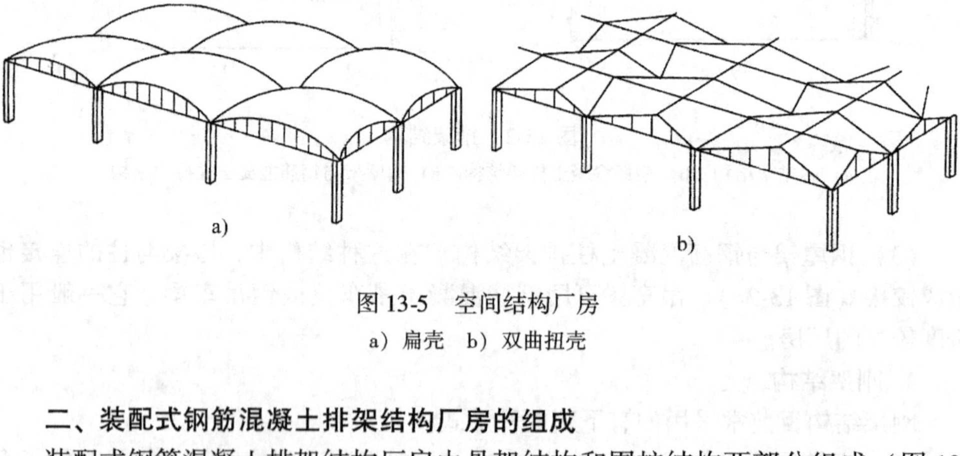

图 13-5　空间结构厂房

a）扁壳　b）双曲扭壳

二、装配式钢筋混凝土排架结构厂房的组成

装配式钢筋混凝土排架结构厂房由骨架结构和围护结构两部分组成（图 13-6）。

1. 骨架结构

骨架结构由横向排架、纵向连系构件和支撑系统所组成。横向排架包括屋架（屋面大梁）、柱和基础；纵向连系构件包括吊车梁、连系梁、基础梁、屋面板等；支撑系统包括屋盖支撑和柱间支撑等。

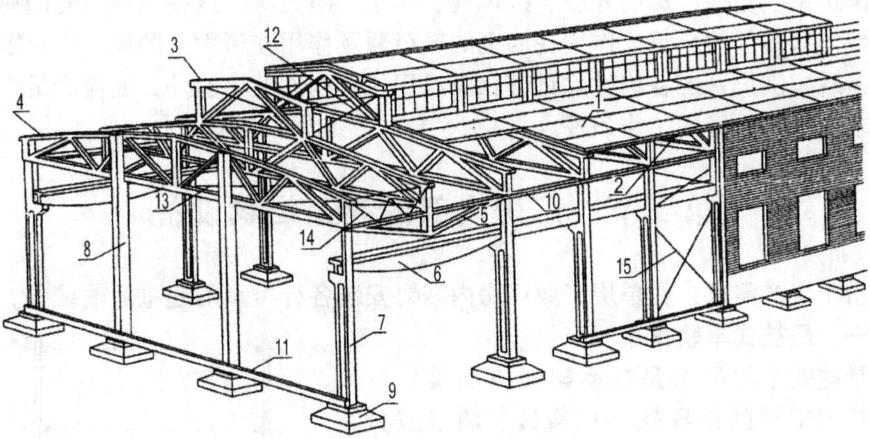

图 13-6　单层厂房结构组成

1—屋面板　2—天沟板　3—天窗架　4—屋架　5—托架　6—吊车梁　7—排架柱
8—抗风柱　9—基础　10—连系梁　11—基础梁　12—天窗架垂直支撑
13—屋架下弦横向水平支撑　14—屋架端部垂直支撑　15—柱间支撑

(1) 基础　承受由柱子及基础梁等传来的全部荷载，并把它传给地基。通常采用预制柱下钢筋混凝土杯形基础。

(2) 柱子　承受屋架、吊车梁、支撑、连系梁和外墙传来的荷载，并把它传给基础。柱子是排架结构中主要的承重构件之一，常采用现场预制的牛腿柱(设有吊车的厂房)。

(3) 屋架（屋面梁）　承受屋盖及天窗屋面上的全部荷载，并将荷载传给柱子。屋架（屋面梁）是排架结构中主要的承重构件之一，屋面梁常做成簿腹梁的形式，以减轻自重，充分发挥混凝土的作用，使之受力合理。屋架有预应力钢筋混凝土屋架和钢屋架等。

(4) 吊车梁　承受吊车自重、起吊的重量及运行中的所有荷载，并将其传给柱子。根据生产工艺的要求需要设置吊车时，沿厂房的纵向布置吊车梁，以便安装吊车轨道。吊车梁一般搁置在排架柱的牛腿上，常用预应力混凝土吊车梁和钢吊车梁等。

(5) 连系梁　连系梁是厂房纵向柱列的水平联系构件，以增加厂房的纵向刚度。当厂房外墙较高时连系梁可承受其上部墙体的荷载，并将荷载传给柱子。

(6) 基础梁　承受上部墙体重量，并把它传给基础。

(7) 支撑系统　支撑系统由柱间支撑和屋盖支撑两部分组成，其作用是提高厂房的空间整体刚度和整体稳定性。

2. 围护系统

围护系统包括厂房的外墙、抗风柱、圈梁、屋面等，这些构件承受的荷载主要是墙体和构件的自重、作用在墙上的风荷载及作用在屋面上的风、雨、雪、积灰等荷载。围护系统各构件除具有相应民用建筑构件的功能外，还应满足生产使用要求和提供良好的工作条件。

第三节　厂房内部的起重运输设备

由于生产需求，在单层工业厂房内需要安装各种类型的起重运输设备。

一、悬挂式单轨吊车

悬挂式单轨吊车是在屋架（屋面梁）下弦悬挂工字形的钢导轨（以直线、曲线或分岔往返运行），其上安装可以水平移动的滑轮组（俗称电动葫芦）以起吊重物（图 13-7）。悬挂式单轨吊车布置方便，运行灵活，可手动操作，也可电动操作，一般起重量在 5t 以下。

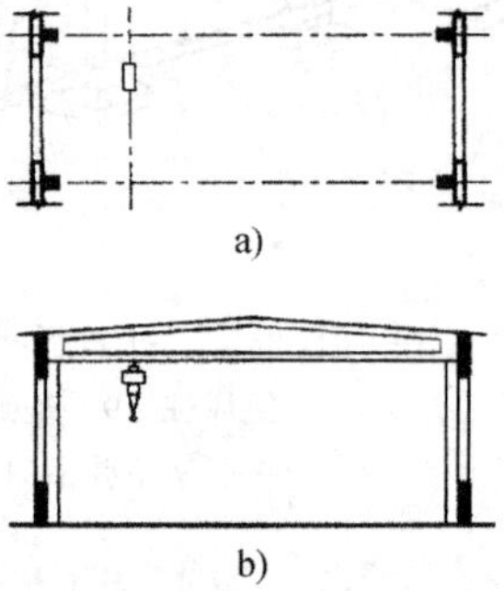

图 13-7　悬挂式单轨吊车
a）平面图　b）剖面图

二、梁式吊车

梁式吊车是由梁架和滑轮组组成，其梁架可悬挂在屋架（屋面梁）下弦——悬挂式（图 13-8）；也可支承于吊车梁上——支承式（图 13-9）。梁式吊车可服务到厂房固定跨间的全部面积。悬挂式梁式吊车起重量 $Q\leqslant 5t$；支承式梁式吊车起重量 $Q\leqslant 15t$。

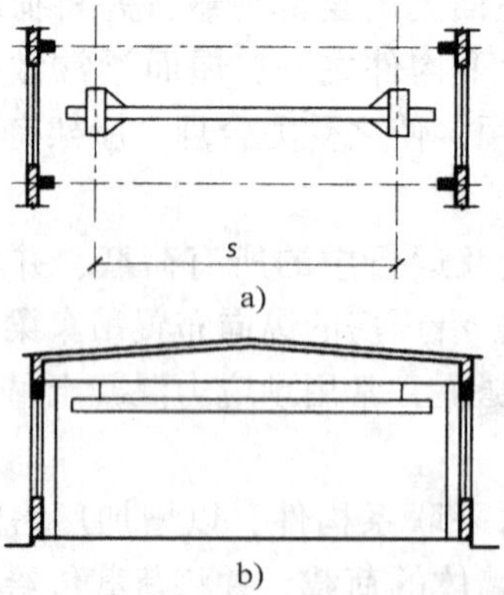

图 13-8　悬挂式梁式吊车
a）平面图　b）剖面图

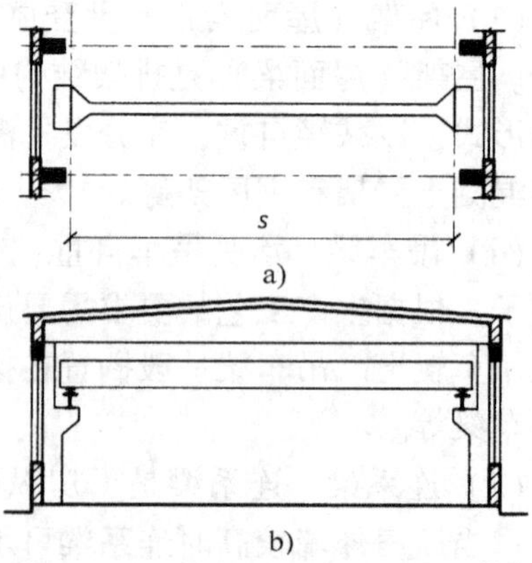

图 13-9　支承式梁式吊车
a）平面图　b）剖面图

三、桥式吊车

桥式吊车由桥架和起重行车组成。桥架支承在吊车梁上，可在厂房固定跨间沿厂房纵向移动；起重行车在桥架上横向移动。根据运输要求，桥式吊车的起重行车上可设单钩或双钩（图 13-10）。当同一跨度内需要的吊车工作量较大且起重量又相差悬殊时，可设两层吊车，以满足生产需要。桥式吊车适用于跨度较大和起吊及运输荷载较大的生产厂房，其起重量为 5～350t。

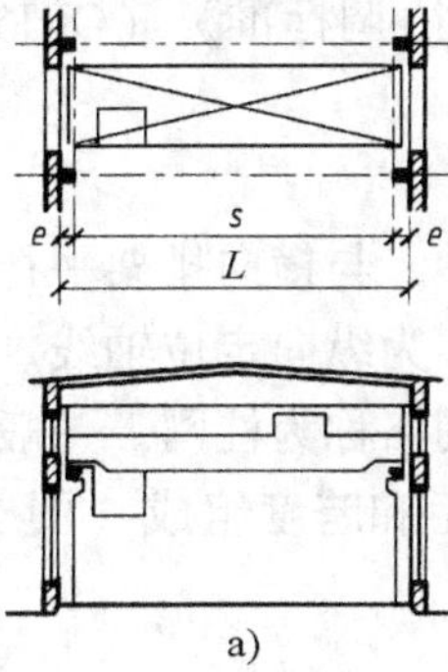

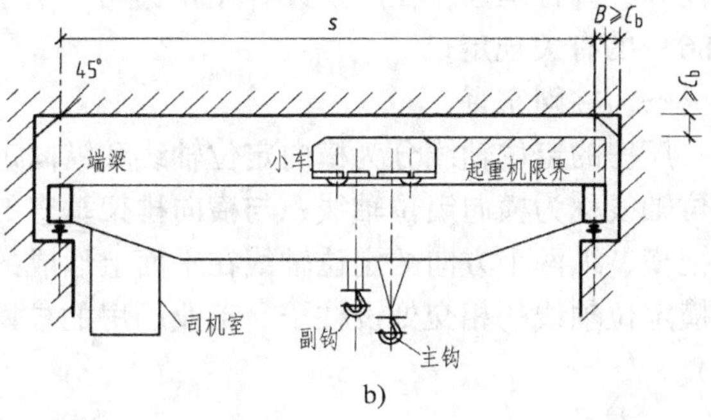

图 13-10　桥式吊车

a）平、剖面图　b）安装尺寸

L—厂房跨度　*s*—吊车跨度　*e*—轴线至吊车轨中心线的距离，一般取 750mm

B—吊车桥架端部尺寸　C_b—安全缝隙宽度

桥式吊车按吊车工作的时间占全部生产时间的比率（J_C）分三种工作制：

（1）轻级工作制——J_C 在 15%～25% 之间。

（2）中级工作制——J_C 在 25%～40% 之间。

（3）重级工作制——J_C >40%。

除上述起重运输设备外，根据生产需要也可设悬臂吊车。悬臂吊车有壁行式悬臂吊车（图 3-11a）和固定式悬臂吊车（图 13-11b）。

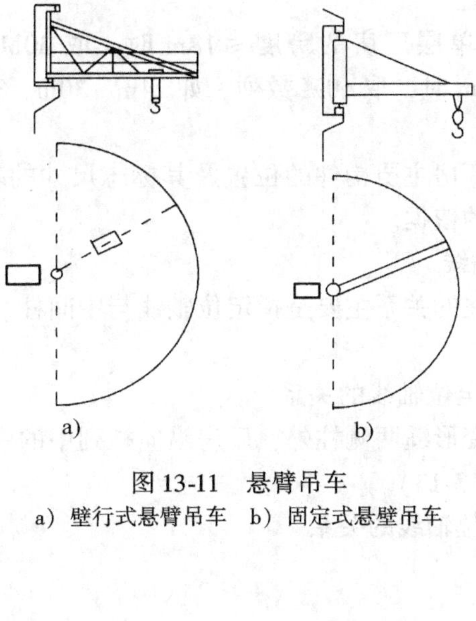

图 13-11　悬臂吊车

a）壁行式悬臂吊车　b）固定式悬壁吊车

第四节　单层厂房的定位轴线

为使单层工业厂房建筑构件定型化、系列化，以提高厂房建设的工业化、通用性和经济合理性，在厂房设计中应遵守《厂房建筑模数协调标准》（GBJ6—1986）的有关规定。

一、柱网布置

厂房的定位轴线分为横向定位轴线和纵向定位轴线两种。与横向排架平行的定位轴线称为横向定位轴线；与横向排架垂直的定位轴线称为纵向定位轴线。通常把横、纵两个方向的定位轴线在平面上形成的有规律的网格称为柱网。一般在纵横定位轴线的相交处设柱子。工业厂房的柱网尺寸由柱距和跨度组成（图13-12）。

1. 柱距

两相邻横向定位轴线间的距离为柱距，单层厂房的柱距应采用60M数列，如6m、12m，一般情况下均采用6m。抗风柱柱距宜采用15M数列，如4.5m、6m、7.5m。

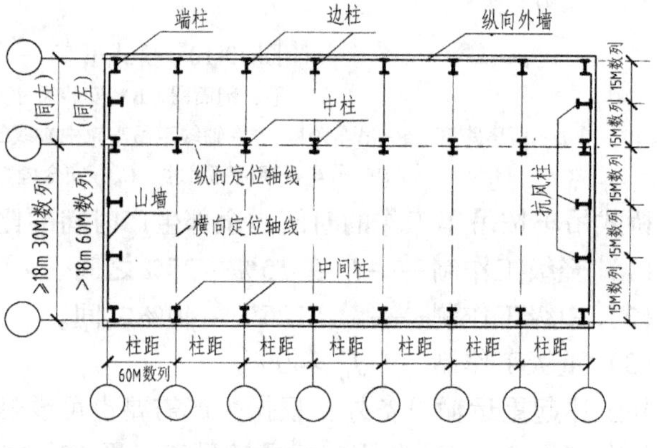

图13-12　单层厂房定位轴线

2. 跨度

两相邻纵向定位轴线间的距离为跨度。单层厂房的跨度≤18m时，取30M数列，如9m、12m、15m、18m；跨度>18m时，取60M数列，如24m、30m、36m、……。

二、定位轴线

定位轴线是确定厂房主要构件的位置及其标志尺寸的基线，也是设备定位、安装及厂房施工放线的依据。

（一）横向定位轴线

横向定位轴线与柱的关系主要是指定位轴线与中间柱、端柱和横向变形缝处柱的相对位置关系。

1. 中间柱与横向定位轴线的关系

除了端柱和横向变形缝两侧柱外，厂房纵向柱列中的中柱的中心线应与横向定位轴线相重合（图13-13）。

2. 端柱与横向定位轴线的关系

山墙为非承重墙时，墙内缘与横向定位轴线相重合，且端柱应自横向定位轴线向内移600mm（图13-14）。

3. 横向变形缝处柱与横向定位轴线的关系

在横向变形缝（伸缩缝或防震缝）处应采用双柱，即设两条定位轴线，且柱的中心线均应自定位轴线向两侧分别内移600mm（图13-15）。

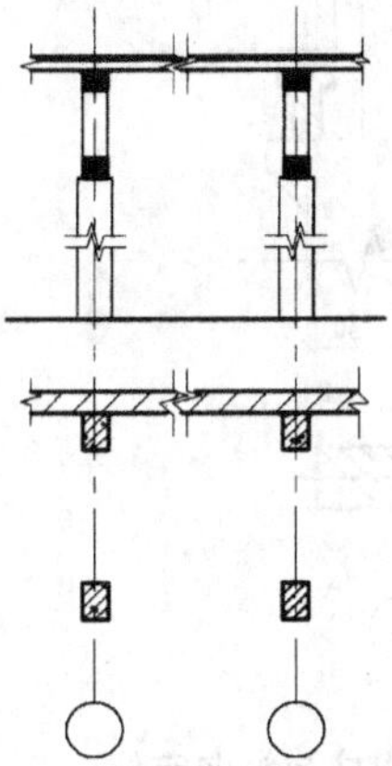

图13-13　中柱横向定位轴线的关系

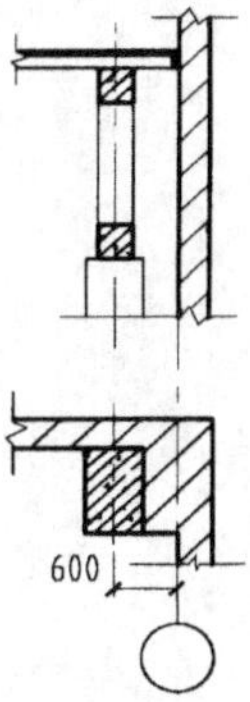

图13-14　端柱与横向定位轴线的关系（山墙非承重）

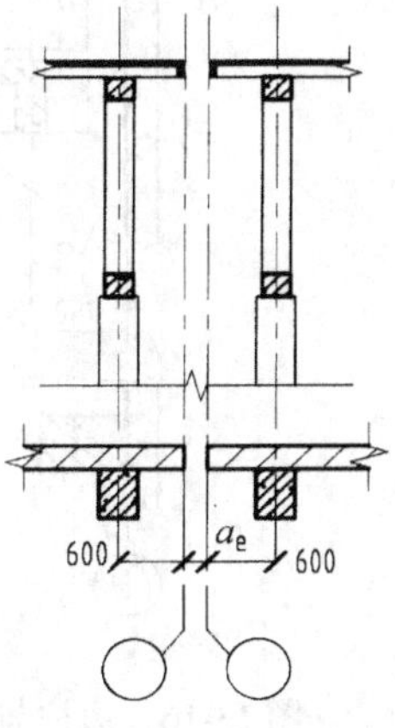

图13-15　横向变形缝处柱与横向定位轴线的关系

a_e—变形缝宽

与横向定位轴线有关的承重构件主要有屋面板和吊车梁，此外还有连系梁、基础梁、墙板、支撑等其他纵向构件。因此，横向定位轴线与纵向连系构件的标志尺寸相一致。

（二）纵向定位轴线

纵向定位轴线与柱的关系主要是指纵向边柱和中柱与纵向定位轴线的相对位置关系。

1. 纵向边柱与纵向定位轴线的关系

（1）封闭结合　一般情况下，边柱的外缘、墙的内缘宜与纵向定位轴线相重合，此时屋架端部与墙内缘也重合，即“封闭结合”（图13-16）。

（2）非封闭结合　当吊车吨位较大时，再采用封闭结合就不能满足吊车安全运行所需间隙要求。因此需将边柱的外缘自纵向定位轴线向外移出一定尺寸a_c（称为联系尺寸），此时上部屋面板与外墙之间便出现空隙，即“非封闭结合”（图13-17）。

2. 中柱与纵向定位轴线的关系

中柱与纵向定位轴线的关系，主要是指等高跨中柱和高低跨中柱与纵向定位轴线的相对位置关系。

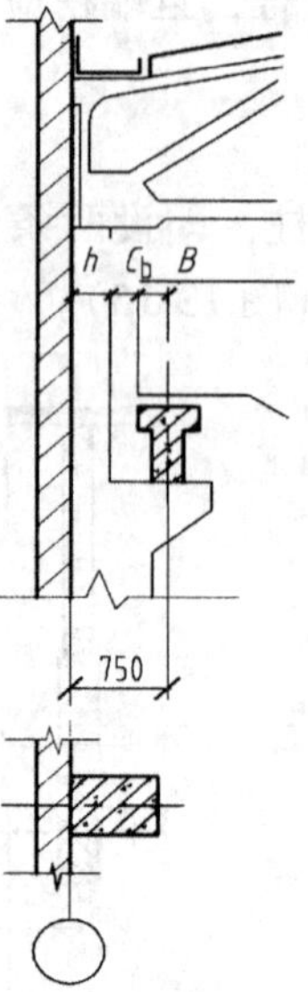

图 13-16　边柱与纵向定位轴线的关系（封闭结合）
h—上柱宽度　C_b—安全缝隙宽度　B—吊车桥架端部尺寸

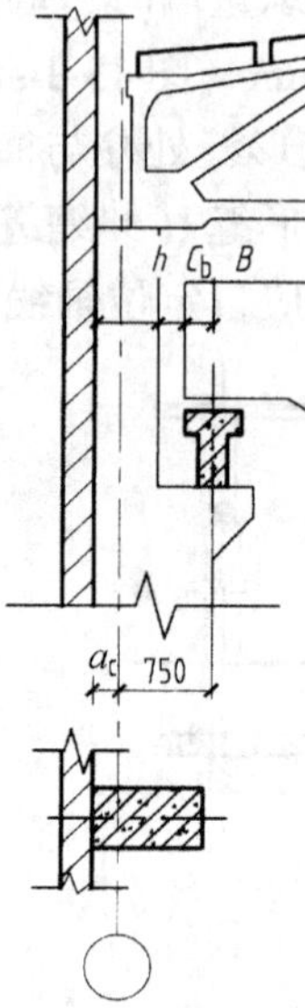

图 13-17　边柱与纵向定位轴线的关系（非封闭结合）
h—上柱宽度　C_b—安全缝隙宽度　B—吊车桥架端部尺寸
a_c—联系尺寸

（1）等高跨中柱与纵向定位轴线的关系　一般设单柱和单纵向定位轴线，此轴线通过相邻两跨屋架的标志尺寸端部，并与上柱中心线相重合（图 13-18）。

（2）高低跨中柱与纵向定位轴线的关系　一般也设单柱和单纵向定位轴线，纵向定位轴线宜与上柱外缘及封墙内缘相重合（图 13-19）。

3. 纵横跨相交处的柱与定位轴线的关系

在有纵横跨相交的单层厂房中，常在交接处设有变形缝。通过设置变形缝使两侧结构各自独立，形成各自独立的柱网和定位轴线，其定位轴线与柱的关系遵照前述各原则（图 13-20）。

与纵向定位轴线有关的构件主要是屋架（屋面梁），屋面板（宽度）及吊车梁（跨度）等。因此纵向定位轴线的间距应与屋架（屋面梁）的跨度、屋面板的宽度相配合。

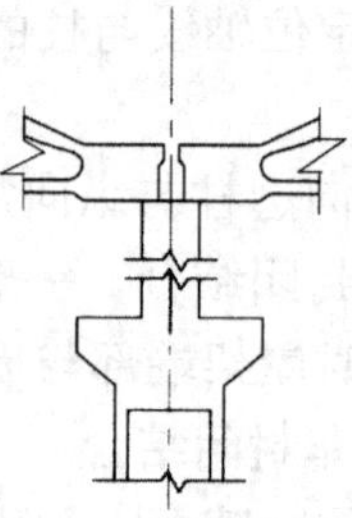

图 13-18　等高跨的中柱与纵向定位轴线的关系

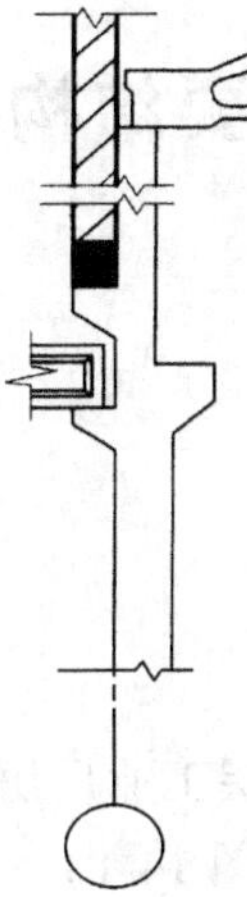

图 13-19　高低跨处中柱与纵向定位轴线的关系

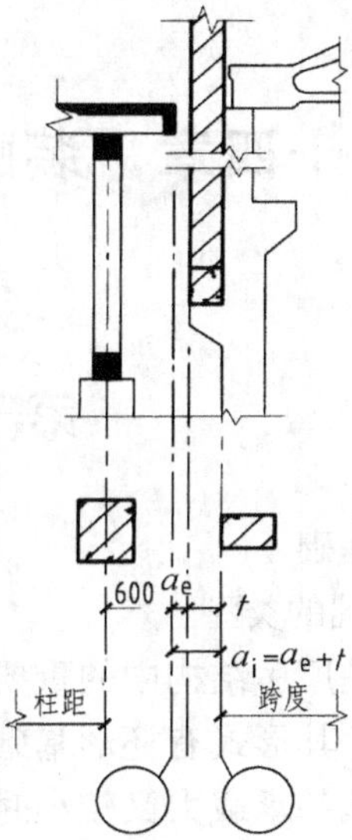

图 13-20　纵横跨相交处柱与定位轴线的关系

复习思考题

13-1　什么是工业建筑？工业建筑通常有哪几种分类形式？

13-2　单层厂房的结构类型有哪几种？

13-3　简述常见的装配式钢筋混凝土排架结构的组成及各组成部分的作用。

13-4　厂房内部的起重运输设备分哪几种？常用的是哪种？

13-5　什么叫柱网？确定柱网时对跨度和柱距有什么规定？

13-6　什么是横向定位轴线？什么是纵向定位轴线？其作用是什么？两种定位轴线与哪些主要构件有关？

13-7　横向定位轴线与柱的关系主要是指哪几种情况？画图表示出有关规定。

13-8　纵向定位轴线与柱的关系主要是指哪几种情况？画图表示出有关规定。

第十四章　装配式单层厂房的主要结构构件

第一节　基础及基础梁

一、基础

1. 基础的类型

基础是厂房结构中的重要结构构件之一。装配式单层工业厂房的基础一般为独立基础，其形式有杯形基础、薄壳基础、板肋基础（图 14-1）。但当结构荷载比较大而地基承载力又较小时，也可采用柱下条形基础或桩基础。

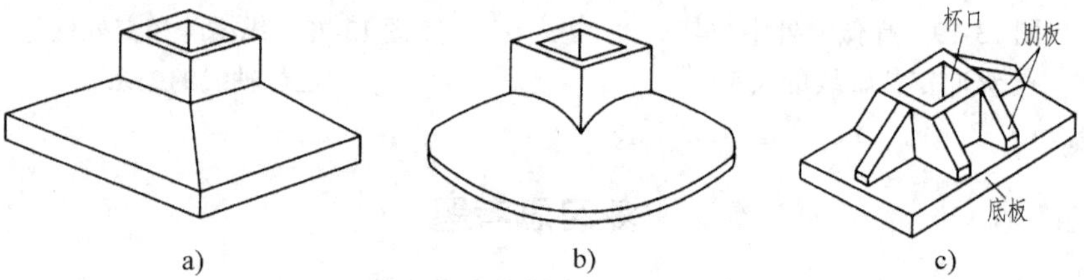

图 14-1　独立式基础

a）杯形基础　b）薄壳基础　c）板肋基础

2. 基础的构造

在装配式单层厂房中，预制柱下杯形基础较为常见，其上部为杯口形式，柱子安装在杯口内。为便于柱子的安装，杯口尺寸应大于柱的截面尺寸，杯口顶每边应比柱每边大 75mm；杯口底每边应比柱每边大 50mm。在柱底面与杯底面之间还应预留 50mm 的缝隙，用高强度细石混凝土找平。杯口内表面应尽量凿毛，柱子就位后杯口与柱子四周缝隙用 C20 细石混凝土灌实（图 14-2）。

杯形基础有单杯基础（图 14-2）和双杯基础（图 14-3）两种形式，单杯基础在一般位置采用，双杯基础在变形缝处采用。为了保证杯形基础与柱子能够可靠连接及正常工作，其细部尺寸及做法应满足相应的构造要求。

有些车间内靠柱边有设备基础（地坑），当它们的基槽在柱基础施工完成后才开挖时，为防止施工时滑坡而扰动柱基础的地基土层使沉降过大，应与工艺设计人员协商，使设备基础（地坑）与柱基础保持一定的距离（图 14-4a）；如设备基础的位置不能移动时，可将柱基础做成高杯口基础（图 14-4b）。

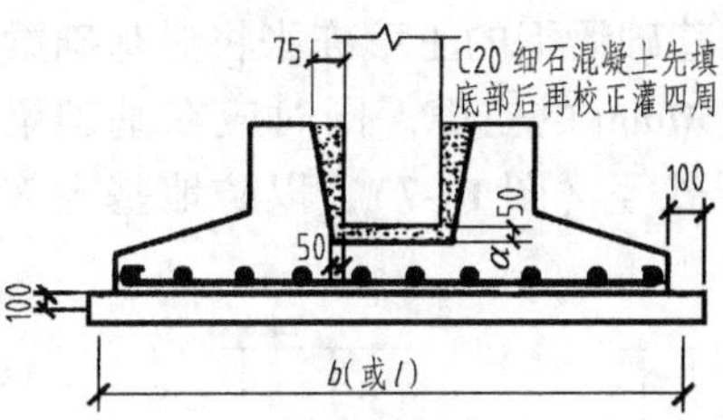

图 14-2　杯形基础

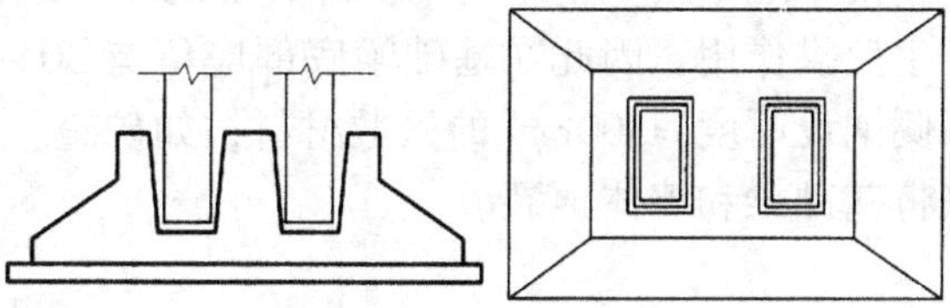

图 14-3　双杯形基础

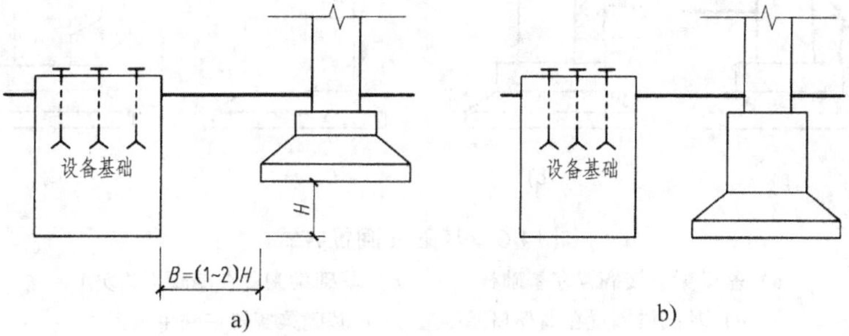

图 14-4　设备基础与柱基础的处理

二、基础梁

装配式单层工业厂房的外墙仅起围护作用，为避免柱与墙的不均匀沉降，墙身一般砌筑在基础梁上，当墙较高时，上部的墙体砌筑在连系梁上。

1. 基础梁的截面形式、尺寸

基础梁分为预应力与非预应力两种，截面形式多采用倒梯形（图 14-5），这样吊装时既便于识别，又可在预制时用制成的梁作为模板。一般情况下，基础梁长度为 6m；截面尺寸如图 14-5 所示。

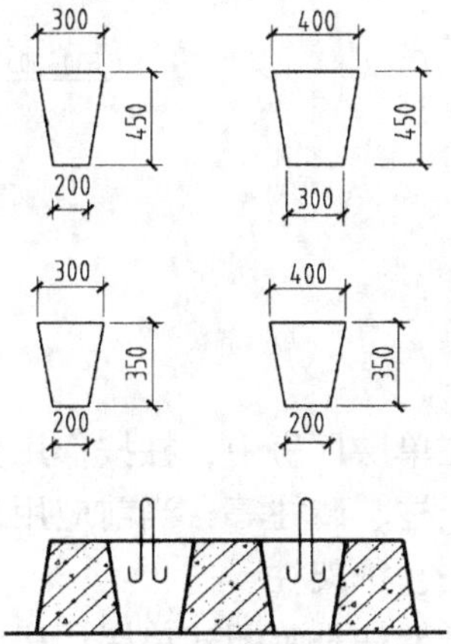

图 14-5　基础梁截面形式、尺寸

2. 基础梁的搁置要求

基础梁的搁置方式依基础的埋深不同而不同，其搁置要求如下：

1）为了避免影响开门及满足防潮要求，基础梁顶面标高应低于室内地坪 50 ~ 100mm，高于室外地坪 100 ~ 150mm。

2）基础梁一般直接搁置在杯形基础的杯口上，但当基础埋置较深时，可采取加垫块、设置高杯口基础或在柱子适当部位加设牛腿等措施（图 14-6）。

3. 基础梁防冻措施

由于地基会发生不均匀沉降，加之寒冷地区基础梁下的土壤冻胀将对基础梁产生反拱作用，因此在基础梁底部应留有 50 ~ 150mm 的空隙。同时应在基础梁两侧铺设厚度≥300mm 的松散材料，如矿碴、干砂等（图 14-7），以防地基土冻胀将基础梁和墙体顶裂。

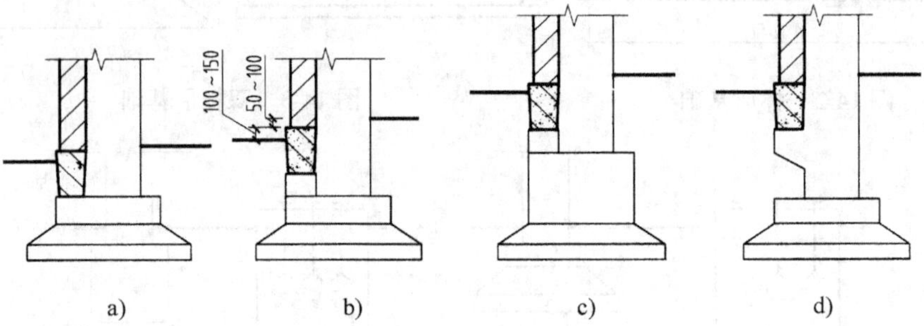

图 14-6　基础梁搁置方式

a）基础梁直接搁置在基础杯口上　b）基础梁搁置在混凝土垫块上

c）基础梁搁置在高杯口基础上　d）基础梁搁置在柱牛腿上

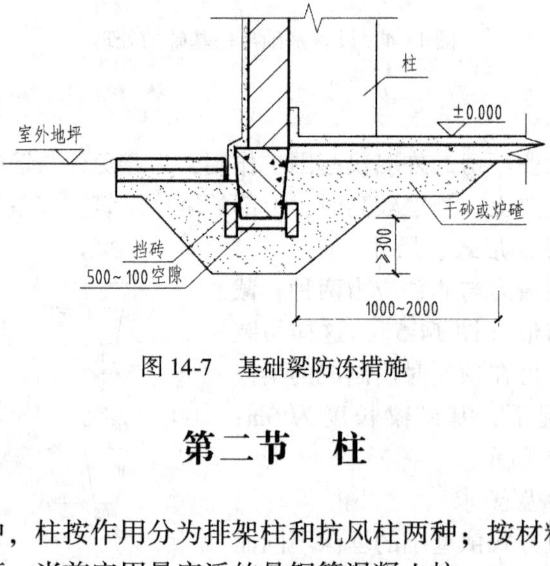

图 14-7　基础梁防冻措施

第二节　柱

在单层厂房中，柱按作用分为排架柱和抗风柱两种；按材料分为钢柱、钢筋混凝土柱、砖柱等，当前应用最广泛的是钢筋混凝土柱。

一、排架柱

排架柱是装配式单层厂房中主要的承重构件之一，它承受屋盖、吊车梁、墙体等传来的荷载，并将这些荷载及自重全部传递给基础。

1. 柱的类型

钢筋混凝土排架柱有单肢柱（矩形、工字形）和双肢柱（矩形截面、圆形截面）两大类。钢筋混凝土柱的一般形式及应用范围见表 14-1 所示。

表 14-1　钢筋混凝土柱的一般形式及应用范围

序号	名称	形式	特点及应用
1	矩形柱	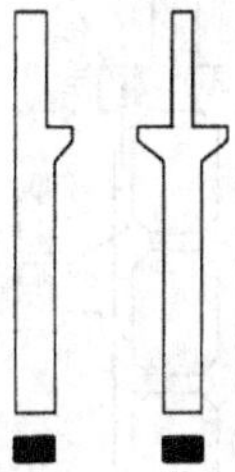	1. 外形简单，制作方便 2. 自重大，混凝土用量较大 3. 适用于中小型厂房
2	工字形柱	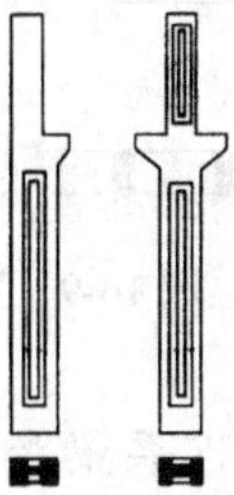	1. 比矩形柱省混凝土 30% ~50% 2. 截面高度较大，在主要受力方向上截面惯性矩较大 3. 适用于中型、大型厂房
3	双肢柱	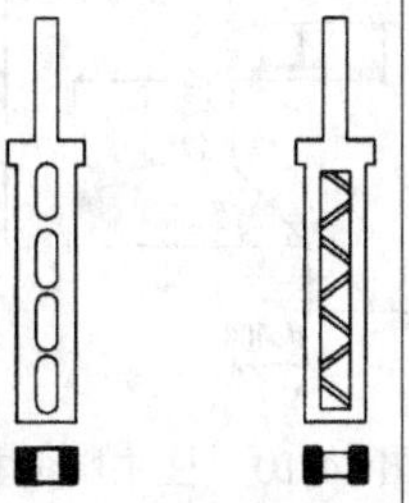	1. 由两根承受轴向力的肢杆和连系两肢杆的腹杆所成 2. 腹杆为水平杆，制作比较方便，节省材料 3. 连系两肢杆的腹杆为斜杆，其受力的性能比水平杆更为合理 4. 便于安装各种不同管线 5. 适用于大型厂房
4	管柱	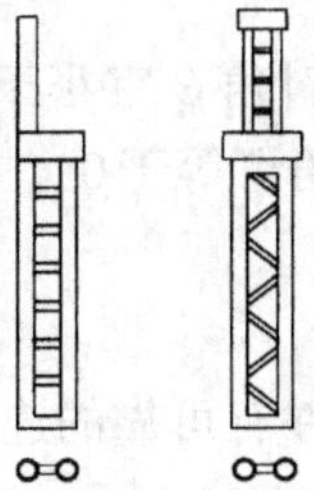	1. 在离心制管机上成型，质量好，便于拼装 2. 预埋件较多，与墙体连接不如矩形、工字形柱方便 3. 适用于大型厂房 4. 也可在钢管内注入混凝土做成管柱

2. 柱的构造

柱的截面尺寸应根据厂房的跨度、高度、柱距及吊车起重量等通过结构计算合理确定。从构造角度来看，柱的截面尺寸和外形首先应满足构造方面的要求。

（1）工字形柱　工字形柱截面尺寸必须满足施工和使用上的构造要求，具体尺寸如图 14-8 所示。

（2）双肢柱　双肢柱的截面构造尺寸及外形要求如图 14-9 所示。

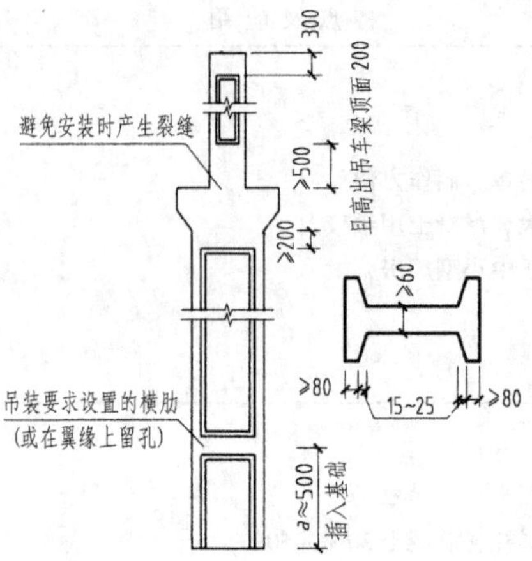

图 14-8　工字形柱构造

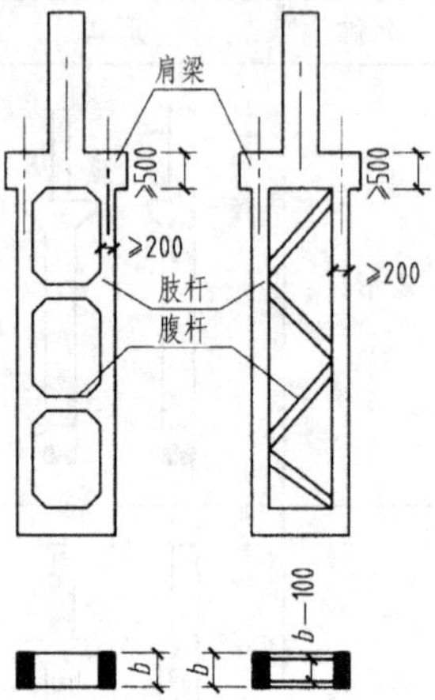

图 14-9　双肢柱构造

（3）牛腿　厂房结构中的屋架、托架、吊车梁和连系梁等构件，常由设置在柱上的牛腿来支承。牛腿有实腹式和空腹式两种，通常多采用实腹式牛腿。为了避免沿支承板内侧剪切破坏，牛腿外缘高度 $h_k \geqslant h/3$ 且不小于 200mm；支承吊车梁的牛腿其外缘与吊车梁的距离不宜小于 70mm（其中包括 20mm 的施工误差），以免影响牛腿局部承压能力，造成外缘混凝土剥落；牛腿挑出距离 $d>100$mm 时，牛腿底面的倾斜角 β 宜小于或等于 45°，否则会降低牛腿的承载能力，当 $d \leqslant 100$mm 时，倾斜角可等于 0°，其构造要求如图 14-10 所示。

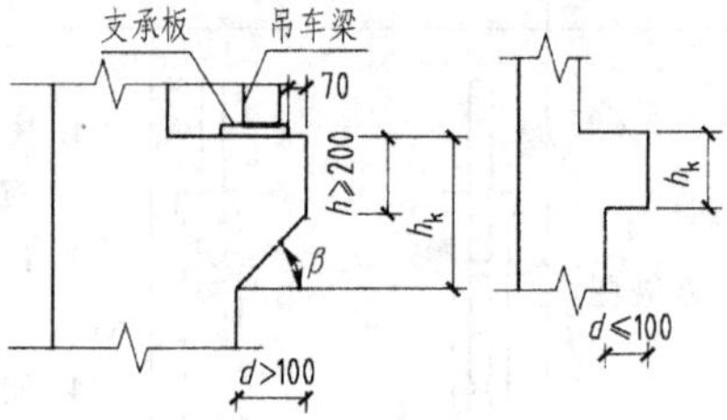

图 14-10　柱牛腿的构造

3. 柱的预埋铁件

为保证柱有效的传递荷载，必须使柱与其他构件有可靠的连接，所以应在柱子的相应位置预埋铁件或钢筋，其位置及作用如图 14-11 所示。

二、抗风柱

当厂房高度或跨度较大时，应在厂房的山墙处设置抗风柱，用以承受山墙上的风荷载。一部分风荷载由抗风柱直接传给基础，一部分风荷载由抗风柱上端通过屋盖系统传到纵向柱列上去。抗风柱一般为钢筋混凝土柱，其下端插入杯形基础内，上端通过特制的弹簧板与屋架（屋面梁）作构造连接（图 14-12a）。当厂房沉降较大时，往往采用螺栓连接方式（图 14-12b），在保证水平方向有效传递风荷载的同时，也使屋架与抗风柱之间在竖向有一定的相对位移的可能性。有时为了减小抗风柱的截面尺寸，可在山墙内侧设置水平抗风梁，作为抗风柱的支点。

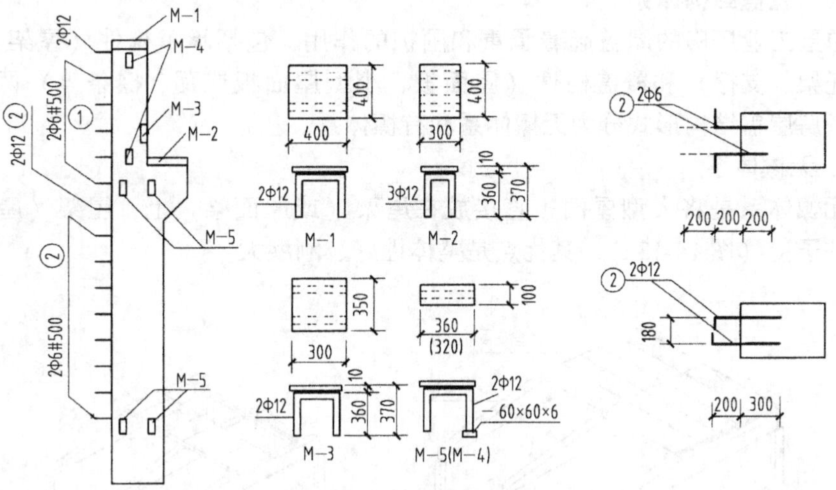

图 14-11　柱的预埋铁件

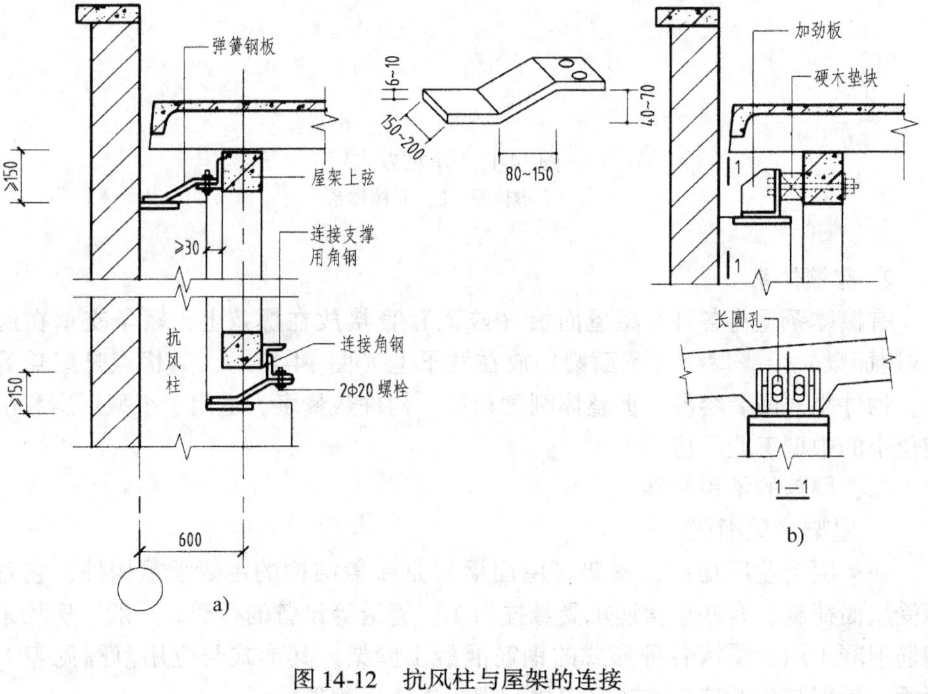

图 14-12　抗风柱与屋架的连接

第三节　屋　　盖

一、屋盖结构体系

单层工业厂房的屋盖起着承重和围护的作用，包括承重构件（屋架、屋面梁、托架、支撑）和覆盖构件（屋面板、小型屋面板或瓦、檩条等）两部分。单层厂房屋盖结构形式分为无檩体系和有檩体系。

1. 无檩体系

无檩体系是将大型屋面板直接放在屋架（或屋面梁）上，屋架（屋面梁）放在柱子上（图 14-13a），其优点是整体性好、刚度大。

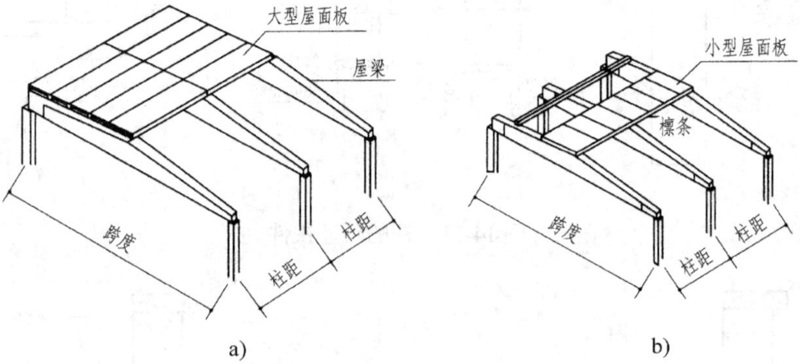

图 14-13　承重方式

a）无檩体系　b）有檩体系

2. 有檩体系

有檩体系是将各种小型屋面板（或瓦）直接放在檩条上，檩条支承在屋架（或屋面梁）上，屋架（屋面梁）放在柱子上（图 14-13b），其优点是屋盖重量轻，构件小，吊装容易，但整体刚度较差，构件数量多，适用于小型厂房和吊车吨位小的中型工业厂房。

二、屋盖的承重构件

1. 屋架（屋面梁）

在单层工业厂房中，屋架（屋面梁）是屋盖结构的主要承重构件，它直接承受屋面荷载，有些厂房还承受悬挂吊车、管道等设备的荷载。一般厂房均采用钢筋混凝土屋面梁或各种形式的钢筋混凝土屋架，其形式与应用范围见表 14-2 所示。屋架与柱的连接方法有焊接和螺栓连接两种形式。

表 14-2　钢筋混凝土屋架的形式及应用范围

序号	名称	形　式	跨度/m	特点及适用条件
1	钢筋混凝土单坡屋面大梁	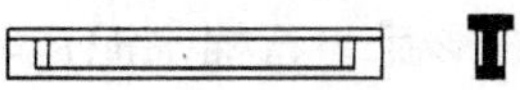	6 9	自重大；屋面刚度好。屋面坡度为 1/2 ~ 1/8。适用于振动及有腐蚀性介质的厂房
2	预应力钢筋混凝土双坡屋面大梁	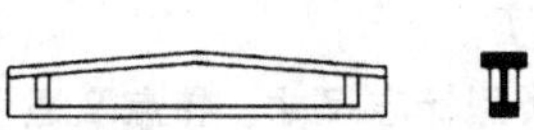	12 15 18	自重大；屋面刚度好。屋面坡度为 1/2 ~ 1/8。适用于振动及有腐蚀性介质的厂房
3	钢筋混凝土三铰拱屋架	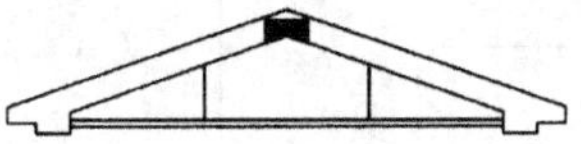	9 12 15	构造简单，自重小，施工方便，外形轻巧。屋面坡度：卷材屋面 1/5；自防水屋面 1/4。适用于中小型厂房
4	钢筋混凝土组合屋架	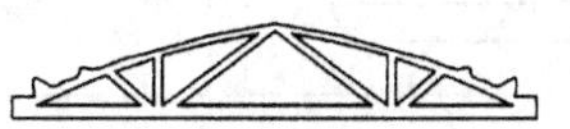	12 15 18	屋架上弦及受压腹杆为钢筋混凝土，受拉杆件为角钢，构造合理，施工方便。屋面坡度 1/4。适用于跨度较大的各类厂房
5	预应力钢筋混凝土拱形屋架		18 24 30	构件外形较合理，自重轻，刚度好。屋架端部坡度大，为减缓坡度，端部可特殊处理。适于跨度较大的各类厂房
6	预应力钢筋混凝土梯形屋架	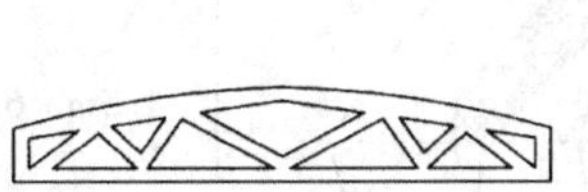	18 21 24 27 30	外形较合理，屋面坡度小，但自重大，经济效果较差。屋面坡度 1/15 ~ 1/5。适于各类厂房，特别是需要经常上屋面清除积灰的冶金厂房
7	预应力钢筋混凝土折线屋架		18 21 24	屋架上弦为折线，大部分为 1/4 坡度，在屋架端部设短柱，可以保证整个屋面有同一坡度。适于有檩体系的槽瓦等自防水屋面

2. 托架

因工艺要求或设备安装的需要，柱距需为 12m，而屋架的间距和大型屋面板的长度仍为 6m 时，应在 12m 的柱距间设置托架来支承中间屋架（图 14-14）。

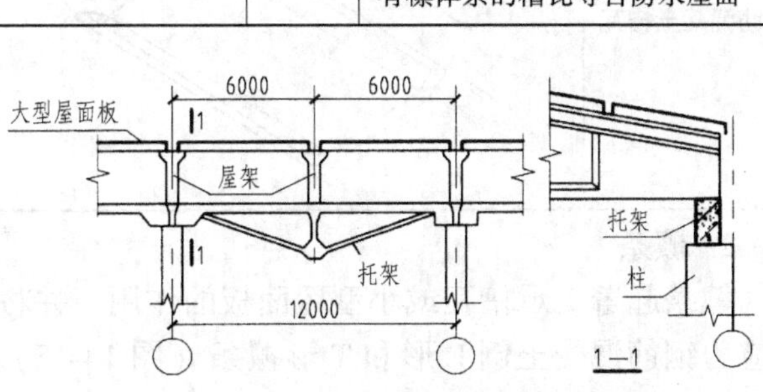

图 14-14　托架及布置

三、覆盖构件

1. 屋面板

屋面板的类型、标志尺寸、特点及适用条件见表 14-3 所示。除此之外，还有预应力混凝土单肋板、钢丝网水泥波形瓦、石棉水泥瓦等屋面板。每块屋面板与屋架（屋面梁）上弦相应处预埋铁件相互焊接，其焊接点不少于三点，板与板缝隙均用不低于 C15 细石混凝土填实。

表 14-3　各种屋面板的类型标志尺寸、特点及适用条件

类型	简　　图	标志尺寸	特点及适用条件
大型屋面板	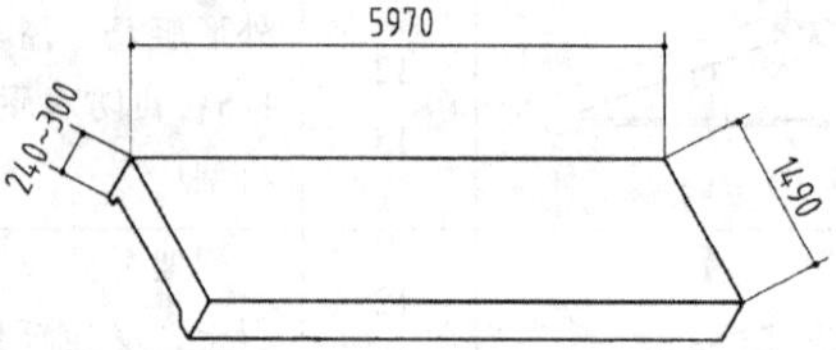	1.5m×6m	与嵌板、檐口板和天沟板配合使用，适用于中、大型和振动较大，并对屋面刚度要求较高的厂房
预应力 F 形屋面板	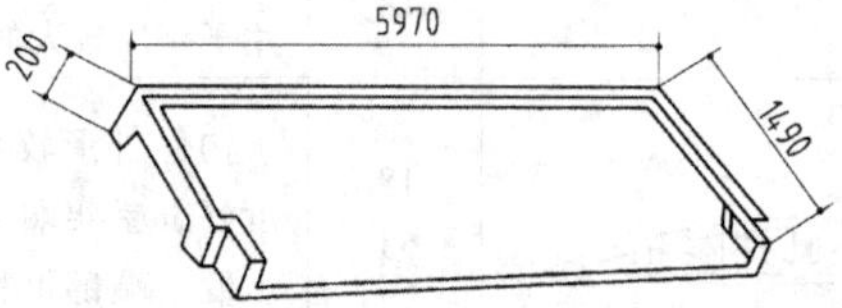	1.5m×6m	与盖瓦和脊瓦配合使用。适用于中、轻型非保温厂房，不适用于对屋面防水要求高的厂房
预应力混凝土夹心保温屋面板	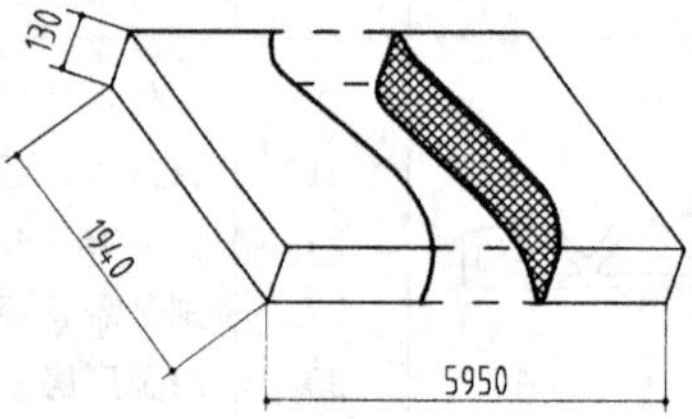	1.5m×6m	具有承重、保温、防水三种作用。适用于一般保温厂房，不适用于气候寒冷、冻融频繁地区和有腐蚀性气体及湿度大的厂房
钢筋混凝土槽瓦	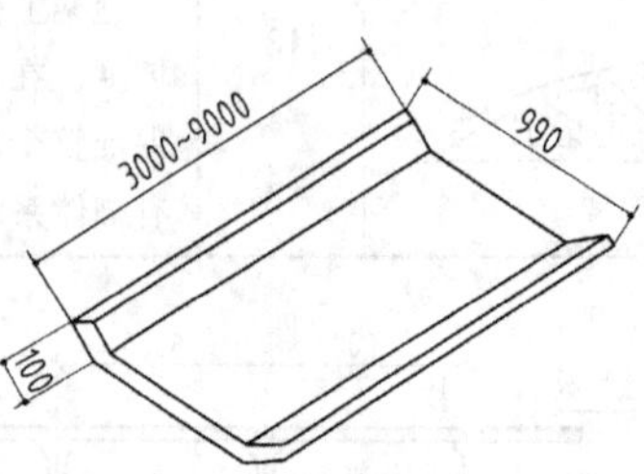	1.0m×(3.3~3.9)m	为自防水构件，与盖瓦、脊瓦和檩条一起使用。适用于中小型厂房，不适用于有腐蚀气体、有较大振动、对屋面刚度及隔热要求高的厂房

2. 檩条

檩条起着支承槽瓦或小型屋面板的作用，并将屋面荷载传给屋架。常用的有预应力钢筋混凝土倒 L 形和 T 形檩条（图 14-15）。檩条与屋架上弦的连接有焊接和螺栓连接两种（图 14-16），常采用焊接形式。两个檩条在屋架上弦的对头空隙应以水泥砂浆填实。

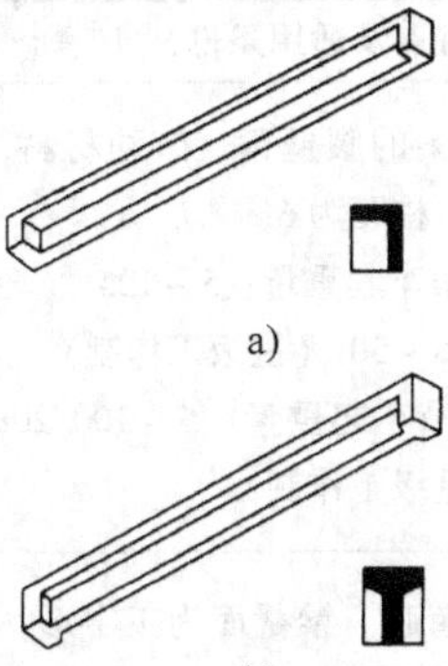

图 14-15　檩条形式

a）倒 L 形　b）T 形

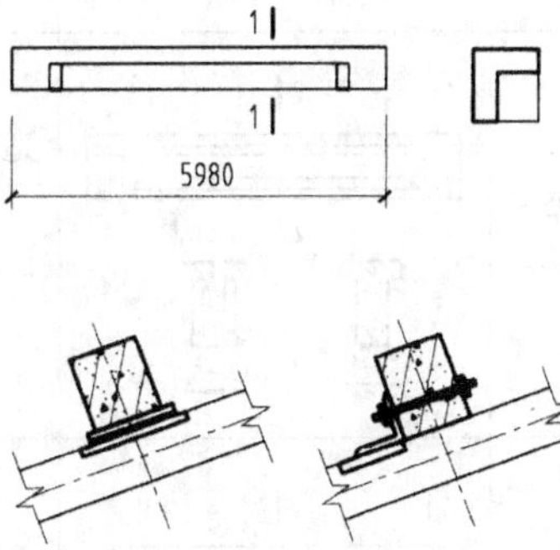

图 14-16　檩条与屋架的连接

第四节　吊车梁、连系梁及圈梁

一、吊车梁

在设有桥式吊车或梁式吊车的厂房中，需在柱的牛腿上设置吊车梁。吊车梁上铺有钢轨，吊车轮子沿钢轨运行。吊车梁直接承受吊车起重、运行、制动时产生的各种荷载。它同时还有传递厂房的纵向荷载、保证厂房骨架纵向刚度和稳定性的作用。

1. 吊车梁的种类

吊车梁的种类很多，按材料分为钢筋混凝土吊车梁和钢吊车梁，其中前者较为常用。钢筋混凝土吊车梁又分为普通混凝土吊车梁与预应力混凝土吊车梁两种。按形状大致可分为梁式和桁架式两种，前者较为常用。梁式吊车梁又分等截面梁（T 形与工字形）和变截面梁（鱼腹式与折线式）两种，其特点及适用条件见表 14-4 所示。

表 14-4　吊车梁的类型、特点及适用条件

类型	简　图	特点及适用条件
等截面 T 形吊车梁	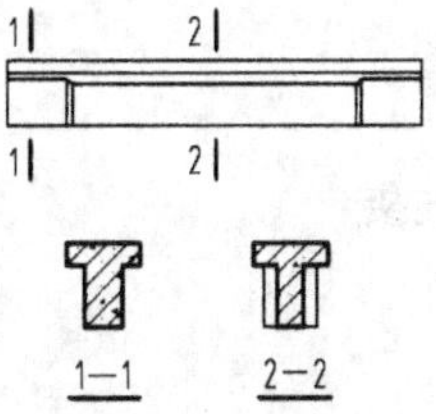	T 形截面的上部翼缘较宽，可增加梁的受压面积，也便于固定吊车的轨道。施工简单，制作方便，但自重大，消耗材料多。适用于厂房跨度≤30m、柱距 6m，吊车起重量 3～75t 轻级工作制；1～30t（中级工作制）；5～20t（重级工作制）

（续）

类型	简　　图	特点及适用条件
等截面工字形吊车梁	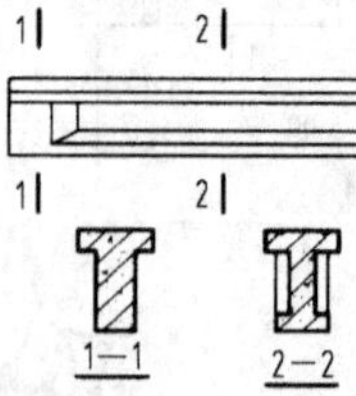	为预应力构件。吊车梁的腹壁薄，节约材料，自重较轻。适用于跨度为 12 ~ 33m，柱距为 6m 的厂房。 先张法吊车梁适用于吊车起重量：5 ~ 125t（轻级工作制）；5 ~ 75t（中级工作制）；5 ~ 50t（重级工作制） 后张法吊车梁适用于吊车起重量：5 ~ 100/20t（轻、中级工作制）；5 ~ 50/10t（重级工作制）
变截面鱼腹式吊车梁	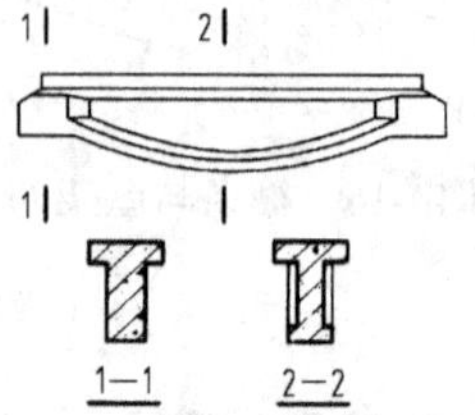	梁的腹壁薄，外形象鱼腹，梁截面为工字形，这种形状符合受力原理，因而能充分发挥材料强度和减轻自重、承受较大荷载，梁的刚度大。但构造和制作较复杂，运输、堆放需设专门支垫。适用于跨度为 12 ~ 33m、柱距为 6m，吊车起重量为 5 ~ 125/20t（中级工作制）；10 ~ 100/20t（重级工作制）的厂房

2. 吊车梁与柱的连接

吊车梁与柱的连接多采用焊接。为承受吊车横向水平刹车力，吊车梁翼缘的预埋件与柱牛腿的预埋件用钢板或角钢焊接。为承受吊车梁竖向压力，吊车梁底部安装前应焊上一块垫板与柱牛腿顶面预埋钢板焊牢。梁与柱之间的空隙用 C20 混凝土填实（图 14-17）。

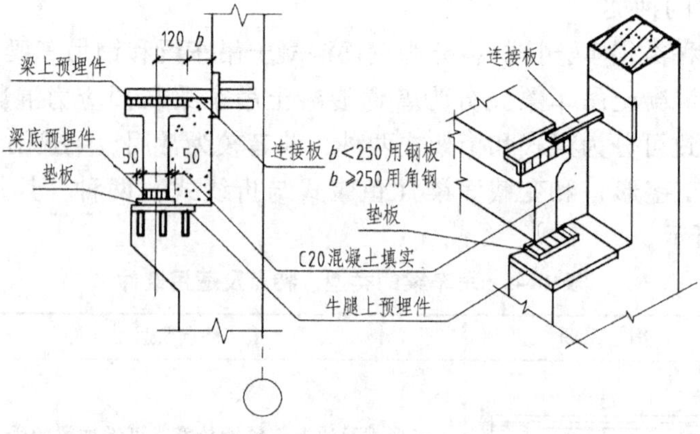

图 14-17　吊车梁与柱子的连接

3. 吊车轨道的安装与车挡的固定

吊车梁上的钢轨有方形和工字形两种。吊车梁的翼缘上留有安装孔，安装前先用 C20 混凝土垫层将吊车梁顶面找平，然后铺设钢垫板或压板，用螺栓将吊车轨道固定（图 14-18）。

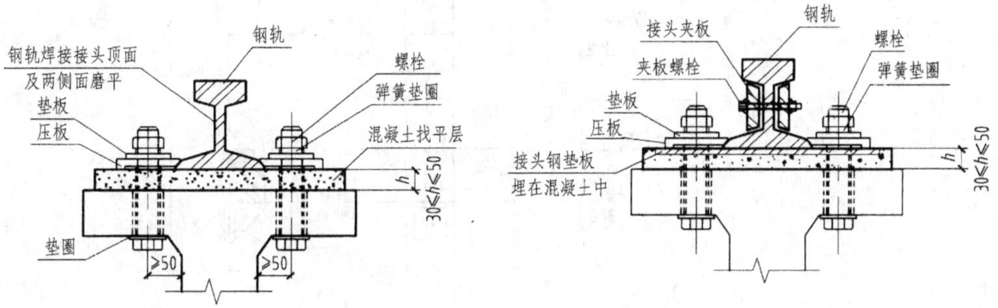

图 14-18　吊车轨道的安装

为防止吊车在行驶中刹车失灵，在吊车梁尽端应设置车挡，以免吊车冲撞山墙（图 14-19）。

二、连系梁

连系梁是厂房纵向柱列的水平连系构件，常设置在窗口上皮，并代替窗过梁。其作用是增强厂房纵向刚度、传递风荷载到纵向柱列；承受部分墙体重量（当墙高超过 15m）并传给柱子。连系梁与柱子用焊接或螺栓连接。其截面形式有矩形和 L 形，分别用于 240mm 和 370mm 墙中（图 14-20）。

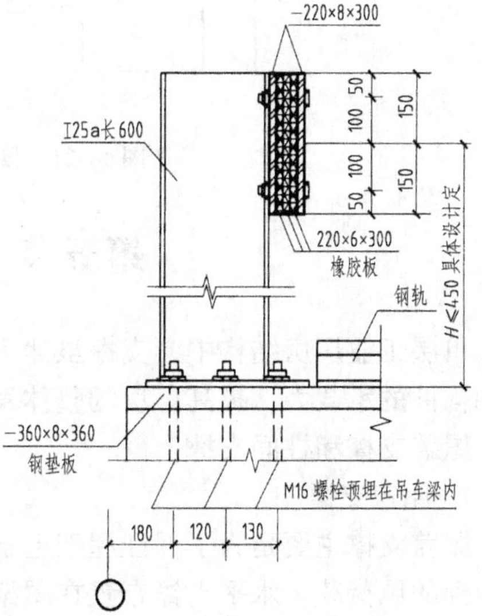

图 14-19　车挡的固定

三、圈梁

在高度较大或振动较大的单层厂房中应布置圈梁，以加强墙与柱之间的连接，保证墙体的稳定性，并增加厂房的整体刚度。圈梁的布置原则是在振动较大或抗震要求较高的厂房中，沿墙高每隔 4m 左右设一道；一般情况在墙内与柱顶、吊车梁、窗过梁相对应的位置设置圈梁。圈梁断面高度应不小于 180mm，配筋为 $4\phi 12$，箍筋为 $\phi 6@200$mm。圈梁应与柱伸出的预埋筋相连接（图 14-21）。连系梁若水平交圈可视为圈梁。

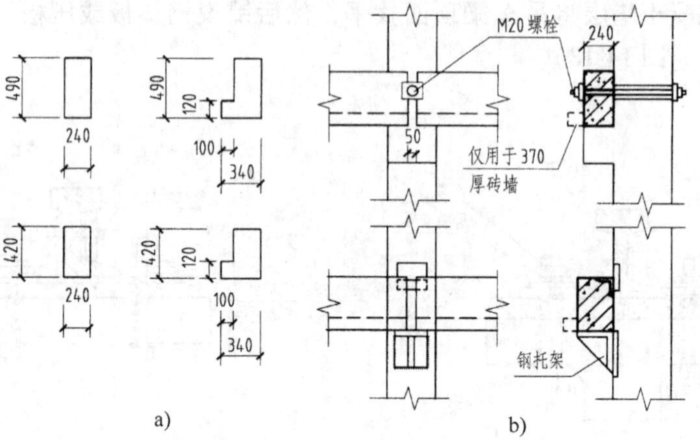

图 14-20　连系梁与柱的连接

a）连系梁截面形式及尺寸　b）连系梁与柱的连接

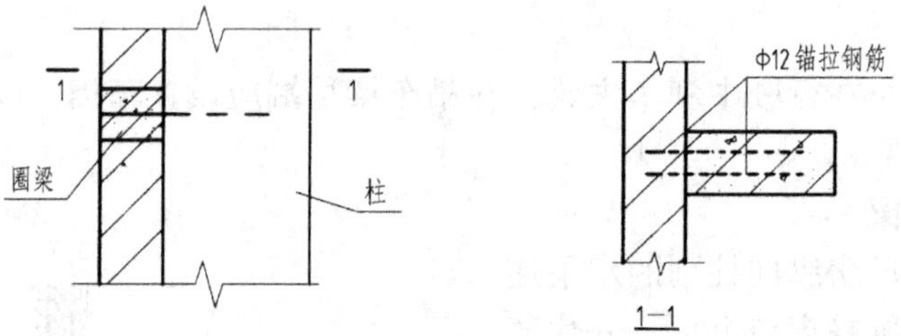

图 14-21　圈梁与柱子的连接

第五节　支　　撑

单层工业厂房结构中，支撑虽然不是主要的承重构件，但它能够保证厂房结构和构件的承载力，提高厂房的整体稳定性和刚度，并传递部分水平荷载。支撑分为屋盖支撑和柱间支撑。

1. 屋盖支撑

屋盖支撑主要是为了保证屋架上下弦间杆件在受力后的稳定性，并能传递山墙受到的风荷载。水平支撑布置在屋架上弦或下弦之间，沿柱距横向布置或沿跨度纵向布置。水平支撑分为上弦水平支撑、下弦水平支撑和水平系杆等（图 14-22）。

垂直支撑主要保证屋架与屋架在使用和安装阶段的侧向稳定，并能提高厂房的整体刚度（图 14-23）。

2. 柱间支撑

柱间支撑一般设在厂房变形缝区段的中部，其作用是承受山墙抗风柱传来的水平荷载；传递吊车产生的纵向刹车力；加强纵向柱列的稳定性，是厂房必须设置的支撑系统。柱间支撑分为上柱支撑和下柱支撑。柱间支撑一般采用钢材制作，其形状有交叉式、门式等（图 14-24）。

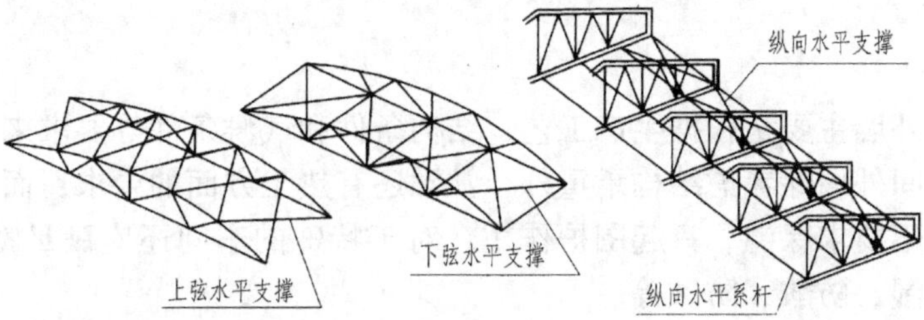

图 14-22　屋盖支撑

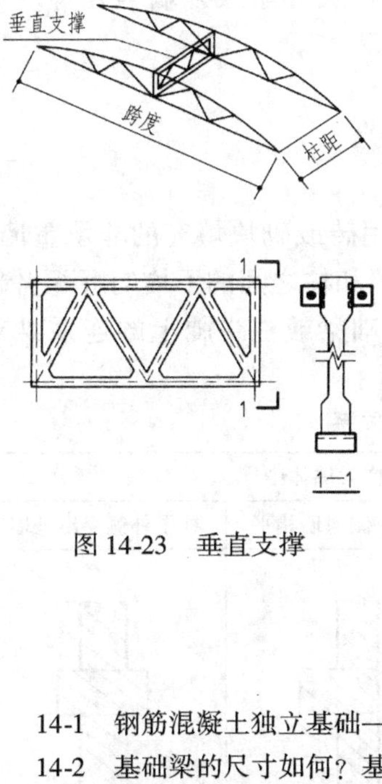

图 14-23　垂直支撑

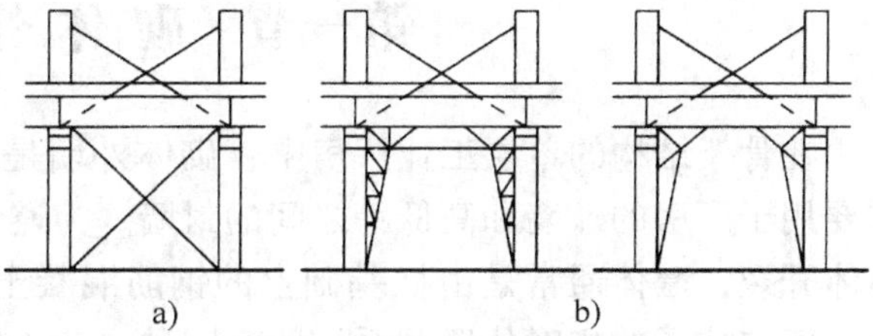

图 14-24　柱间支撑

a）交叉式　b）门式

复习思考题

14-1　钢筋混凝土独立基础——杯形基础的构造要求有哪些？画图表示。

14-2　基础梁的尺寸如何？基础梁搁置的构造要求如何？有哪几种搁置方式？画图表示。

14-3　钢筋混凝土柱的分类如何？一般柱子上要预埋哪些铁件？

14-4　为什么单层厂房在山墙处设抗风柱？它与屋架的连接应满足怎样的构造要求？

14-5　屋盖的主要作用是什么？它包括哪两大部分？一般有哪两大体系？

14-6　屋面板通常有哪几种类型？其适用条件如何？

14-7　吊车梁的类型有哪些？各部分的连接构造如何？车挡的作用是什么？

14-8　连系梁的设置要求是怎样的？其作用如何？

14-9　圈梁的作用如何？与柱子怎样连接？

14-10　单层厂房的支撑包括哪两大部分？各部分又有哪些部分组成？

第十五章　单层厂房外墙

厂房的外墙主要是根据生产工艺、结构条件和气候条件等要求来设计的。一般冷加工车间外墙除考虑结构承重外，常常还有热工方面的要求；而热加工车间的外墙一般不要求保温，只起围护作用。对于特殊的车间还应满足特殊的要求，如恒温、恒湿、防酸、防碱等。

装配式单层厂房外墙按承重方式分为承自重墙和框架墙；按材料和构造方式分为砌体外墙、板材墙、轻质板材墙（压型钢板墙）及开敞式外墙等几种。下面简单介绍砌体外墙和板材墙。

第一节　砌体外墙

在骨架结构的单层工业厂房中，砌体外墙是指用砖或砌块填充的非承重墙，主要用于厂房的外墙和高低跨之间的封墙。为避免墙和柱之间的不均匀沉降引起墙体开裂，墙体通常是由柱基础上的钢筋混凝土基础梁或柱牛腿上的连系梁支承。墙与柱子的相对位置关系一般有四种（表 15-1）。

表 15-1　墙与柱子的相对位置关系

相对位置关系	墙在柱子外侧（外包柱）	柱子嵌入墙体中		
		部分柱子嵌入墙体中	柱子外侧与墙相平	柱子外侧突出外墙
示意图	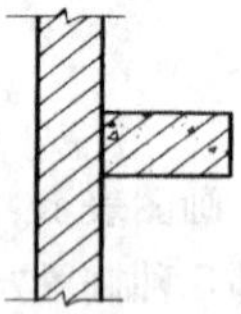	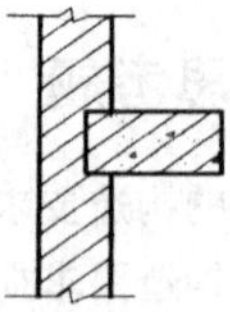	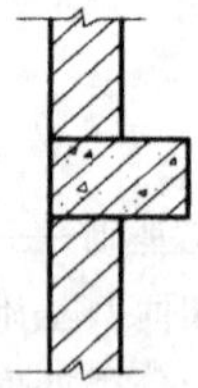	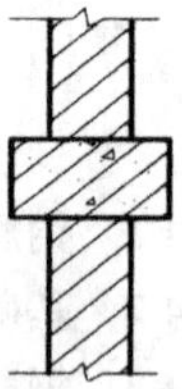
特点	构造简单、施工方便、热工性能好，便于构件标准化，但占地面积大	增加柱列的纵刚度，但施工麻烦，不利于构件标准化	更能增加纵向柱列刚度，节省占地。但施工麻烦，热工性能差，构造复杂，不利于构件标准化	更能增加纵向柱列刚度，节省占地，丰富厂房立面造型。但施工麻烦，热工性能差，构造复杂，不利于构件标准化

单层厂房的外墙一般都较高，因此应有足够的刚度和稳定性。为防止墙体受风荷载或其他水平荷载的作用而向外倾倒，墙体与柱之间应有所拉结。考虑承自重墙的传力特点（垂直方向不受力），墙与柱只考虑在水平方向的拉结。通常做法是沿柱子高度每隔500mm 预埋2 Φ 6 钢筋，砌筑时把钢筋砌在墙的水平灰缝里（图15-1）。

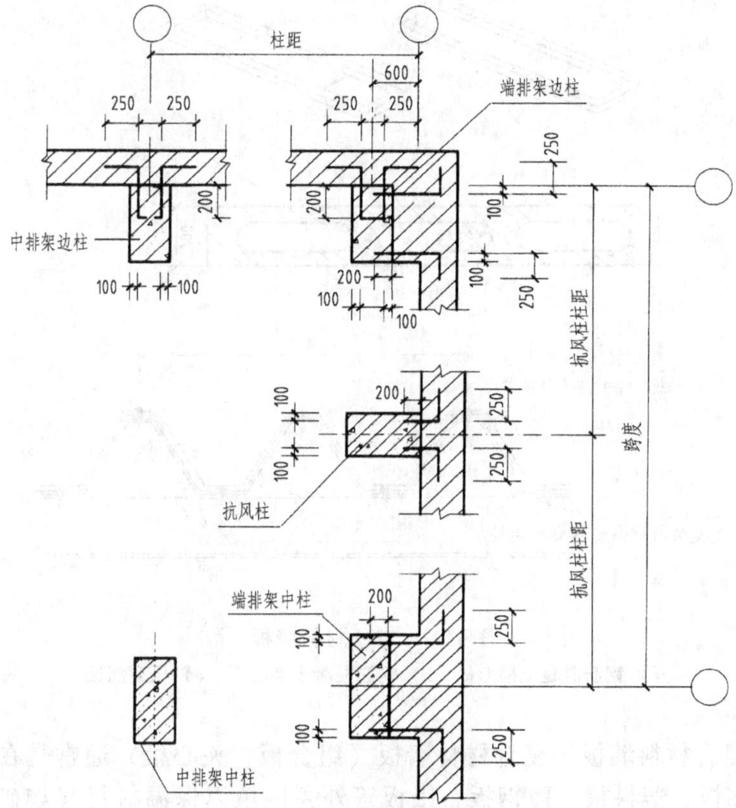

图15-1　墙与柱的拉接

第二节　板　材　墙

装配式单层工业厂房的外墙采用板材墙是工业建筑发展的方向。它不仅减轻墙体自重，改善墙体的抗震性能；加快施工速度、减轻劳动强度，促进建筑工业化，而且还能充分利用工业废料、节省耕地。但板材墙目前还存在造价偏高、连接构件不够理想、接缝不易保证质量等不足，有待逐步改善。

一、墙板的类型及布置

1. 墙板的类型

单层工业厂房的墙板类型很多。按墙板的热工性能分为保温墙板和非保温墙板；按墙板本身的材料分为单一材料墙板和复合材料墙板等。

(1) 单一材料墙板　常用的单一材料墙板主要有钢筋混凝土槽形板、空心板，压型钢板图 15-2。

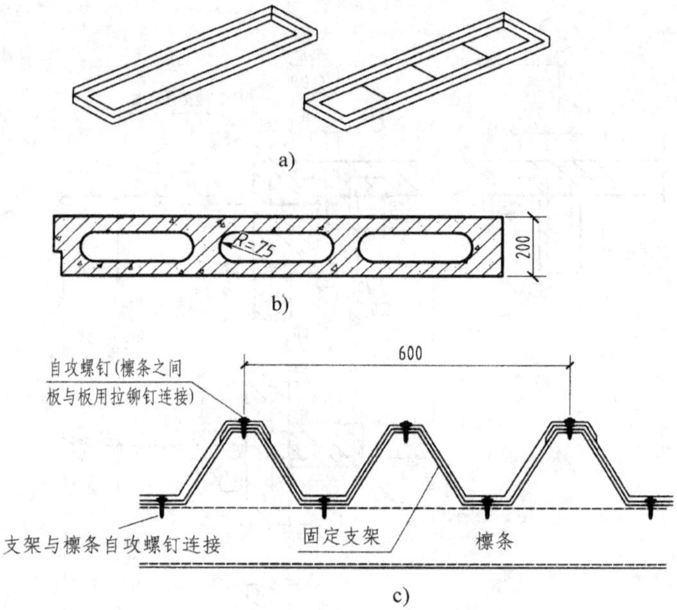

图 15-2　单一材料墙板

a) 钢筋混凝土槽形板　b) 钢筋混凝土空心板　c) 压型钢板

(2) 复合材料墙板　复合材料墙板（组合板、夹心板）通常是在钢筋混凝土板、石棉板、塑料板、薄钢板、铝板等外壳内填以保温材料（如矿棉、泡沫塑料等）制成的板材，如图 15-3 所示。复合材料墙板中的各种材料能充分发挥各自的优点，并具备一定的强度。但制造工艺复杂，施工要求技术性高，连接处易出现“冷桥”现象。

2. 墙板的布置

大型板材墙的墙板布置方案有三种：横向布置、竖向布置、混合布置。各种方案的形式及优缺点见表 15-2 所示。

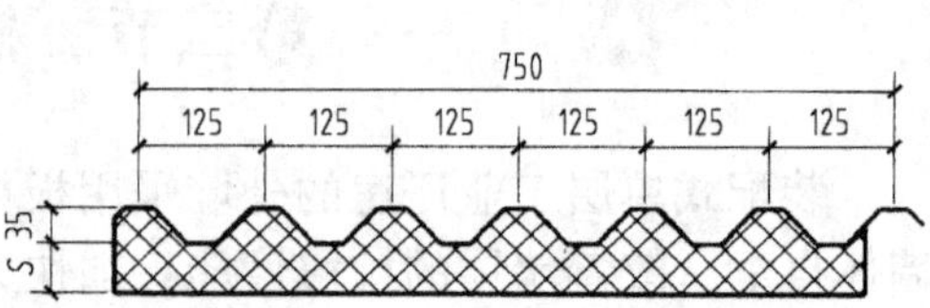

图 15-3　复合材料墙板

二、压型钢板板材墙的构造

压型钢板是指以彩色涂层钢板或镀锌钢板为原材，经辊压冷弯成波形断面，以改善力学性能、增大板的刚度。压型钢板墙体具有轻质高强、施工方便、防火抗震等优点。

表 15-2　墙板布置方案

方　案	图　示	优 缺 点
横向布置	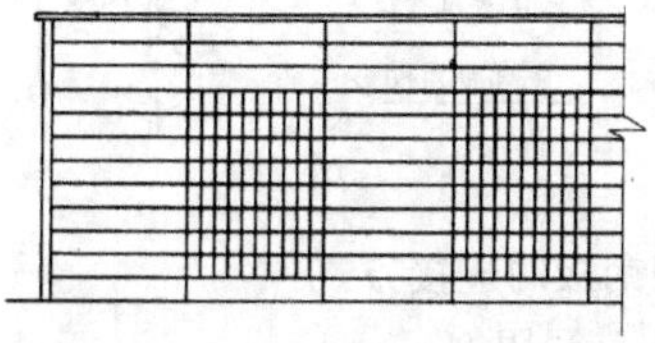	1. 板长和柱距相同,有利于与柱子连接,增强纵向刚度;兼起连系梁(窗过梁);构造简单、连接可靠、板型较少 2. 遇到穿墙孔时,墙板布置较复杂
竖向布置	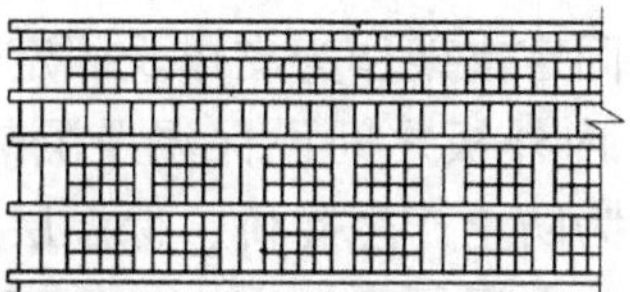	1. 布置灵活,不受柱距限制,便于做矩形窗 2. 板长受侧窗高度限制,板型多、构造复杂、易渗漏雨水等
混合布置	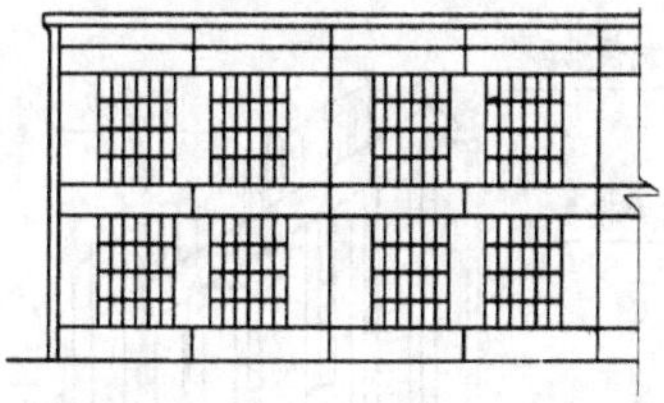	以横向布置为主,在窗间墙和特殊部位竖向布置,所以集横向、竖向优点于一体

（一）压型钢板墙体

1. 压型钢板的尺寸及分类

（1）尺寸　压型钢板应尽量采用较长尺寸的板材，以减少纵向接缝，防止漏水。在工厂轧制的压型钢板，受运输条件限制，一般板长宜在 12m 之内，常用板厚为 0.5～1.0mm。

（2）分类　压型钢板根据波高的大小分为高波板（波高大于 70mm 的压型钢板）和低波板（波高小于或等于 70mm 压型钢板）。

2. 压型钢板墙体的连接方式

压型钢板用连接件或紧固件固定在檩条或墙梁上（图 15-4）。

（二）复合材料钢板（复合保温压型钢板）墙体

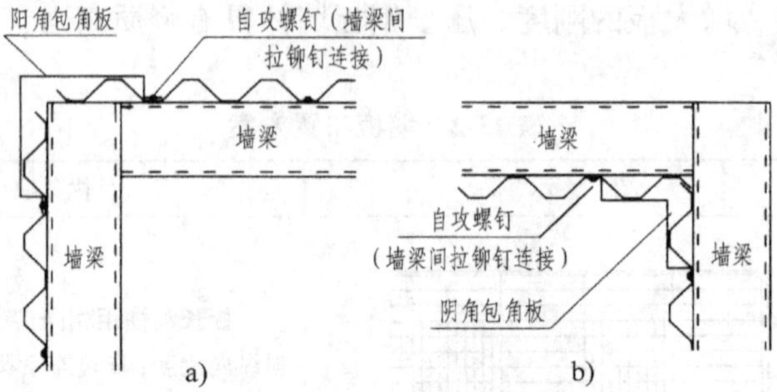

图 15-4　压型钢板的连接方式
a）阳角　b）阴角

1．组合板墙体

组合板墙体是以檩条及墙梁或专业固定支架作为支撑及固定骨架，骨架外侧设单层压型钢板，骨架内侧设装饰板，内外板之间设保温及隔热层（图 15-5）。保温隔热层常选用超细玻璃丝棉卷毡，为防止产生冷桥，保温层应固定于外板与檩条、墙梁之间；在相对潮湿的环境中，保温层靠向室内一侧宜增设隔汽层，隔汽层材料可采用铝箔、聚丙烯膜等。在北方寒冷地区及室内外温差较大的环境中，隔汽层的设置须经过热工计算。

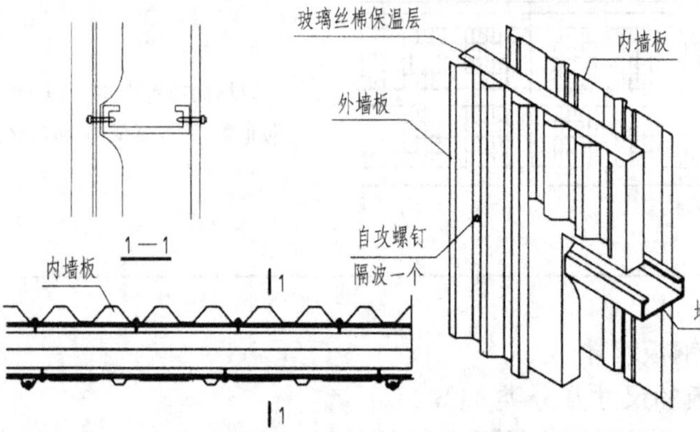

图 15-5　复合保温压型钢板

2．夹芯板墙体

夹芯板是将彩色涂层钢板面板及底板与保温芯材通过粘结剂（或发泡）复合而成的保温复合围护板材。根据其芯材的不同分为硬质聚氨酯夹芯板、聚苯乙烯夹芯板、岩棉夹芯板。夹芯板板厚为 50～100mm；彩色钢板厚度为 0.5mm、0.6mm，板长一般宜在 12m 以内。夹芯板的连接方式：有骨架的轻型钢结构房屋采用紧固件或连接件将夹芯板固定在檩条或墙梁上（图 15-6）；无骨架的小型房屋可通过连接件将夹芯板组合成型，成为板自承重的盒子式组合房屋。

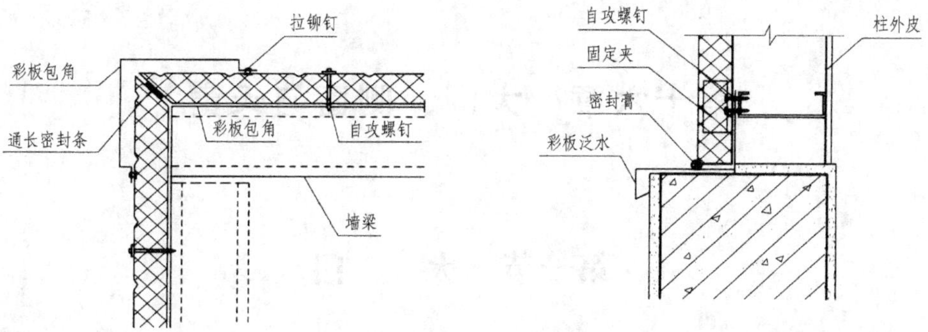

图 15-6　夹心板的连接

复习思考题

15-1　墙与柱子的相对位置关系有哪几种？各自的优缺点如何？

15-2　墙与柱子的拉结应满足怎样的构造要求？画图表示出其基本连接情况。

15-3　板材墙的墙板布置有哪几种方式？各自的优缺点如何？

15-4　压型钢板分为哪两种类型？

第十六章　大门、侧窗与天窗

第一节　大　　门

一、大门的尺寸

厂房的大门除通行外，还供搬运原材料、成品、半成品、生产设备之用，需要能通行各种车辆，因此大门洞口的尺寸决定于各种车辆的外形尺寸和所运输物品的大小。在车辆满载货物时洞口的宽度应比车体宽度大600~1000mm；洞口高度应比车体高度高400~500mm，以保证车辆能安全通行。同时还应符合《建筑模数协调标准》的规定，以300mm为扩大模数，以减少大门类型，便于采用标准构配件。大门洞口常见尺寸见表16-1。

表16-1　大门洞口尺寸

通行车辆类型	大门洞口尺寸$\left(\frac{宽}{mm}\times\frac{高}{mm}\right)$
3t 矿　车	2100×2100
电　瓶　车	2100×2400
轻型卡车	3000×2700
中型卡车	3300×3000
重型卡车	3600×3900
汽车起重机	3900×4200
火　　车	4200×5100 4500×5400

二、大门的分类

厂房大门的类型有很多种，可按不同方法分类。

(1) 按大门使用材料分　木门、钢木门、钢板门、塑钢门等。

(2) 按大门用途分　一般大门、特殊大门。特殊大门是根据厂房的特殊要求设计的，有保温门、防火门、冷藏库门、射线防护门、烘干室门、隔声门等。

(3) 按大门开启方式分　平开门、折叠门、推拉门、上翻门、升降门、卷帘门等。

厂房大门常见的形式、特点及适用范围见表16-2。

表 16-2　厂房大门的形式、特点及适用范围

序号	名　称	形　　式	特点及适用范围
1	平开门	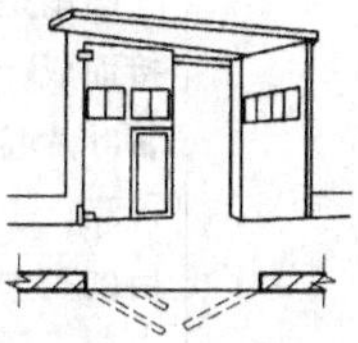	构造简单，开启方便；便于疏散，节省车间使用面积；易产生下垂或扭曲变形。通常向外开启
2	折叠门	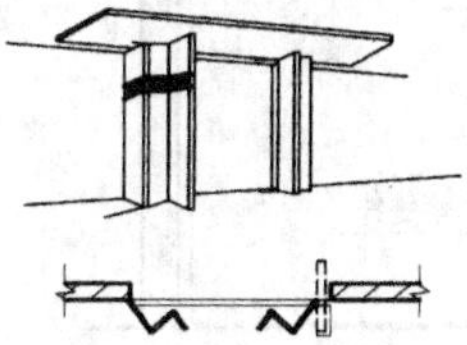	由几个较窄的门扇通过铰链组合而成，开启时通过门扇上下滑轮沿导轨左右移动并折叠在一起，占用空间较少。适用于较大的门洞口
3	推拉门	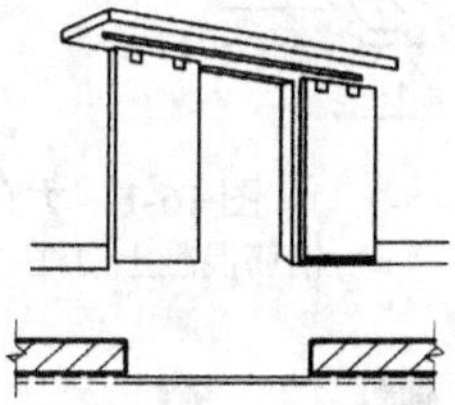	门的开关是通过滑轮沿着导轨向左右推拉实现。构造简单，不易变形，密闭性差。不宜用于密闭要求高的车间
4	上翻门	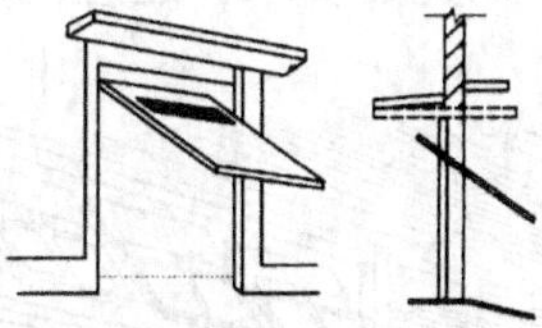	开启时门扇随水平轴沿导轨上翻至门顶过梁下面，不占使用空间。可避免门扇的碰损。多用于车库大门
5	升降门	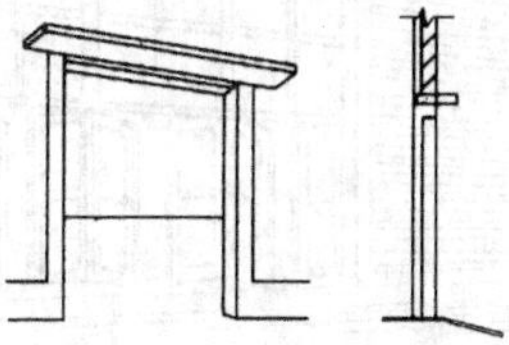	开启时门扇沿导轨向上升，所以门洞上部留有足够的上升高度。不占使用空间。宜采用电动，适用于较高大的大型厂房

（续）

序号	名　称	形　　式	特点及适用范围
6	卷帘门	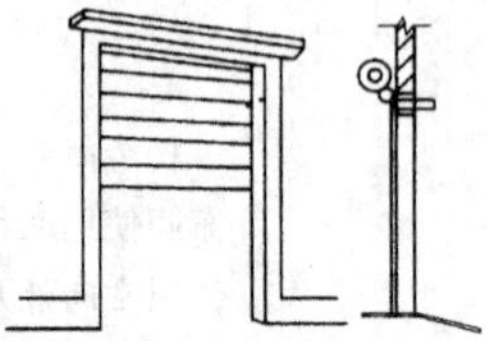	门扇是由许多冲压成型的金属叶片连接而成，开启时通过门洞上部的转动轴将叶片卷起。密闭性好，但制作复杂，造价高。手动、电动均可，适用于非频繁开启的高大门洞

三、门框与墙体的连接

厂房大门的门框有钢筋混凝土门框和砖砌门框两种。当门洞宽度大于 3m 时，宜采用钢筋混凝土门框。平开钢木大门的每个门扇一般设两个铰链，铰链与门框上相应位置的预埋铁件焊接牢固。钢筋混凝土门框内可直接预埋铁件，砖砌门框应在墙内砌入埋有预埋铁件的混凝土块（图 16-1）。

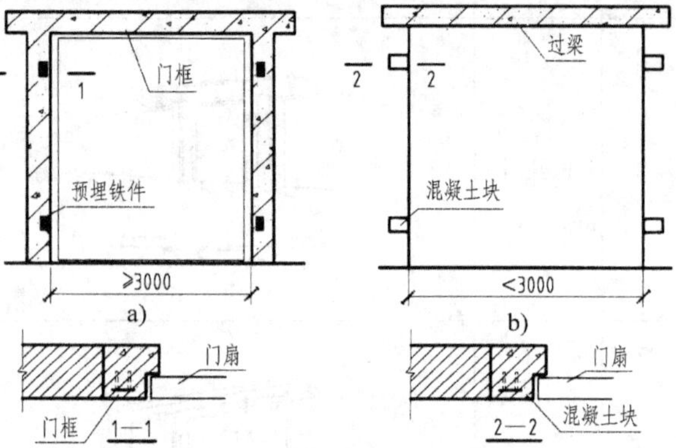

图 16-1　大门门框

a）钢筋混凝土门框　b）砖砌门框

第二节　侧　　窗

工业厂房的侧窗不仅要满足通风和采光的要求，还应满足工艺上的泄压、保温、防尘等要求。侧窗还应满足坚固耐久、开关方便、节省材料及降低造价的要求。

一、侧窗的特点

1）侧窗的面积大，一般以吊车梁为界，其上叫高侧窗，其下叫低侧窗。

2）大面积的侧窗多采用组合式，由基本窗扇、基本窗框、组合窗三部分组成。

3）侧窗除接近工作面的部分采用平开式外，其余均采用中悬式。

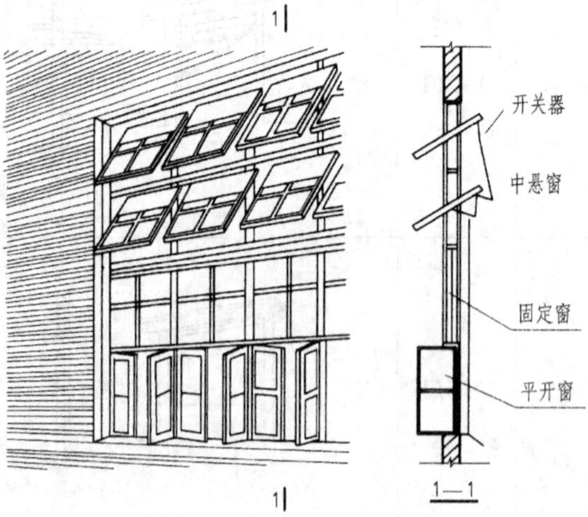

图 16-2　侧窗组合示例

二、侧窗的类型

侧窗按材料分为钢窗、木窗、铝合金窗、塑钢窗，钢窗在单层厂房中应用较多；按开启方式分为平开窗、中悬窗、固定窗、立转窗、上悬窗等。根据厂房的通风需要，厂房外墙的侧窗一般是将平开窗、中悬窗、固定窗等组合在一起(图 16-2)。

三、侧窗的布置形式及尺寸

单层厂房外墙侧窗布置形式一般有两种：一种是被窗间墙隔开的独立窗；一种是沿厂房纵向连续布置的带形窗。

单层工业厂房的侧窗尺寸一般情况应符合模数规定，以利窗的标准化和定型化，侧窗尺寸见表 16-3。

表 16-3　侧窗尺寸

宽度/mm	一般在 900 ~ 6000 之间	当宽度≤2400 时，	以 300mm 为扩大模数
		当宽度 >2400 时，	以 600 mm 为扩大模数
高度/mm	一般在 900 ~ 4800 之间	当高度≤1200 时，	以 300mm 为扩大模数
		当高度 >1200 时，	以 600mm 为扩大模数

第三节　天　　窗

一、天窗的作用与类型

在单层工业厂房中，当厂房的跨度太大或是多跨时，侧窗将不能满足天然采光和通风的要求，此时需在厂房的屋顶上设置各种形式的窗——天窗。一些特殊生产厂房为迅速将车间中的余热和有毒气体排放出去，也需要设通风排气天窗。

天窗按用途分为采光天窗、通风天窗和采光通风天窗；按在屋面上的位置分为上凸式天窗、下沉式天窗和平天窗；按方向分为横向天窗和纵向天窗；按断面形式分为矩形天窗、M 形天窗、三角形天窗和锯齿形天窗等。图 16-3 所示为常见天窗的形式。

二、上凸式矩形天窗（简称矩形天窗）

矩形天窗是我国单层工业厂房应用最广泛的一种天窗，南北方均适用。矩形天窗沿厂房纵向布置，采光、通风效果均较好。它由天窗架、天窗端壁、天窗侧板、天窗窗扇和天窗屋面等五部分组成（图 16-4）。

（1）天窗架　天窗架是天窗的主要承重构件，它直接支承在屋架的上弦或屋面梁上，其材料与屋架（屋面梁）的材料相同。天窗架的跨度约为屋架（屋面梁）跨度的 1/2 ~ 1/3，同时跨度的尺寸也要考虑屋面板的规格。天窗扇的高度为天窗架跨度的 0.3 ~ 0.5 倍。矩形天窗的天窗架通常由 2 ~ 3 个三角形支架拼装而成（图 16-5）。

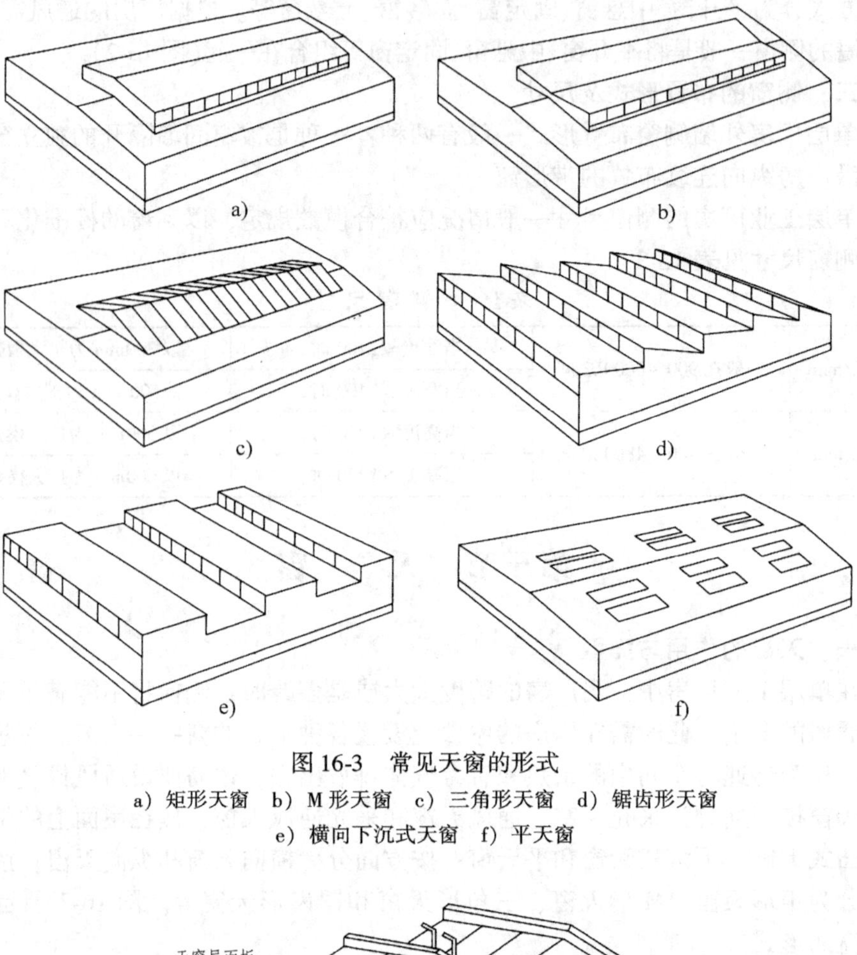

图 16-3　常见天窗的形式

a）矩形天窗　b）M 形天窗　c）三角形天窗　d）锯齿形天窗
e）横向下沉式天窗　f）平天窗

图 16-4　矩形天窗的组成

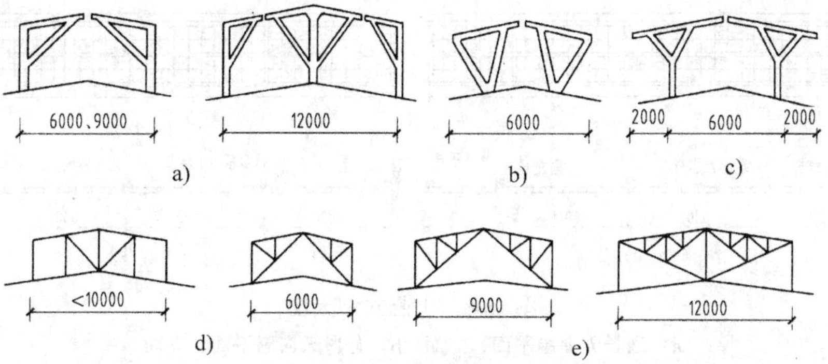

图 16-5　矩形天窗的天窗架

a）钢筋混凝土门形窗架　b）W 形天窗架　c）双 Y 形天窗架

d）多压杆式钢天窗架　e）桁架式钢天窗架

（2）天窗端壁　天窗端壁又叫天窗山墙，它使天窗的尽端封闭（围护作用）起来，同时也起支承天窗上部的屋面板的作用。常用的有预制钢筋混凝土端壁板和石棉瓦端壁板。预制钢筋混凝土端壁板多为肋形板（图 16-6）。根据天窗宽度的不同，天窗端壁由 2 ~ 3 块端壁板组成。天窗端壁的支柱下端预埋铁板与厂房屋架的预埋铁板焊在一起。端壁肋形板之间用螺栓连接。

（3）天窗侧板　天窗侧板位于天窗扇下部，用来防止雨水溅入车间或屋面积雪影响天窗扇的开关。侧板的高度应高出屋面 300mm 以上，但也不宜过高，过高的侧板必然会增加天窗架的高度，以至于增大总荷载。天窗侧板一般用钢筋混凝土槽形板或平板制作，板长 6m，如图 16-7 所示。

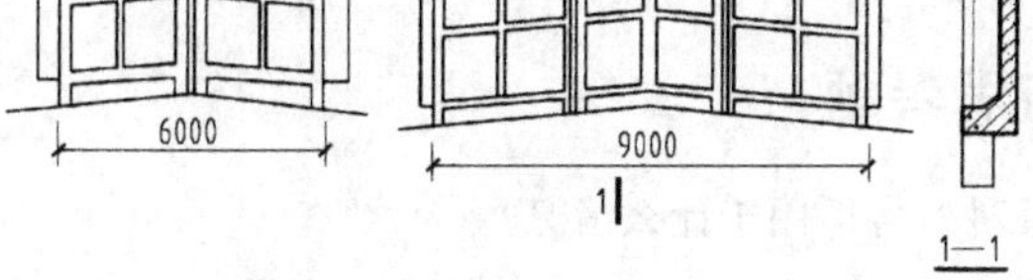

图 16-6　天窗端壁

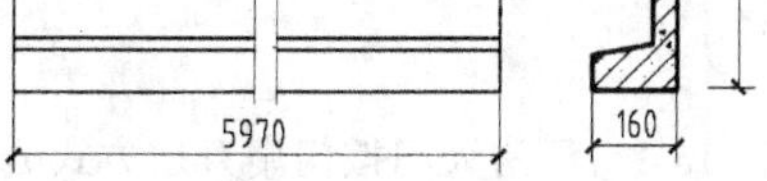

图 16-7　天窗侧板

（4）天窗扇　天窗扇起围护作用，多为钢材制成，按开启方式分有上悬式和中悬式，可按一个柱距独立开启、分段设置，也可按几个柱距同时开启、通长设置（图 16-8）。

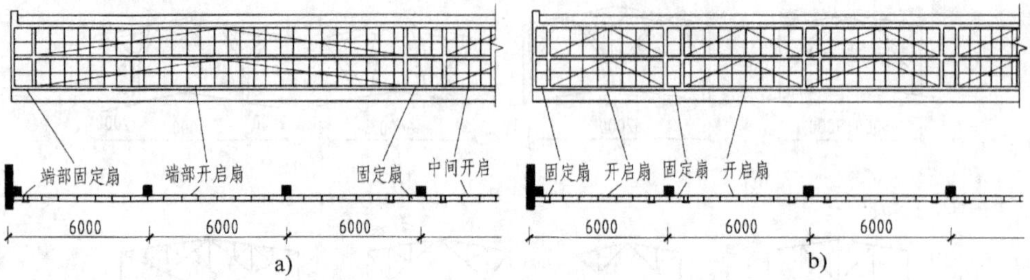

图 16-8　上悬式钢天窗

a）通长天窗扇平面、立面　b）分段天窗扇平面、立面

（5）天窗屋面　天窗屋面通常与厂房屋面的构造相同。由于天窗宽度和高度一般均较小，故多采用无组织排水（图 16-9a），并在天窗檐口下部的屋面上铺设滴水板，在降雨量较大地区或天窗高度和宽度都较大时，宜采用有组织排水（图 16-9b、c）。

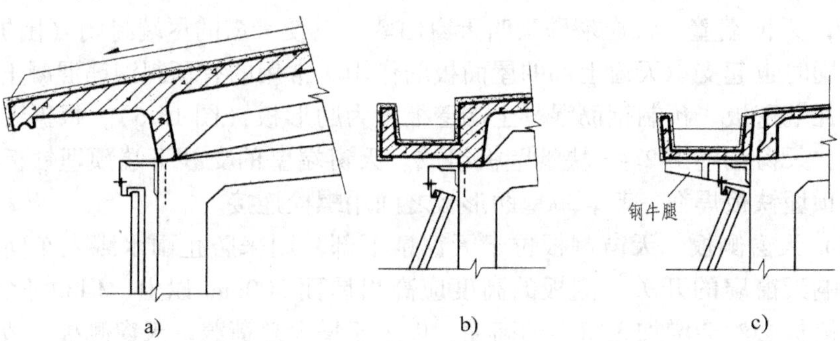

图 16-9　天窗檐口

a）带挑檐的屋面板　b）带檐沟的屋面板　c）钢牛腿上铺天沟板

根据具体情况，有时也应设天窗挡风板，主要用于热加工车间，此时又叫避风天窗。矩形天窗的挡风板不宜高于天窗檐口。挡风板与屋面板之间应留出 50 ~100mm 的空隙，以利于排水，又使风不容易倒灌。挡风板的端部应封闭，并应留出供清扫积灰和检修时通行的小门。

复习思考题

16-1　厂房大门按门扇开启方式分为哪几种？各适用于什么情况？

16-2　厂房大门的门框与墙体怎样连接？

16-3　厂房侧窗按开启方式分为哪几种类型？其布置形式与尺寸应满足什么要求？

16-4　天窗的作用如何？

16-5　矩形天窗由哪几部分组成的？各组成部分的作用如何？

16-6　天窗扇有哪两种开启方式？其布置形式如何？

第十七章　厂房屋面排水及防水

单层工业厂房屋面与民用建筑屋面构造基本相同,但由于厂房屋面常设置天窗,特别是多跨、不等高的工业厂房,屋面受厂房内部的振动、高温、腐蚀性气体、积灰等因素的影响,所以厂房屋面的排水及防水的构造也较复杂,造价也较高。

第一节　厂房屋面排水

一、屋面排水方式

单层工业厂房的屋面面积较大，集水量大，因此必须处理好屋面排水问题。屋面排水的主要问题是选择屋面排水坡度和排水方式，布置天沟、雨水斗、雨水管等排水装置。单层工业厂房屋面排水分为无组织排水和有组织排水两种方式。选择排水方式应综合考虑厂房所在地区的降雨量、气温、车间生产特征、厂房高度和天窗宽度等因素，一般可参考表 17-1 选择。

表 17-1　屋面排水方式的选择

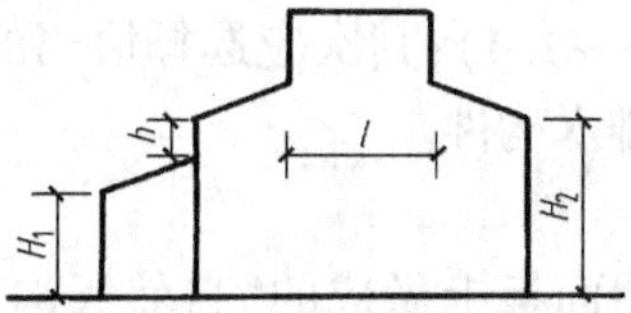

地区年降雨量/mm	檐口高度 $H_1(H_2)$/m	天窗跨度 L/m	相邻屋面高度 h/m	排水方式
≤900	>10	≥12	≥4	有组织排水
	<10		<4	无组织排水
>900	>8	≥9	>3	有组织排水
	<8			无组织排水

1. 无组织排水

无组织排水也称自由落水，是雨水直接由屋面经檐口自由排落到散水或明沟内（图 17-1）。此方法构造简单，施工方便，造价便宜，条件允许时宜优先选用。

2. 有组织排水

有组织排水是将屋面雨水有组织地汇集到天沟或檐沟内，再经雨水斗、雨水管排到室外或下水管网中（图 17-2）。采用哪种排水方式，应根据厂房的平、剖面形状、面积、生产使用要求以及当地气候条件等综合考虑。

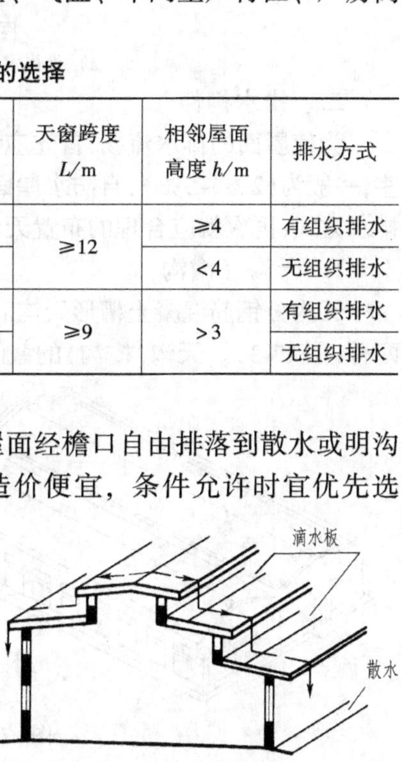

图 17-1　无组织排水

（1）外排水（图 17-2a） 适用于厂房较高或地区降雨量较大的南方地区。

（2）内排水（图 17-2b） 适用于多跨厂房或严寒多雪的北方地区。

（3）内落外排水（图 17-2c） 适用于多跨厂房或地下管线铺设复杂的厂房。

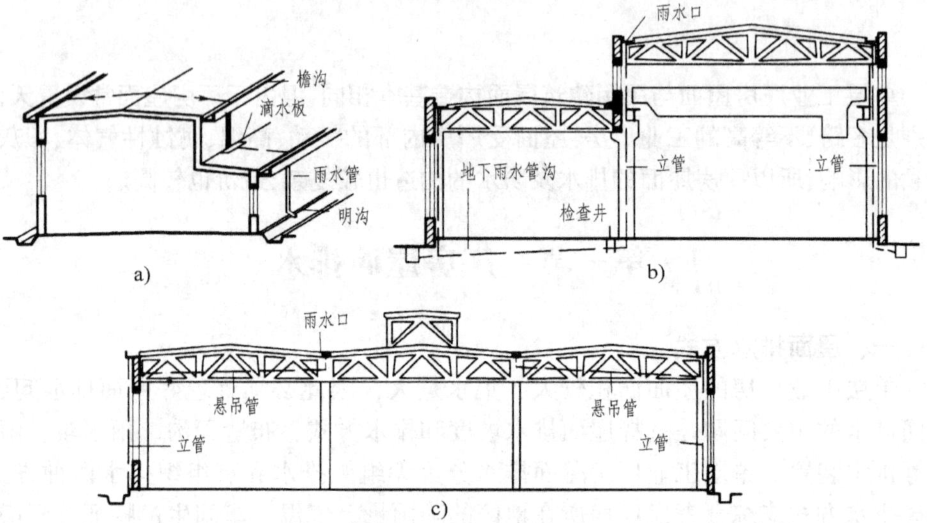

图 17-2 有组织排水

a）外排水 b）内排水 c）内落外排水

二、排水构件

为使屋面的排水流畅，首先应设置合适的排水坡度，卷材防水屋面的坡度可平缓些，一般为（2%～5%），自防水屋面的坡度需较陡些（1:3～1:4）；其次应选择恰当的排水方式；再次就应合理的布置天沟、雨水斗、雨水管等排水构件。

1. 天沟（檐沟）

天沟分钢筋混凝土槽形天沟和直接在钢筋混凝土屋面板上做成的“自然天沟”两种（图 17-3）。天沟（檐沟）的截面要根据降雨量和屋面排水面积的大小来确定。

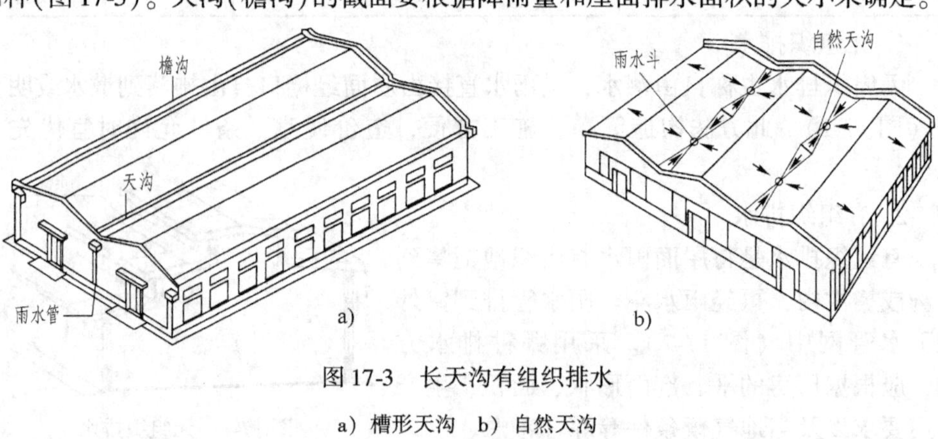

图 17-3 长天沟有组织排水

a）槽形天沟 b）自然天沟

为使天沟内的雨水、雪水顺利的流向低处的雨水斗，沟底应分段设置坡度，一般为0.5%~1%，最大不宜超过2%。槽形天沟的分水线与沟壁顶的高差应不小于120mm，以防雨水出槽而导致渗漏。

2. 雨水管

雨水管的设置是根据当地降雨量、屋面排水面积等因素确定的。一般可按每根雨水管的集水面积计算雨水管数量，它们之间的换算关系如下：

$$A=\frac{438D^2}{H}$$

式中 D——雨水管直径（mm）；

H——每小时设计降雨量（mm/h）；

A——允许集水面积（屋面的水平投影面积）（m^2）。

表17-2列出了我国部分城市每小时设计降雨量（重现期 P 为1年或2年）。

表17-2 我国部分城市设计降雨量 （单位：mm/h）

城市	北京	南京	哈尔滨	成都	上海	南昌	杭州	温州	福州	济南
重现期 $P=1/P=2$	128/165	79/90	101/111	111/125	126/148	167/210	166/199	149/160	141/164	103/127

雨水管的间距和位置应尽量使其排水负荷均匀，有利于雨水管的安装，不影响建筑物外观。雨水管的间距一般不宜大于表17-3中的规定。并应尽量均匀布置，充分发挥其排水能力，如图17-4所示。雨水管常用的有铸铁雨水管和塑料雨水管两种，管径有 ϕ100mm、ϕ150mm、ϕ200mm三种。

表17-3 雨水管间距 （单位：m）

有组织外排水		有组织内排水	
有外檐天沟	无外檐天沟	明装雨水管	暗装雨水管
24	15	15	15

3. 雨水斗

雨水斗的形式很多，常采用铸铁雨水斗，铸铁雨水斗及铁水盘均可用3mm厚钢板焊成（图17-5）。

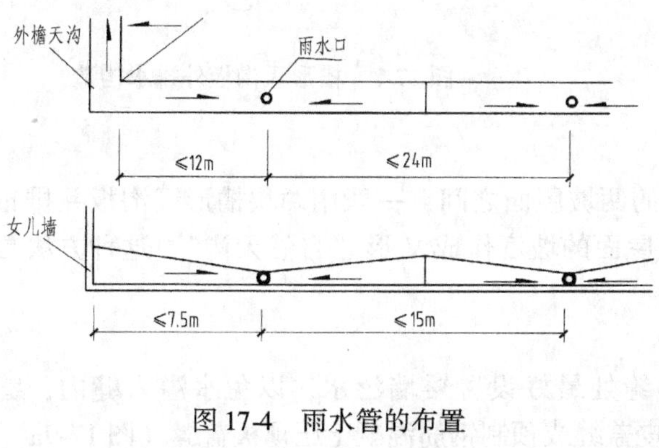

图17-4 雨水管的布置

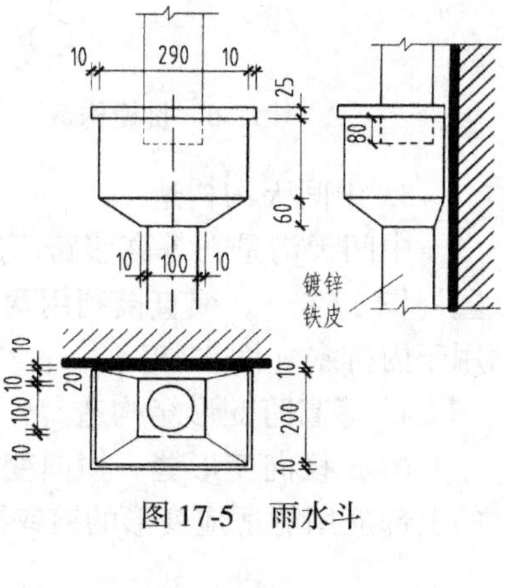

图17-5 雨水斗

第二节 厂房屋面防水

单层工业厂房屋面防水做法主要有卷材防水、构件自防水、刚性防水及瓦材(彩色压型钢板) 防水等几种。现只介绍常见的卷材防水和构件自防水。

一、卷材防水

单层厂房卷材防水屋面构造与民用建筑基本相同。但考虑到厂房屋面基层接缝多、荷载大、受振动影响大，这些均易引起卷材的裂缝，出现渗漏，因而要特别注意屋面各细部的构造。

1. 挑檐构造

屋面为无组织排水时，可用外伸的檐口板形成挑檐，有时也可利用顶部圈梁挑出挑檐板。挑檐处应处理好卷材的收头，以防止卷材起翘、翻裂（图 17-6）。

2. 槽形天沟板外排水构造

槽形天沟板一般支承在钢筋混凝土屋架端部挑出的水平挑梁上或钢屋架、钢筋混凝土屋面大梁端部的钢牛腿上。檐沟的卷材防水层在防水层底应加铺玻璃纤维油毡或普通油毡一层（图 17-7）。

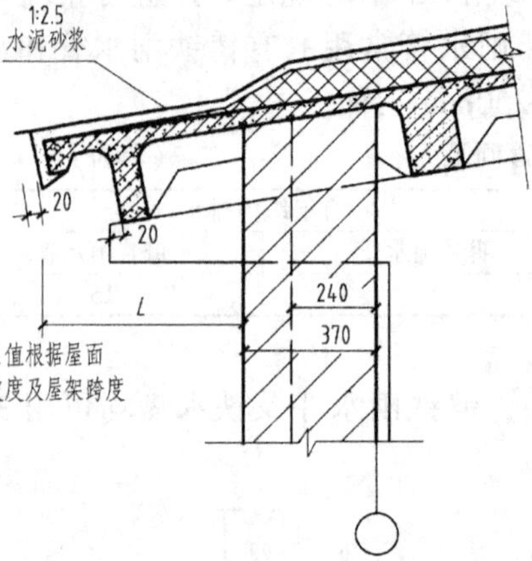

图 17-6 挑檐构造

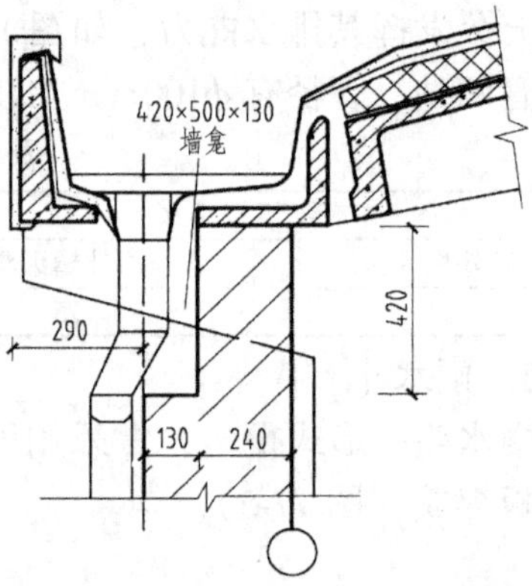

图 17-7 槽形天沟板外排水构造

3. 中间天沟构造

中间天沟是在等高多跨厂房的两坡屋面之间，一般用两块槽形天沟板并排布置（图 17-8a）。或直接利用两坡屋面的坡度作成 V 形“自然天沟”，这种方法常用于内排水（图 17-8b）。

4. 等高跨变形缝构造

（1）横向变形缝　横向变形缝处最好设置矮墙泛水，以免水溢入缝内，缝的上部应用能适应变形的镀锌铁皮盖缝或预制钢筋混凝土压顶板盖缝（图 17-9a）。

（2）纵向变形缝　纵向变形缝一般是利用两个槽形天沟的沟壁间隙，再配以镀锌铁皮盖或预制钢筋混凝土压顶板来满足变形和防水要求（图 17-9b）。

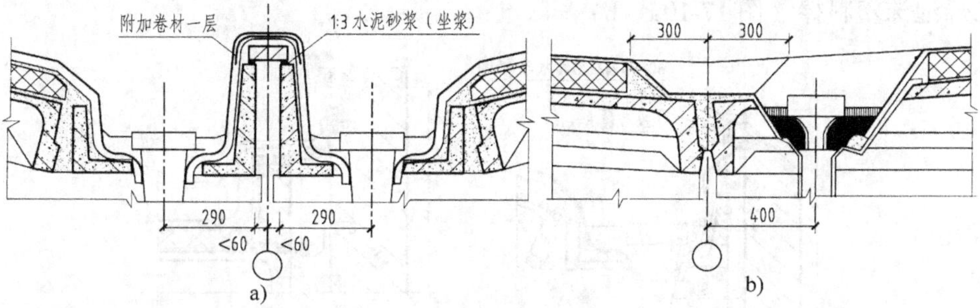

图 17-8　中间天沟构造

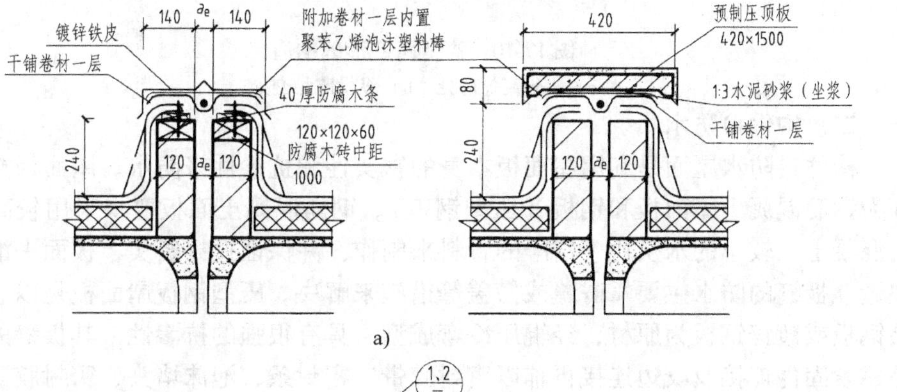

图 17-9　等高跨变形缝的构造

a）横向变形缝　b）纵向变形缝

5. 高低跨变形缝构造

变形缝处用预制钢筋混凝土板或镀锌铁皮盖缝，缝内附加一层卷材并置聚苯乙烯泡沫塑料棒（图 17-10a、b）。

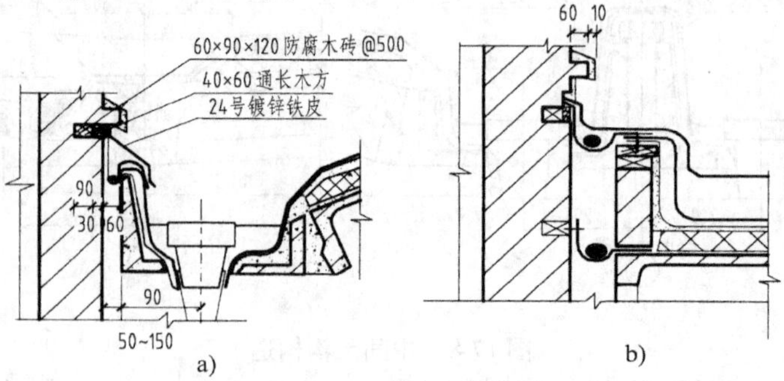

a)　　b)

图 17-10　高低跨变形缝构造

a）平行高低跨处　b）纵横跨相交处

二、构件自防水

构件自防水屋面是利用屋面板本身的密实性和抗渗性来防水。屋面板按材料分为钢筋混凝土屋面板和钢板（压型钢板）。钢筋混凝土面板要求采用较高标号的混凝土、较小的水灰比、洁净的骨料来制作，并保证振捣密实，板面平滑、无裂缝。板缝的防水主要靠嵌缝或搭盖等措施来解决。压型钢板屋面板是以彩色涂层钢板或镀锌钢板为原材，经辊压冷弯成型，具有很强的抗渗性，其板缝的防水是靠紧固件连接及咬边连接再辅以密封胶带、密封条、泡沫堵头、密封胶等措施来解决。

1. 钢筋混凝土槽形板自防水屋面

钢筋混凝土槽形板自防水屋面根据板缝采用的措施不同分为嵌缝式（图 17-11）、贴缝式（图 17-12）两种类型。

2. 钢筋混凝土 F 形板自防水屋面

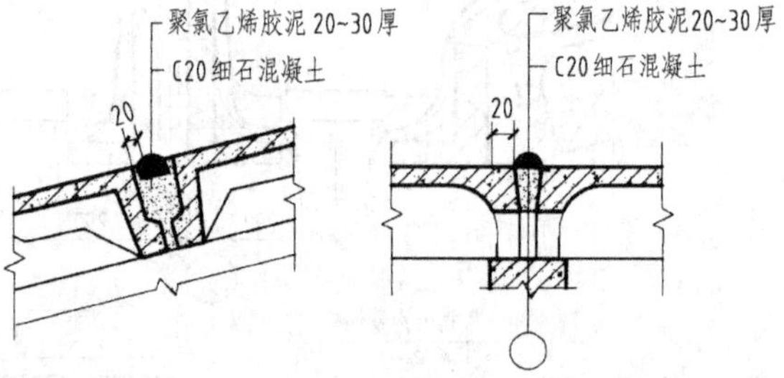

a)　　b)

图 17-11　嵌缝式

a）纵缝　b）横缝

钢筋混凝土 F 形板自防水屋面是以断面呈 F 形的预应力钢筋混凝土屋面板为主，配合盖瓦和脊瓦等附件组成的构件自防水屋面。F 形板的三面设有挡水条，纵缝由上面一块板的挑檐搭盖，横缝和脊缝由盖瓦、脊瓦盖缝（图 17-13）。

3. 压型钢板自防水屋面

压型钢板自防水屋面具有防水性能好、质量轻、施工速度快、耐锈蚀、美观等特点，但造价较高、维修复杂。压型钢板按断面有 W 形板、V 形板、保温夹芯板等（图 17-14）。

单层 W 形压型钢板屋面构造如图 17-15 所示。

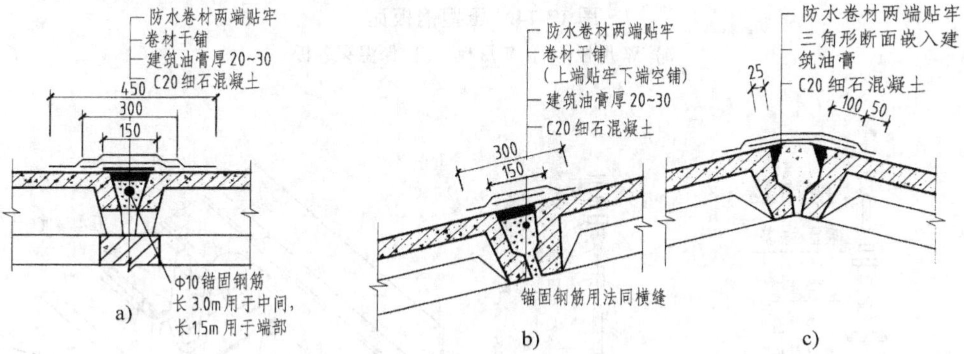

图 17-12 贴缝式

a）横缝 b）纵缝 c）脊缝

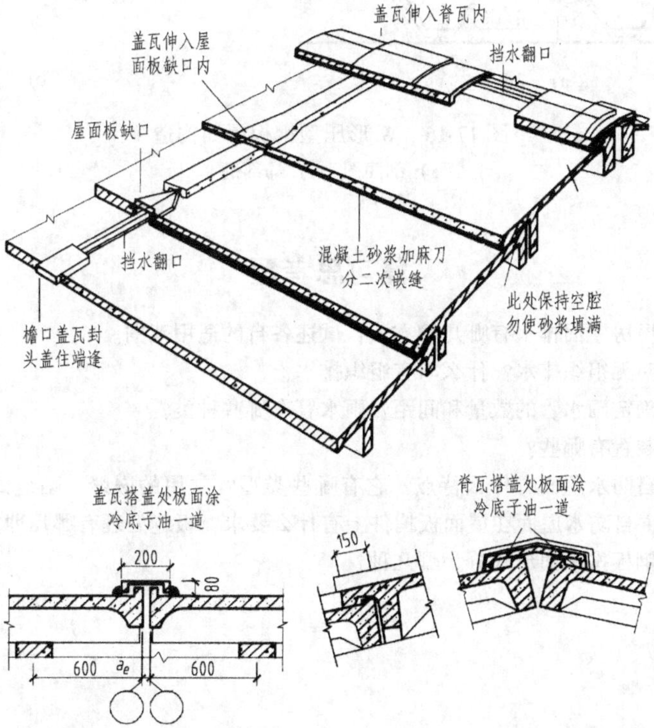

图 17-13 F 形屋面板

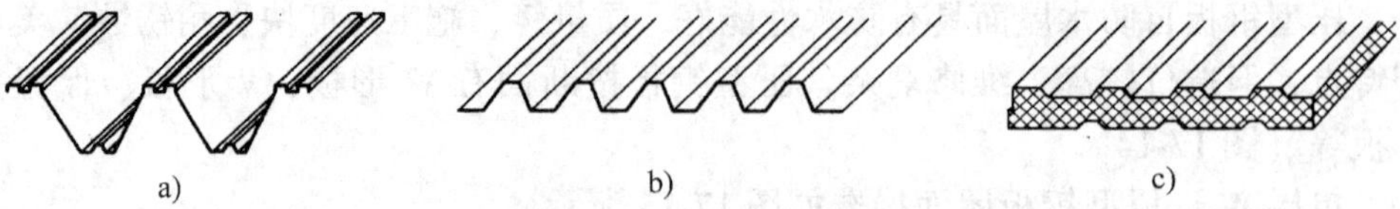

图 17-14　压型钢板瓦

a）W 形板　b）V 形板　c）保温夹芯板

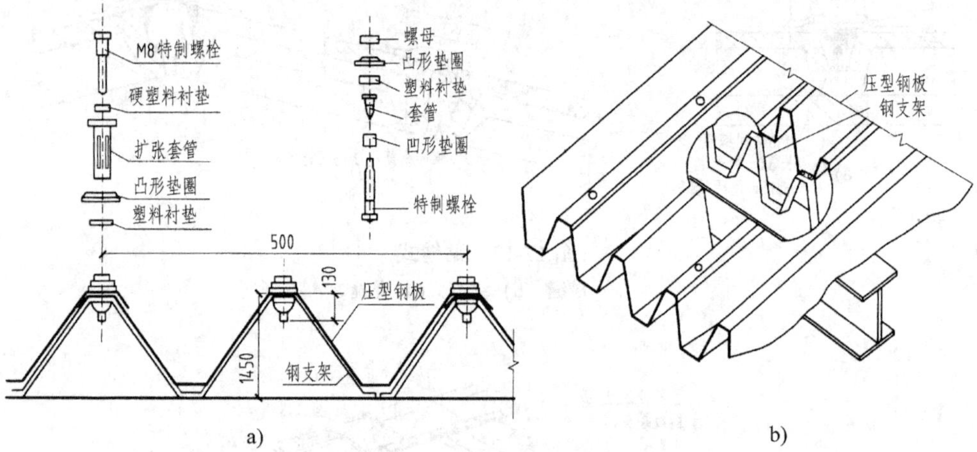

图 17-15　W 形压型钢板屋面构造

a）剖面图　b）局部剖

复习思考题

17-1　单层厂房屋面排水有哪几种方式？试述各自的适用范围。

17-2　什么叫无组织排水？什么叫有组织排水？

17-3　如何确定雨水管的数量和间距？雨水管有哪些种类？

17-4　排水装置有哪些？

17-5　构件自防水屋面有什么特点？它有哪些类型？常用的嵌缝、贴缝式构件自防水屋面和“F”板构件自防水屋面在屋面板构件上有什么要求？板缝处理有哪几种方式？

17-6　压型钢板按断面形式分为哪几种？

第十八章　厂房地面及其他设施

第一节　厂 房 地 面

一、地面的特点及组成

单层厂房的地面特点是面积大，承受荷载较大，并且必须满足生产使用时的需要，如耐磨、防爆、耐冲击和防腐蚀等。同时厂房内工段多，各生产工段要求不同，地面类型也不同，这就增加了地面构造的复杂性（不同地面的接缝）。单层工业厂房地面的基本构造组成为面层、垫层和基层。当它们不能充分满足使用要求和构造要求时，可增设其他构造层，如结合层、隔离层、找平层等。

1. 面层

面层是直接供使用的表层，按构造不同可分为整体面层和块料面层，一般常以面层所用材料给地面命名。一般根据生产工艺的特点、使用要求和技术经济条件来选择面层种类。地面的类型及面层的最小厚度要求见表 18-1 所示。

表 18-1　地面的类型及面层的最小厚度

地面类型	材料强度等级	厚　度/mm	地面类型	材料强度等级	厚　度/mm
混凝土地面	≥C15	按垫层确定	防油渗混凝土	≥C20	60～70
细石混凝土地面	≥C20	10～30	防油渗涂料	—	5～7
聚合物水泥砂浆地面	≥M15	5～10	耐热混凝土	≥C20	≥60
水泥砂浆地面	≥M20	20	沥青混凝土	—	30～50
铁屑水泥地面	M40	30～35(含结合层)	沥青砂浆	—	20～30
水泥石屑地面	≥M30	20			

2. 垫层

垫层是承受并传递地面荷载到基层的构造层，按使用材料性质的不同，垫层可分为刚性垫层和柔性垫层两类。刚性垫层有足够的整体刚度，受力后不产生塑性变形，如混凝土、碎石和卵石、矿渣或炉渣等。垫层类型的选择应与面层所用材料相适应。刚性整体面层，应采用刚性垫层；块料面层一般采用柔性垫层。常用垫层的种类及最小厚度见表 18-2。

表 18-2　垫层种类及最小厚度

垫　　层	材料强度等级或配合比	厚　　度/mm
混凝土	≥C10	60
四合土	1:1:6:12(水泥:石灰:砂:碎砖)	80
三合土	1:3:6(熟化石灰:砂:碎砖)	200
灰土	3:7 或 2:8(熟化石灰:粘性土)	200
砂、泸渣、碎(卵)石		60

3. 基层

基层是地面的最下层，是经过处理的承受上部荷载的土壤层。一般的地基土有足够的承载力，所以通常采用素土夯实。当土壤不含有机质，且耐压力在 $10N/cm^2$ 以上时，夯实后可直接作为基层，否则应进行人工处理，如夯入厚度不小于 40mm 的碎石、卵石、砖等材料以提高其强度。当地基为淤泥、耕植土或含有大量垃圾时，则应将其铲除，另换新土，厚度可为 300～500mm。为便于排水，地面可设 0.5%～1% 的坡度。

4. 结合层

结合层是连接块状材料的构造层次，它主要使上、下层结合并起找平作用。在普通地面中常采用水泥砂浆做结合层；当地面面层需要有柔性垫层，如有冲击荷载或高温作用时，常用砂子做结合层；有化学侵蚀性液体作用的地面应采用沥青玛瑞酯、耐酸砂浆或树脂胶泥等做结合层。不同面层对应的结合层常用的材料及厚度见表 18-3。

表 18-3　结合层常用材料及厚度

面　　层	结合层材料	厚　　度/mm
预制混凝土板	砂、炉渣	20～30
陶瓷锦砖 (马赛克)	1:1 水泥砂浆 1:4 干硬性水泥砂浆	5 20～30
普通粘土砖、 煤矸石砖、 耐火砖、水泥花砖	砂、炉渣 1:2 水泥砂浆 1:4 干硬性水泥砂浆	20～30 15～20 20～30
块　　石	砂、炉渣	20～50
花岗岩条石	1:2 水泥砂浆	15～20
大理石、花岗石、预制水磨石板	1:2 水泥砂浆	20～30
地面陶瓷砖(板)	1:2 水泥砂浆	10～15
铸铁板	1:2 水泥砂浆 砂、炉渣	45 ≥60

5. 找平层（找坡层）

当面层较薄，要求面层平整或有坡度时，垫层上需设找平层（找坡层）。当为刚性垫层时，找平层（找坡层）一般采用的材料是水泥砂浆或混凝土；当为柔性垫层时，找平层（找坡层）宜采用细石混凝土。找平层所用材料、等级与厚度见表18-4所示。

表18-4 找平层所用材料、等级与厚度

找平层材料	强度等级或配合比	厚　度/mm
水泥砂浆	1:3	≥15
混凝土	C7.5～C10	≥30

6. 隔离层

隔离层的作用是隔绝地面上部或地面下部的水、潮气、化学液体对地面结构的侵蚀，以保证正常生产和建筑结构的安全。隔离层的设置及其方案的选择，取决于地基土的情况与工厂生产的特点。隔离层有隔绝地下毛细水的防水层，有防止侵蚀性液体影响的隔离层，有防止酸、碱下渗而腐蚀材料的隔离层等。常用的隔离层有石油沥青油毡、热沥青等。隔离层所用材料及层数见表18-5所示。

表18-5 隔离层所用材料及层数

隔离层材料	层数(或道数)	隔离层材料	层数(或道数)
石油沥青油毡	1～2层	防水冷胶剂	一布三胶
沥青玻璃布油毡	1层	防水涂膜(聚氯酯类涂料)	2道～3道
再生胶油毡	1层	热沥青	2道
软聚氯乙烯卷材	1层	防油渗胶泥玻璃纤维布	一布二胶

二、地面特殊部位构造

厂房地面的基本构造与民用建筑地面基本相同，此处只介绍厂房地面特殊部位的构造。

1. 垫层接缝

混凝土垫层应做接缝。接缝按其作用可分为伸缝、缩缝两种，厂房内混凝土垫层因室内受温度变化影响不大，故不设伸缝，只设缩缝。缩缝分为纵向和横向两种（图18-1a），平行于施工方向的缝为纵向缩缝，垂直于施工方向的缝称为横向缩缝，纵向缩缝间距为3～6m，横向缩缝间距为6～12m。纵向缩缝宜采用平缝（图18-1b）；当混凝土垫层厚度大于150mm时，宜设企口缝（图18-1c）；横向缩缝则采用假缝形式（图18-1d）。假缝的做法是上部有缝，但不贯通地面，其目的是引导垫层的收缩应力集中于该处。

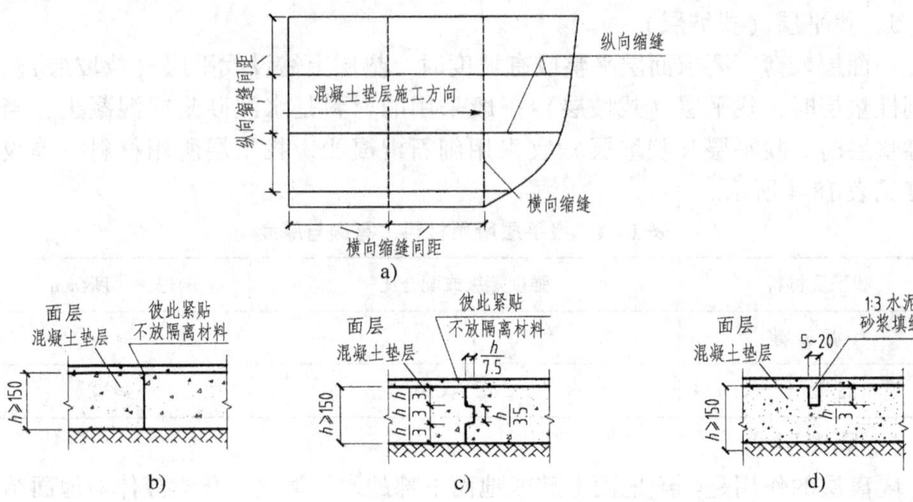

图 18-1　垫层接缝

a）垫层缩缝平面布置　b）平缝　c）企口缝　d）假缝

2．地面接缝

常见的地面接缝有同一材料地面间的接缝，两种不同材料地面间的接缝、地面与铁路路轨处的接缝等。

（1）同一材料地面间接缝的构造　同一材料地面间接缝的构造如图 18-2 所示。

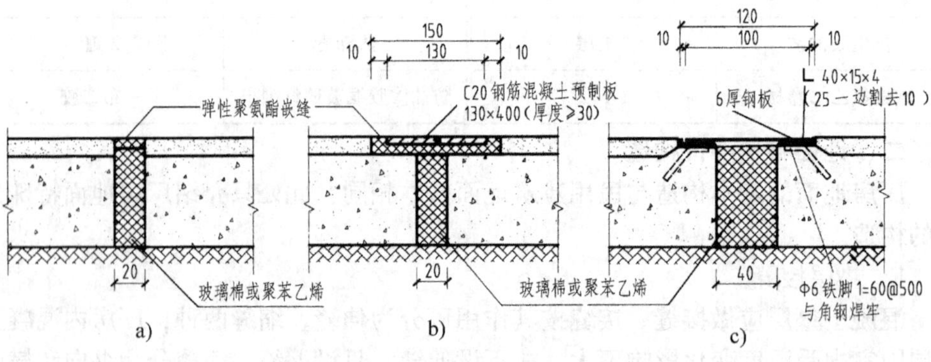

图 18-2　地面变形缝构造

a）一般整体地面　b）块料地面　c）特殊要求地面

（2）两种不同材料地面间的接缝由于接缝两侧地面强度不同，应根据情况采取加固措施（图 18-3）。

（3）地面与铁路路轨处的接缝　地面与铁路路轨处的接缝如图 18-4 所示。

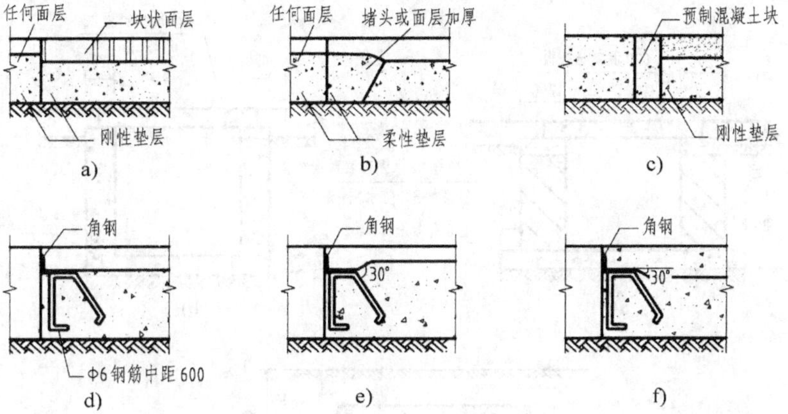

图 18-3　不同地面的接缝处理

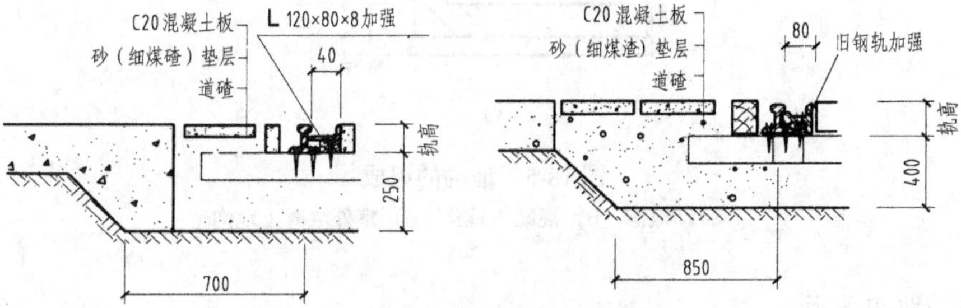

图 18-4　地面与铁路路轨的接缝

第二节　厂房其他设施

一、地沟

工业厂房中的各种管线都需要设置在地沟内，如电缆、压缩空气管道、暖气管道、通风管道、蒸汽管道等。

1. 地沟的分类及适用条件（表 18-6）。

表 18-6　地沟的分类及适用条件

种　类		适用条件
砖砌地沟	一般砖砌地沟	适用于地下水位较低，潮气不会进入地沟的情况
	砖砌防潮地沟	适用于地下水位不高的情况
混凝土地沟		适用于地下水位较高的情况

2. 地沟的组成及构造做法

地沟一般由底板、沟壁、盖板三部分组成（图 18-5 ）。

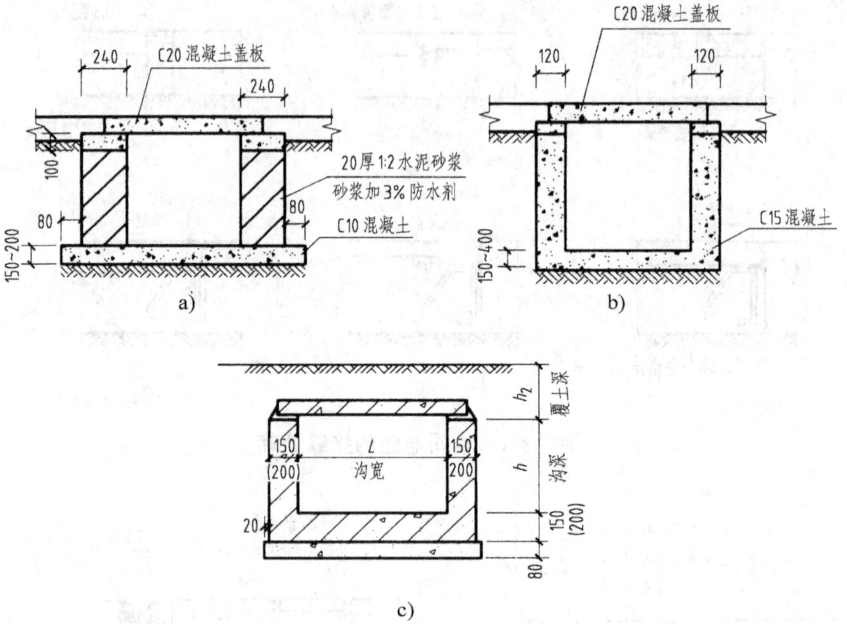

图 18-5　地沟的组成

a）砖砌地沟　b）混凝土地沟　c）室外混凝土地沟

3. 地沟盖板

地沟上应加设盖板，一般为钢筋混凝土盖板，也有用铸铁盖板的。盖板有固定式和活动式两种，活动盖板是为了检修时人进入地沟而设置的，盖上有两个活动提手（图 18-6）。

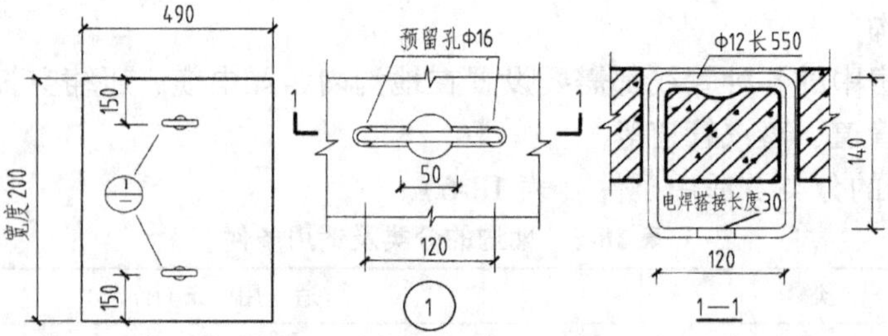

图 18-6　活动盖板及提手

二、钢梯

在厂房中，由于生产操作和检修需要，常设置各种钢梯。按形式分为直梯与斜梯两种；按作用分为作业平台钢梯、吊车钢梯、屋面检修及消防钢梯等。

1．作业平台钢梯

作业平台钢梯是供工人上下生产操作或跨越生产设备联动线的交通设施。其各构件多采用定型构件。具体构造要求及尺寸见图 18-7、表 18-8 所示。

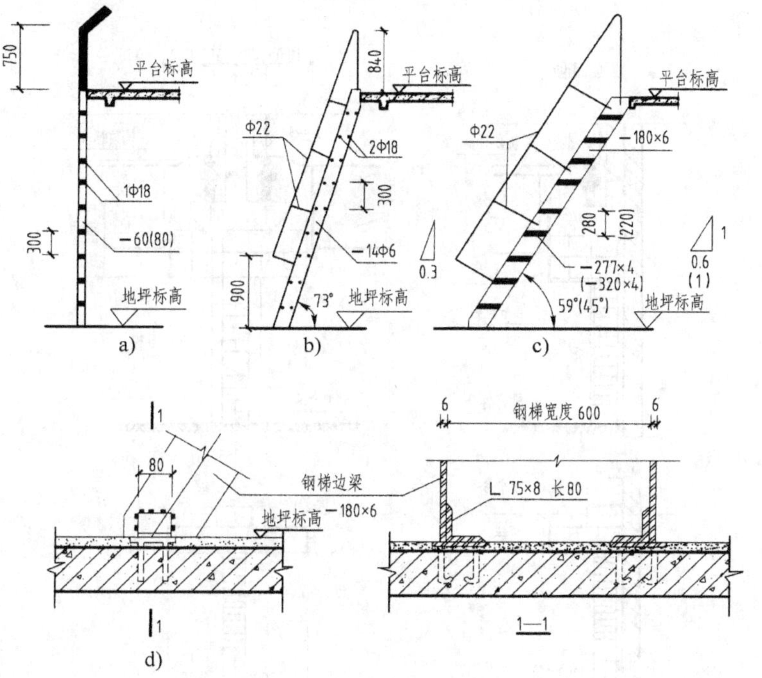

图 18-7　作业平台钢梯

a）90°钢梯　b）73°钢梯　c）59°（45°）钢梯　d）59°（45°）钢梯下端固定

表 18-8　作业平台钢梯尺寸要求

类　型		宽　度/mm	平台高度/mm
钢梯坡度	45°	800	≤4200
	59°	600、800	≤5400
	73°	600	≤5400
	90°	600	≤4800

2．吊车钢梯

设有驾驶室的吊车，为了便于吊车司机上下驾驶室，应在靠驾驶室一侧设置吊车钢梯。为了避免吊车停靠时撞击端部的车挡，吊车梯宜布置在厂房端部的第二个柱距内。当多跨车间的相邻两跨均有吊车时，吊车钢梯可设在中柱上；同一跨内有两台以上吊车时，每台吊车均应有单独的吊车钢梯。

吊车钢梯由梯段和平台两部分组成（图 18-8）。一般为斜梯，坡度为 51°、55°、63°，并且吊车平台的底面与吊车梁底面的距离不少于 1800mm，以方便通行。

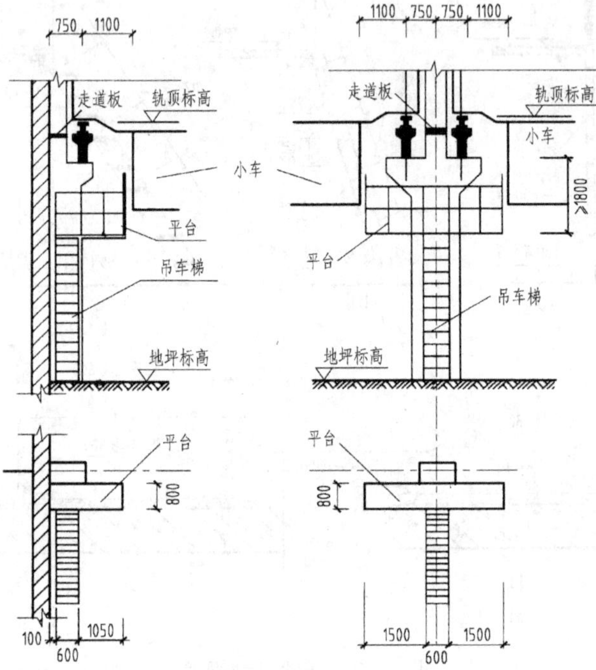

图 18-8　吊车钢梯

3. 消防及屋面检修钢梯

单层厂房屋顶高度大于 10m 时或有高低跨，且高差大于 2m 时，都应设专用梯，从室外地面通至屋面，或从厂房屋面通至天窗屋面，用于消防及检修。消防检修梯一般设置在厂房外墙上，其形式多为直梯，由梯段（一个上部梯段和若干个中部梯段及一个下部梯段组合而成）、支撑组成，宽度常为 600 mm（图 18-9）。

三、吊车走道板

吊车走道板是沿吊车梁顶面铺设，用于检修吊车及吊车轨道的走道板。根据吊车工作制等级及吊车轨道高度，决定设单侧走道板或双侧走道板。走道板由支架、走道板和栏杆组成，宽度有 400mm、600mm、800mm 三种，长度与柱子净距离相配套，横断面为一字形、槽形和 T 形。走道板材料常用木板、钢板、钢筋混凝土板等，其中钢筋混凝土走道板为最常见；支架和栏杆为钢材。走道板有设在边柱列和中柱列两种情况（图 18-10）。

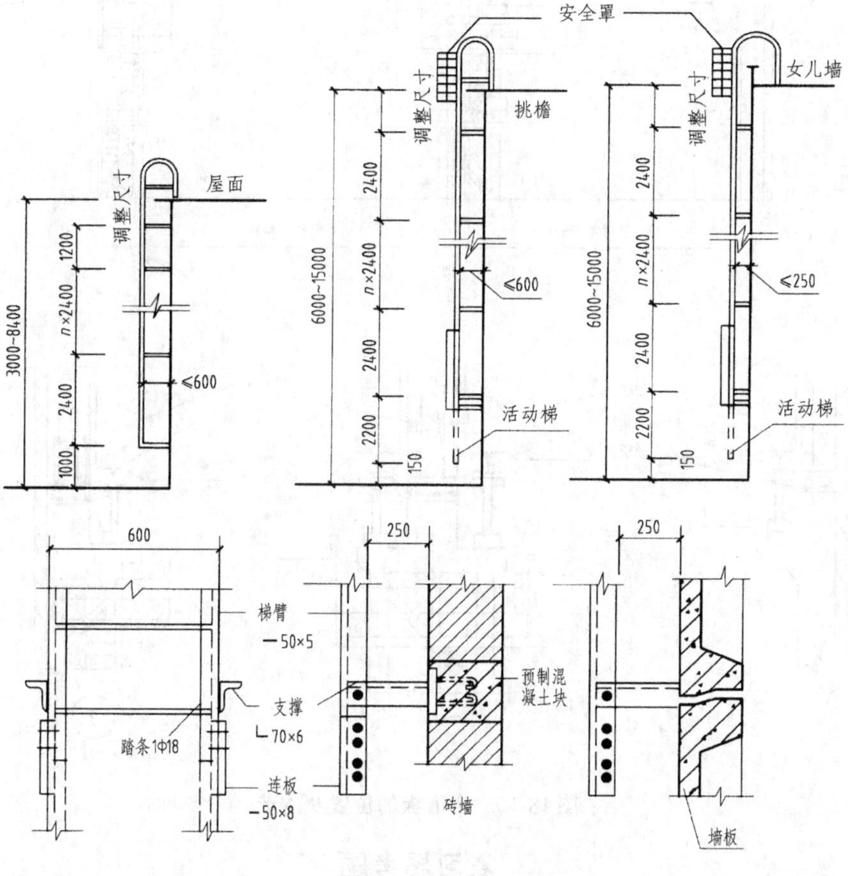

图 18-9　消防与屋面消防检修钢梯

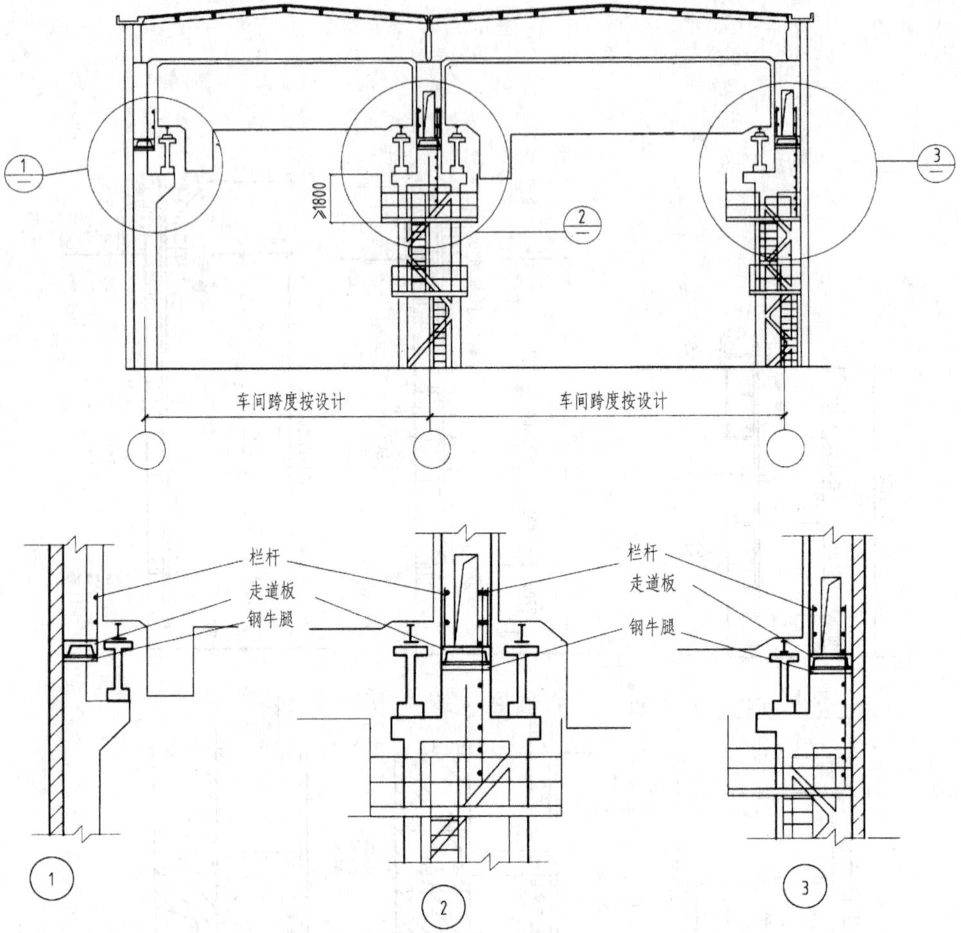

图 18-10　走道板的位置及构造

复习思考题

18-1　地面的基本构造层次有哪些？它们各自的作用是什么？

18-2　垫层按使用材料的性质不同分为哪两类？它与面层怎样对应？

18-3　混凝土垫层的接缝应满足什么要求？

18-4　地沟的分类及适用条件？地沟通常由哪几部分组成的？其构造做法如何？

18-5　钢梯按作用分为哪几类？各起什么作用？

18-6　吊车走道板的作用是什么？由哪几部分组成的？

18-7　走道板按使用材料分为哪几类？其中哪种最常见？其尺寸、断面形式如何？

参 考 文 献

1 孙殿臣主编. 民用建筑构造. 北京：机械工业出版社，2003
2 孙玉红主编. 房屋建筑构造. 北京：机械工业出版社，2003
3 丁春静主编. 建筑识图与房屋构造. 重庆：重庆大学出版社，2003
4 赵研主编. 房屋建筑学. 北京：高等教育出版社，2002
5 刘谊才主编. 新编建筑识图与构造. 合肥：安徽科学技术出版社，2002
6 徐剑主编. 建筑识图与房屋构造. 北京：金盾出版社，2001
7 杨金铎，房志勇编著. 房屋建筑构造. 北京：中国建材工业出版社，2001
8 赵研主编. 建筑构造. 北京：中国建筑工业出版社，2000
9 姜丽荣，崔艳秋，柳锋主编. 建筑概论. 北京：中国建筑工业出版社，1995
10 霍加禄主编. 建筑概论. 北京：中国建筑工业出版社，1994